医药高职高专院校药学教材

上海市高职高专药学专业"085工程"项目建设成果

药物制剂技术

YAOWU ZHIJI JISHU

主 编　熊野娟

编 者（按姓氏汉语拼音排序）

陈群力　杜文炜　李　瑾　刘晓睿

陆　叶　唐　浩　熊野娟　姚　虹

张宜凡　张一芳　赵　梅　周淑琴

复旦大學出版社

图书在版编目(CIP)数据

药物制剂技术/熊野娟主编.—上海:复旦大学出版社,2015.9(2016.8重印)
医药高职高专院校药学教材
ISBN 978-7-309-11697-7

Ⅰ.药…　Ⅱ.熊…　Ⅲ.药物-制剂-技术-高等职业教育-教材
Ⅳ.TQ460.6

中国版本图书馆 CIP 数据核字(2015)第 186071 号

药物制剂技术
熊野娟　主编
责任编辑/魏　岚

复旦大学出版社有限公司出版发行
上海市国权路 579 号　邮编:200433
网址:fupnet@fudanpress.com　http://www.fudanpress.com
门市零售:86-21-65642857　　团体订购:86-21-65118853
外埠邮购:86-21-65109143
当纳利(上海)信息技术有限公司

开本 787×1092　1/16　印张 17.5　字数 405 千
2016 年 8 月第 1 版第 2 次印刷

ISBN 978-7-309-11697-7/T·547
定价:58.00 元

编写说明

Bian Xie Shuo Ming

　　根据教育部《关于加强高职高专教育教材建设的若干意见》和《上海高等教育内涵建设"085"工程实施方案》的文件精神,编写组在药学专业指导委员会的指导下,坚持以"就业为导向、能力为本位"的职业教育理念,符合药学专业课程改革发展方向和需要,始终坚持以学生为本的教学理念,突出专业教育特点,体现以应用为目的,以必需、够用为度,以讲清知识点、强化应用为教学重点,培养知识型、发展型的药学技能人才为目的,依据药学专业的人才培养方案和药物制剂技术的课程标准而编写本教材。

　　编者从对制药企业、医药营销公司、医院药房等企事业单位的药物制剂、药物检测、药品销售、药物调剂和临床用药等职业岗位的分析入手,梳理出岗位所需要的工作任务,提炼出岗位所需的知识、技能和素养的要求,并对接职业资格证书药物制剂工(四级)的鉴定,涵盖全国卫生专业技术资格考试药学(中级)和全国执业药师资格考试考点知识。

　　本教材按照各类剂型展开,内容有认识药物制剂工作,制药设施,液体制剂,注射剂和眼用液体制剂,散剂,颗粒剂,片剂,胶囊剂,滴丸和膜剂,软膏剂,气雾剂、喷雾剂与粉雾剂,栓剂,制剂新技术,药物制剂的稳定性共 14 个项目。各项目列有学习目标、学习内容、知识归纳和目标检测,书后有名词解释、填空题和选择题的参考答案,以供读者学习后进行成果的检测,也便于教师在备课和教学中参考。

　　本教材在编写过程中,得到了上海信谊天平药业有限公司毕德忠高级工程师的大力支持并审稿,在此致以深切的谢意!

　　由于编者水平有限,编写时间有限,书中难免仍有不足,恳请读者和教育界同仁予以批评指正。

编者

2015 年 8 月

目录

Mu Lu

认识药物制剂工作

药·物·制·剂·技·术

学习目标

1. 能说出药物制剂、剂型、制剂等专业术语的含义。
2. 能描述药物制剂工作的主要任务。
3. 能说明药物剂型的重要性。
4. 熟悉药物剂型的分类及质量标准。
5. 了解药物制剂技术发展沿革。

任务一 基本概念和主要任务

一、基本概念

药物是指用于预防和诊断的物质。药物通常不能直接用于患者,**药品**是临床上用于患者的最终产品。我国《中华人民共和国药品管理法》(2015 年 4 月 24 日实施)的附则中将药品定义为:药品是指用于预防、治疗、诊断人的疾病,有目的地调节人的生理功能,并规定有适应证或者功能主治、用法和用量的物质,包括中药材、中药饮片、中成药、化学原料及其制剂、抗生素、生化药品、放射性药品、疫苗、血液制品和诊断药品等。

原料药是经过加工制成具有一定剂型,可直接应用的成品。任何一种药物,在供临床应用前,都须制成适合于治疗或预防应用的、与一定给药途径相适应的给药形式,这种给药形式称为**药物剂型**(简称剂型)。例如,片剂、注射剂、胶囊剂、软膏剂、栓剂、气雾剂等剂型,剂型是制剂的基本形式。中药剂型也往往包括传统中药剂型,如膏、丹、丸、散等。

药物制剂(简称制剂)是指某个药物按某一种剂型要求,根据药典或国家标准制成的供临床应用的药品。制剂是剂型中的品种,包括中药制剂、化学合成药制剂、生物技术药物制剂、放射性药物制剂和诊断用药制剂等,如罗红霉素片、注射用抑肽酶、细胞色素 C 注射液、头孢克洛胶囊、醋酸氟轻松软膏、甲硝唑栓、盐酸异丙肾上腺素气雾剂等。给

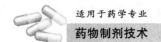
药系统(drug delivery systems，DDS)是新剂型、新制剂的总称，但同时包含有新技术的概念。

药物制剂技术是指在药剂学理论指导下的药物制剂的生产与制备技术，是药剂学理论在药品生产制备过程中的体现和应用，是药学专业的一门主要专业课程。任何原料药物在用于临床之前，必须制备成一定的制剂。**药剂学**是研究剂型和制剂的处方设计、配制理论、生产技术和质量控制等的综合性应用技术的科学。研究药物制剂生产工艺理论的科学称为制剂学。研究方剂的配制技术和理论的科学称为调剂学。制剂学和调剂学总称为药剂学。

二、基本任务

药物制剂技术的基本任务是为预防和临床诊治疾病提供安全、有效、稳定、使用方便的药物制剂。由于药物剂型和制剂的研究开发涉及理论、技术、设备、辅料等多方面的内容，因此，药物制剂技术的任务也有多个方面。药品生产中制剂处方的设计、制备工艺的选择、制剂稳定性的研究及制剂质量的控制等工作，需要依据药剂学理论和丰富的实践知识才能完成。药品生产企业生产的药物制剂都是经药品监督管理部门核准的品种，具有处方合理、安全有效、工艺规范、制剂稳定、质量可控的特点，但受原料药和辅料来源、生产工艺及条件差异、操作人员技术熟练程度、质量检测水平等因素的影响，都可能使制剂生产出现各种问题，需要有丰富的药物制剂理论知识和实践经验的药物制剂技术人员去解决。药物剂型的改革和新剂型的研发、新产品的试制和中试放大，医院药学部日常处方调剂、临床药学研究和药学服务等工作，也都是药物制剂工作者的重要任务。

在药品的生产制备过程中，需要有大批的技术应用型人员工作在各个业务岗位上，他们不仅要掌握与本岗位群工作密切相关的技术操作，如不同剂型制备岗位的生产操作技术、制剂产品及半成品的质量控制，还需要掌握与生产过程密切相关的技术管理与质量管理常识及程序等，这些专业能力都可以通过要本课程的深入学习和训练获得。药物制剂工作者的基本任务如下。

(1)指导制药企业药物制剂生产与质量控制及医院药房医院制剂与调剂等岗位实践，促进药物制剂的发展和进步。

(2)掌握和应用新剂型和制剂新技术，实现开发和利用高效、长效、低毒、缓释、控释、定位和靶向释药等新型制剂产品。

(3)会应用药用新辅料，促进药物剂型的创新、提高产品质量和推动制剂新技术的应用。

(4)会应用新型制药机械设备，使药品质量获得更大保障，确保安全用药，使制剂生产向封闭、高效、多功能、连续化和自动化的方向发展。

(5)会应用现代中药制剂技术，丰富和发展中药的新剂型和新品种，提高中药的疗效，扩大临床应用范围。

(6)会应用生物技术药物制剂技术，为生物技术药物的生产服务。

案例——想一想

目前,世界卫生组织公布,全世界每年发生的癌症患者新增近1 000余万人,对于这些患者的治疗,现有的治疗药物对患者机体普遍存在毒副作用和不良反应。在这种情况下,新药研发人员的工作重要之一是提高药物的靶点浓度,降低药物对非靶点和正常细胞的毒性。请查阅资料说出目前已上市抗癌药物中应用了哪些制剂技术。

三、药物剂型的分类

随着药物科学的发展,药物剂型种类也逐渐增多,通常,可将药物剂型按以下几种方法进行分类。

(一)按形态分类

按剂型的物理外观形态,可分为以下几种。

1. **液体剂型** 药物制剂以液态形式存在,如洗剂、滴剂、溶液剂、注射剂等。

2. **固体剂型** 药物制剂以固态形式存在,如散剂、丸剂、片剂、胶囊剂等。

3. **半固体剂型** 药物制剂以半固态、形式存在,如软膏剂、糊剂、凝胶剂等。

4. **气体剂型** 药物制剂以气态形式存在,如气体吸入剂。

这种纯粹按物理外观来分类的方法,具有直观、明确的优点,对制备、贮藏、运输有一定指导意义。因为剂型的形态相同时,制备特点比较类似。例如液体制剂制备时多需溶解,固体制剂多需粉碎、混合、成型,半固体制剂大多需熔化和研匀。不同形态的制剂对机体起效的速率和作用时间往往不同,一般以液体制剂较快,固体制剂则较慢。这种分类法虽比较简单,但没有考虑制剂的内在特性和给药途径。

(二)按分散系统分类

此法应用物理化学原理说明各种类型制剂的特点。一种或几种物质(分散相)分散于另一种物质(分散介质)之中形成的系统称为分散系统。可将剂型看作分散系统,按剂型内在的分散特性分类如下。

1. **溶液型** 溶液型剂型是指药物是以分子或离子状态(直径小于1 nm)分散在分散介质中形成均匀分散系统的液体制剂,如糖浆剂、溶液剂、甘油剂、滴剂及注射剂等。

2. **胶体型** 胶体溶液型剂型是指固体药物或大分子药物分散在分散介质中所形成不均匀(溶胶)或均匀的(高分子溶液)分散系统的液体制剂,分散相直径在1～100 nm,如胶浆剂、溶胶剂、涂膜剂等。

3. **乳剂型** 乳状液型(简称乳剂型)剂型是指液体分散相分散在液体分散介质中形成不均匀分散系统的液体制剂,分散相直径通常在0.1～50 μm,如乳剂、静脉乳剂、部分滴剂、微乳、亚微乳等。

4. **混悬型** 混悬液型(简称混悬型)剂型是指固体药物分散在液体分散介质组成不均

匀分散系统的液体制剂,分散相直径通常在 $0.1\sim50\ \mu m$,如洗剂、混悬剂、混悬注射剂、混悬软膏剂、混悬滴剂等。

5. **气体分散型**　气体分散型剂型是指液体或固体药物分散在气体分散介质中形成不均匀分散系统的制剂,如气雾剂、喷雾剂等。

6. **固体分散型**　固体分散型剂型是指药物与辅料混合呈固态的制剂,如散剂、丸剂、片剂等。

7. **微粒分散型**　微粒分散型(简称微粒型)剂型是指药物与辅料经采用一定的方法处理后,形成的微米级或纳米级微粒剂型,如微囊、微球、脂质体、纳米囊、纳米球、纳米脂质体等。微粒型常常只是制剂中间体,多数情况下还需将其制备成一定剂型,如胶囊剂、冻干制剂、片剂等。

这种分类法基本上可以反映出制剂的均匀性、稳定性以及制法的要求,但不能反映给药途径对剂型的要求,还会出现一种剂型由于辅料与制法的不同而必须分到几个分散系统的分类中去的情况,如注射剂中有溶液型、混悬型、乳状液型及粉针剂型等。

(三) 按给药途径分类

目前,人体共有十多种给药途径,如口腔、消化道、呼吸道、其他腔道、血管、组织、皮下、肌肉等,可将用于同一给药途径的剂型归为一类。按照这一分类方法,药物剂型可以分为以下几种。

1. **胃肠道给药剂型**　此类剂型的制剂多系口服给药,在胃肠道吸收发挥疗效,如溶液剂、糖浆剂、乳剂、混悬剂、散剂、片剂、丸剂、胶囊剂等。口服给药方法最简单。某些易受胃酸破坏的药物(如红霉素)可经肠溶包衣后口服。某些药物直肠给药较口服吸收好,且剂量小、少受或不受肝代谢的破坏,可以制成直肠给药剂型,如直肠给药的灌肠剂、栓剂、直肠用胶囊栓等。

2. **注射给药剂型**　此类剂型一般较胃肠道给药起效快,生物利用度高,如静脉注射剂、肌内注射剂、皮下注射剂、皮内注射剂及穴位注射剂等。

3. **呼吸道给药剂型**　呼吸道包括鼻、咽、喉、气管、支气管等。这一给药途径可以起局部治疗作用,也可以起全身治疗作用。这一途径给药一般要求将药物制成气态或雾状,如吸入剂、喷雾剂、气雾剂、粉雾剂等。

4. **皮肤给药剂型**　这一给药途径给药方便,这一给药途径可以起局部治疗作用,也可以起全身治疗作用,如外用溶液剂、洗剂、搽剂、软膏剂、糊剂、贴剂等。

5. **黏膜给药剂型**　黏膜给药较胃肠道给药吸收快,如滴眼剂、滴鼻剂、含漱剂、舌下片剂、栓剂、膜剂、贴剂等。

6. **腔道给药剂型**　用于直肠、阴道、尿道、耳道的制剂,如栓剂、阴道片与阴道泡腾片、耳用制剂等。

这种分类法与临床使用关系比较密切,并能反映给药途径对于剂型制备的特殊要求,缺点是一种制剂由于给药途径的不同,可能多次出现,如生理氯化钠溶液,可以在注射剂、滴眼剂、含漱剂、灌肠剂等许多剂型中出现,贴剂可以有口腔用贴剂、皮肤用贴剂等。

上述分类方法各有优缺点。本教材根据医疗、生产实践、科研和教学等方面长期沿用的习惯,在总结各种分类方法的特点后,以临床给药途径与剂型形态相结合的原则分类,它既可与临床用药密切配合,又可体现出剂型特点,是一种综合分类法。

四、药物剂型和制剂的命名

(一) 剂型的命名

1. **以形状命名** 如片剂、胶囊剂、丸剂、颗粒剂、散剂(粉剂)、软膏剂、硬膏剂、栓剂、喷雾剂、气雾剂、粉雾剂、乳剂、混悬剂、溶液剂、微囊、微球、纳米囊、纳米球、脂质体等。

2. **以临床给药途径命名** 如静脉输液、注射剂、植入剂、滴眼剂、滴鼻剂、滴耳剂、漱口剂、口含剂、贴剂、滴剂、洗剂、搽剂、灌肠剂等。

3. **以形状与临床给药途径结合命名** 如注射用粉末、眼用软膏剂、鼻用栓、阴道用胶囊栓、注射用脂质体、眼用脂质体、注射用微球、注射用纳米囊、混悬型滴剂、混悬型滴眼剂、乳剂型洗剂等。

4. **以形状与特有功能结合命名** 如缓释胶囊、控释片、渗透泵片、分散片、泡腾颗粒、结肠定位胶囊等。

(二) 制剂的命名

因制剂的命名也就是药品的命名,制剂的命名应合理、规范及统一,体现药品命名的科学、明确、简短,也是合理用药的基本保证,是一个国家的医药科技水平和管理水平的标志。目前我国制剂的命名通常有 3 种。

1. **通用名** 列入国家药品标准的药品名称称为药品通用名称,国家药典委员会制定了药品命名原则。药品的通用名称按药品命名原则命名,为药品的法定名称,并以法律的规定的形式加以保护。一个药品的名称包括中文名、汉语拼音和英文名。英文名除另有规定外,一般采用国际非专利药品名。一个制剂的命名,其原料药名称列在前,剂型名列在后,如利巴韦林口服溶液(ribavirin oral solution)、阿莫西林胶囊(amoxicillin capsules)、法莫替丁注射液(famotidine injection)等。

非药品收载的药品,其通用名称必须采用《中国药品通用名称》所规定的名称,其剂型名称应与药典的一致。药品通用名称不得用作商品名(商标名)注册。

2. **商品名** 商品名也称专用名,是厂商为药品流通所起的专用名称,其他厂商的同一制品不可使用此名称。如由上海信谊药厂生产的法莫替丁片,在其药品包装盒上,标有"信法丁"字样作为商品名,其他厂商所生产的同样药品就不可再用此商品名。

3. **国际非专利名** 国际非专利名是世界卫生组织给每种药品的一个官方的非专利性名称。药品的英文名应尽量采用国际非专利名,以利于国际交流。

课堂讨论

如何理解制剂技术、制剂辅料和制剂设备对制剂的影响?

知识拓展

（一）药物制剂技术的分支学科

随着药物制剂技术和相关学科的不断发展，逐渐形成了几门药物制剂技术的分支学科，现简介如下。

1. 工业药剂学　是研究制剂工业化生产的基本理论、工艺技术、生产设备和质量管理的一门分支学科。它吸收和融合了材料科学、机械科学、粉体工程学、化学工程学等学科的理论和实践，为新剂型、新制剂提供新工艺和新方法、新的机械与设备，并使之适合工业化生产。

2. 物理药剂学　是应用物理化学的基本原理和手段，吸收流体力学、结构化学等的理论和方法，研究新剂型、新制剂在制造和贮存过程中的现象及内在规律的一门分支学科。它是指导新剂型、新制剂的设计和开发的重要理论基础。

3. 药用高分子材料学　是研究各种药用高分子材料的制备、结构和性能及其在药物制剂中的应用的一门分支学科。它应用高分子物理、高分子化学和聚合物工艺学的有关内容，为新剂型设计和新剂型处方提供新型高分子材料和新方法。它对创制新剂型、新制剂和提高制剂质量起着重要的支撑作用和推动作用。

4. 生物药剂学　研究药物及其剂型在体内的吸收、分布、代谢与排泄，阐明药物的剂型因素、用药对象的生物因素与药效三者的关系。因此，该学科是联系药剂学、药理学、药效学和生理学等学科的一门边缘学科。对药物新剂型、新制剂的设计和用药安全性和有效性具有指导意义。

5. 药物动力学　可简称为药动学，是研究药物及其代谢物在人体或动物体内的量时过程，并提出用于解释这一过程的数学模型，为指导合理、安全用药及剂型和剂量设计等提供量化指标。药动学与生物药剂学相似，其研究内容已越过剂型和制剂本身的研究范畴。

此外，**临床药学**是一门与临床治疗学紧密联系的新学科，其内容主要阐述药物在疾病治疗中的作用、相互作用及指导合理用药。临床用药时涉及药物剂型与制剂，与药物制剂技术有一定的联系但比较间接，而与病理、药理和药效关系更密切，故通常不称其为药物制剂技术的分支学科。

（二）药物剂型与药物疗效的关系

药物剂型是根据医疗上的需要设计的，如急症患者，为使药物迅速发挥疗效，宜采用注射剂、栓剂、气雾剂与舌下片等；对于药物作用需要持久的患者则可用混悬剂、丸剂、缓释片或控释制剂等；对于药理作用强烈、毒副作用大的药物，则制成能靶向传递到病变部位的剂型或给药系统是最理想的。

药物剂型可以影响药物在体内药理作用的强弱、作用快慢和作用时间。例如抗心绞痛药物硝酸甘油的各种剂型具有不同的作用强度和持续时间，以适应不同的治疗或预防要求（表1-1）。

表 1-1　不同剂型硝酸甘油的作用时间

项　目	口服片剂	口颊片剂	舌下片剂	软膏剂	透皮贴剂
常用剂量(mg)	6.5～19.5	1～3	0.3～0.8	10～20	5～10
作用开始时间(min)	20～45	2～5	2～5	15～60	30～60
作用高峰时间(min)	45～120	4～10	4～8	30～120	60～180
持续时间	2～6 h	30～300 min	10～30 min	3～8 h	24 h

任务二　药品生产的标准

　　药品标准是国家对药品的质量、规格和检验方法所作的技术规定。药品标准是保证药品质量,进行药品生产、经营、使用、管理及监督检验的法定依据。药品的国家标准是指《中华人民共和国药典》和国家食品药品监督管理总局(China Food and Drug Administration,CFDA)颁布的药品标准。

　　我国有约 9 000 个药品的质量标准,过去由省、自治区和直辖市的卫生部门批准和颁发的称之为地方性药品标准。CFDA 已经对其中临床常用、疗效确切、生产地区较多的品种进行质量标准的修订、统一、整理和提高,并入到 CFDA 颁布的药品标准,取消了地方标准。

一、药典

　　药典(pharmacopoeia)是一个国家记载药品规格和标准的法典,是一个国家药品生产、检验与使用的依据。大多数药典由国家组织的药典委员会编写,并由政府颁布施行,具有法律的约束力。药典中收载的是疗效确切、质量稳定、不良反应小的常用药物、辅料及其制剂。药典的主要内容是规定药物、辅料及其制剂的制备要求、检验方法、质量标准、适用范围、用法用量、不良反应、注意事项等。一个国家的药典在一定程度上可以反映这个国家药品生产、医疗和科学技术水平。药典在保证人民用药安全有效、促进药品研究和生产等方面有重大作用。

　　随着医药科学的发展,新的药物和检验方法不断出现,为使药典的内容能及时反映医药学方面的新成就,药典出版后,一般每隔几年须修订 1 次。我国药典自 1985 年后,每隔 5 年修订 1 次,且编写相应的英文版。为了使新的药物和制剂能及时地得到补充和修改,往往在下一版新药典出版前,还出版一些增补版。

(一) 中华人民共和国药典

　　1949 年 10 月 1 日中华人民共和国成立后,中央人民政府组织编撰了我国第 1 部《中华人民共和国药典》(*Pharmacopoeia of the People's Republic of China*,简称《中国药典》,Ch. P.),1953 年版共收载药品 531 种,其中化学药 215 种,植物药与油脂类 65 种,动物药

13 种,抗生素 2 种,生物制品 25 种,各类制剂 211 种。1957 年出版《中国药典》第 1 册增补本。

1963 年版《中国药典》共收载药品 1 310 种,分一、二两部,各有凡例和有关的附录。一部收载中医常用的中药材 446 种和中药成方制剂 197 种;二部收载化学药品 667 种。此外,一部记载药品的"功能与主治",二部增加了药品的"作用与用途"。1977 年版《中国药典》共收载药品 1 925 种。一部收载中草药材(包括少数民族药材)、中草药提取物、植物油脂以及一些单味药材制剂等 882 种,成方制剂(包括少数民族成方)270 种,共 1 152 种;二部收载化学药品、生物制品等 773 种。

1985 年版《中国药典》共收载药品 1 489 种。一部收载中药材、植物油脂及单味制剂 506 种,中药成方 207 种,共 713 种;二部收载化学药品、生物制品等 776 种。1987 年 11 月出版的《中国药典》(1985 年版)增补本,新增品种 23 种,修订品种 172 种,附录 21 项。1988 年 10 月,第 1 部英文版《中国药典》(1985 年版)正式出版。同年还出版了药典二部注释选编。

1990 年版《中国药典》分一、二两部,共收载品种 1 751 种。二部收载 784 种,其中中药材、植物油脂等 509 种,中药成方及单味制剂 275 种;二部收载化学药品、生物制品等 967 种。对药品名称,根据实际情况作了适当修订。二部品种项下规定的"作用与用途"和"用法与用量"分别改为"类别"与"剂量"。另组织编著《临床用药须知》一书,以指导临床用药。

1995 年版《中国药典》收载品种共计 2 375 种。一部收载 920 种,其中中药材、植物油脂等 522 种,中药成方及单味制剂 398 种;二部收载 1 455 种,包括化学药、抗生素、生化药、放射性药品、生物制品及辅料等。二部药品外文名称改用英文,取消拉丁名;中文名称只收载药品法定通用名称,不再列副名。

2000 年版《中国药典》共收载药品 2 691 种,其中一部收载 992 种,二部收载 1 699 种。一、二两部共新增品种 399 种,修订品种 562 种。本版药典的附录作了较大幅度的改进和提高,一部新增附录 10 个,修订附录 31 个;二部新增附录 27 个,修订附录 32 个。二部附录中首次收载了药品标准分析方法验证等 6 项指导原则,对统一、规范药品标准试验方法起指导作用。

2005 年版《中国药典》分成了 3 部,共收载药品 3 214 种。其中一部收载中药及中成药 1 146 种;二部收载化学药 1 967 种;三部收载生物技术药物 101 种。这版药典还将药用辅料集中列出,方便使用者查阅。二部附录中继续了药品标准分析方法验证等指导原则。

2010 年版《中国药典》仍为 3 部。共收载药品 4 567 种。

《中国药典》(2015 年版)分为 4 部,其中一部收载药材和饮片、植物油脂和提取物、成方制剂和单味制剂等;二部收载化学药品、抗生素、生化药品、放射性药品等;三部收载生物制品。2015 版药典附录(通则)、辅料独立成卷,构成《中国药典》四部的主要内容。2015 版药典收载 5 800 个品种,比 2010 版药典增加 1 200 多个,修订品种 751 个。

(二) 其他国家药典

世界上约 40 个国家有自己的药典,如《美国药典》(*Pharmacopoeia of the United States*,U. S. P)、《英国药典》(*British Pharmacopoeia*,BP)、《日本药局方》(简称 J. P)、《欧洲药典》(*European Pharmacopoeia*,E. P)。这些外国药典的最新版本在收载的品种及标准方面都有不少更新。

世界卫生组织（WHO）于 1951 年出版了第 1 版《国际药典》（*Pharmacopoeia Internationalis*，Ph. Int.），以后不定期编撰出版了新版本。《国际药典》旨在为所选药品、辅料和剂型的质量标准达成一个全球范围的统一标准。其采用的信息是综合了各国实践经验并广泛协商后整理出的。被各国广泛使用的药品都注明了优先级。优先级表示对世界卫生组织卫生计划很重要的药品，并且很可能在其他药典中没有出现，如新型的抗菌药。但《国际药典》对各国药典无法律约束力，仅供各国编纂药典作参考标准。

案例——想一想

试比较我国各版次药典的异同点。

二、国家药品标准

《中华人民共和国药品标准》（简称《国家药品标准》）由国家食品药品监督管理总局组织编纂并颁布实施，过去称为《部颁药品标准》，主要包括以下几个方面的药物：①国家食品药品监督管理总局批准的但尚未列入药典的新药。②药典收载过而现行版药典未列入的疗效肯定、国内几省仍在生产和使用并需修订标准的药品。

三、药品生产质量管理规范

药品生产质量管理规范（Good Manufacturing Practice，GMP）是药品生产与质量全面管理监控用准则。GMP 是世界卫生组织（WHO）对世界医药工业生产和药品质量要求的指南，是加强国际医药贸易、相互监督和检查的统一标准。

目前我国实施的药品 GMP 是 2010 版药品 GMP，由卫生部于 2011 年 2 月 12 日发布，自 2011 年 3 月 1 日起施行。国家局发布了关于贯彻实施《药品生产质量管理规范（2010 年修订）》的通知，通知要求：所有药品生产企业应在 2013 年 12 月 31 日前完成软件系统的更新和提高工作，无菌药品生产企业应在 2013 年 12 月 31 日前完成硬件系统的改造和认证工作，其他药品生产企业应在 2015 年 12 月 31 日前完成硬件系统的改造和认证工作。

2010 版 GMP 除无菌药品附录采用了欧盟和 WHO 最新的 A，B，C，D 分级标准，并对洁净度级别提出了具体的要求外，其他剂型药品生产的硬件要求参照 D 级标准的要求。

四、我国 GMP 认证制度的实施

质量是制药行业的生命线，而药品生产质量管理规范（GMP）是保证药品质量的法规，所有制药企业都应该遵照 GMP 的规定实施。

我国 GMP 规范的基本要点包含对各级管理人员和技术人员配置；厂区、车间、公用工程

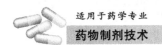

等硬件设施；设备方面的硬件和管理软件系统；卫生；原、辅、包装材料、成品的质量要求及储存规范；生产管理系统；生产管理和质量管理文件系统；质量管理系统；包装材料和标签、产品说明书等的管理和使用；销售记录；用户意见处理和不良反应报告制度；定期自检和卫生行政部门的监督检查。

近年来，我国实施了GMP认证制度，成立了中国药品认证委员会，该委员会章程第六条规定由药品监督、管理、检验、生产、经营、科研和使用等部门的专家组成，代表国家实施GMP认证。

认证目前分为三种，即企业认证、车间认证和产品认证。很多尚未投产的企业一般都是进行企业认证，在正式投产后，再进行产品认证和车间认证。产品认证一般与车间认证结合在一起，但车间认证对产品质量不进行认证，而需要认证生产管理和质量管理系统。

无论是企业认证、车间认证和产品认证，一些GMP的基本点都是不能忽略的，如厂房的设计及设备的配置，水、通风和空调系统，仓库条件，生产管理和质量管理文件系统，组织机构等。

通过GMP认证活动，可以提高参加认证人员和企业对GMP的正确认识，紧跟世界潮流的发展（包括新技术、新设备、新材料等的发展），使我们在实施GMP的过程中不断地获得提高，也为我们制药工业的健康发展铺平道路。

课堂讨论

在我国生产药品过程中，可以只以药典为标准而不实施GMP吗？为什么？

知识拓展

处方药与非处方药

任何药品的生产不但要符合药品标准，而且药品生产的投料、配料必须按规定的处方进行配料生产方可确保药品质量合格。

（一）处方

处方系指医疗和生产部门用于药剂调制的一种重要书面文件，有以下几种。

1. 法定处方　国家药品标准收载的处方。它具有法律的约束力。

2. 医师处方　医师对患者进行诊断后，对特定患者的特定疾病而开写给药房的有关药品、给药量、给药方式、给药天数及制备等的书面凭证。该处方具有法律、技术和经济的意义。

（二）处方药与非处方药

《中华人民共和国药品管理法》规定了"国家对药品实行处方药与非处方药的分类管理制度"，这也是国际上通用的药品管理模式。

1. 处方药（prescription drug）　必须凭执业医师或执业助理医师的处方才可调配、购买，并在医生指导下使用的药品。处方药可以在国务院卫生行政部门和药品监督管理部门共同指定的医学、药学专业刊物上介绍，但不得在大众传播媒介发布广告宣传。

2. 非处方药（nonprescription drug）　不需凭执业医师或执业助理医师的处方，消费者可以自行判断购买和使用的药品。经专家遴选，由国家食品药品监督管理总局批准并公布。在非处方药的包装上，必须印有国家指定的非处方药专有标志。非处方药在国外又称为"可在柜台上买到的药物"（over the counter, OTC）。目前，OTC 已成为全球通用的非处方药的简称。

处方药和非处方药不是药品本质的属性，而是管理上的界定。无论是处方药，还是非处方药都是经过国家药品监督管理部门批准，其安全性和有效性是有保障的。其中非处方药主要是用于治疗各种消费者容易自我诊断、自我治疗的常见轻微疾病。

案例——做一做

参观社会药房，记录所看到的药品名称并进行处方药和非处方药分类。

案例——试一试

参观社会药房，记录 20 种药品名称，并查阅资料说明这些药品生产的质量标准是什么。

任务三　药物制剂的发展

一、国内药物制剂的发展

祖国医学的医药遗产极为丰富，我国药剂学研究者在学习、继承和发扬医药遗产的同时，学习西方药剂学的理论、技术和方法，结合我国药学的实际，创造了我国药物制剂的辉煌成就。

我国中医药的发展历史悠久，于商代（公元前 1766 年）已使用汤剂，是应用最早的中药

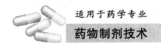
剂型之一。夏、商、周时期的医书《五十二病方》、《甲乙经》、《山海经》中已有汤剂、丸剂、散剂、膏剂及药酒等剂型的记载；在东汉张仲景(公元 142～219 年)的《伤寒论》和《金匮要略》中记载有栓剂、洗剂、软膏剂、糖浆剂等 10 余种剂型，并记载了可以用动物胶、炼制的蜂蜜和淀粉糊为黏合剂制成丸剂。唐代颁布了我国第 1 部，也是世界上最早的国家药典——唐《新修本草》。后来编制的《太平惠民和剂局方》是我国最早的一部国家制剂规范，比英国最早的局方早 500 多年。明代著名药学家李时珍(1518～1593 年)编著了《本草纲目》，其中收载药物 1 892 种，剂型 61 种，附方 11 096 则。这充分体现了中华民族在药物制剂的漫长发展过程中曾经作出了重大的贡献。

从 19 世纪初，国外医药技术对我国药物制剂的发展产生了一定影响，如引进一些技术并建立一些药厂，将进口的原料药加工生产成注射剂、片剂等制剂，但规模较小、水平较低、产品质量较差。新中国成立后确定在优先发展原料药以解决"无米之炊"的基础上发展制剂工业的方针，促进了我国的医药工业的迅速发展。

改革开放以来，在药用辅料的研究方面先后开发出粉末直接压片用辅料(如微晶纤维素、可压性淀粉)；黏合剂(如聚维酮等)、崩解剂(如羧甲基淀粉钠、低取代羟丙基纤维素等)、薄膜包衣材料(如丙烯酸树脂系列产品)、优良的表面活性剂(如泊洛沙姆、蔗糖脂肪酸酯)、栓剂基质(如半合成脂肪酸酯等)。在生产技术及设备方面，新型辅料的研制成功和高速旋转压片机的应用使粉末直接压片技术得到广泛的应用；在制粒技术方面广泛应用流化制粒、高速搅拌制粒、喷雾制粒技术等提高了固体制剂的产量和质量；空气净化技术与 GMP 的实施使注射剂的产品质量大大提高。在新剂型的研究方面：正逐渐缩小与国际先进制药水平的差距，加快缓控释制剂、透皮给药制剂的新产品上市；脂质体、微球、纳米粒等靶向、定位给药系统的新药研究也取得很大进展；多肽类、蛋白质等生物技术制剂的不同给药剂型的研究正在深入开展。

案例——做一做

我国的第 1 部药典是什么时候产生的？我国的第 1 部制剂规范是何时诞生的？

二、国外药物制剂的发展

国外药物制剂发展最早的是埃及与巴比伦王国(今伊拉克地区)。《伊伯氏纸草本》是公元前 1552 年的著作，记载有散剂、硬膏剂、丸剂、软膏剂等许多剂型，并有药物的处方和制备方法等。被西方各国认为是药剂学鼻祖的格林(Galen，公元 131～201 年)是罗马籍希腊人(与我国汉代张仲景同期)。在格林的著作中记述了散剂、丸剂、浸膏剂、溶液剂、酒剂等多种剂型，人们称之为格林制剂，至今还在一些国家应用。在格林制剂等基础之上发展起来的现代药剂学已有 150 余年的历史。1843 年，Brockedon 制备了模印片；1847 年，Murdock 发明了硬胶囊剂；1876 年，Remington 等发明了压片机，使压制片剂得到迅速发展；1886 年，

Limousin 发明了安瓿,使注射剂也得到了迅速发展。

19世纪西方科学和工业技术蓬勃发展,制药机械的发明使药剂生产的机械化、自动化得到了迅猛发展。随着科学技术与基础学科的发展,学科的分工来越细,从而以剂型和制备为中心的药剂学也成了一门独立学科。20世纪50年代,物理化学的一些理论应用于药剂学,建立了剂型的形成与制备理论,如药物稳定性、溶解理论、流变学、粉体学等,进一步促进了药剂学的发展。60～80年代,药物在体内过程的研究表明,药物在体内经历吸收、分布、代谢和排泄过程;体内血药浓度的经时过程、生物利用度及药效的研究结果表明,药效不仅与药物本身的化学结构有关,而且与药物的剂型有关,甚至在一定条件下剂型对药效具有决定性影响。生物药剂学与药物动力学的发展为新剂型的开发提供了理论依据。新辅料、新工艺和新设备的不断出现,也为新剂型的制备、制剂质量的提高奠定了十分重要的物质基础。

现代药物制剂的发展可分为以下4个时代,虽然各个时代不能截然不同,但基本反映了制剂发展的阶段性和层次特点,仅供参考:①第1代,传统的片剂、胶囊、注射剂等,约在1960年前建立。②第2代,缓释制剂、肠溶制剂等,以控制释放速度为目的的第1代DDS。③第3代,控释制剂、利用单克隆抗体、脂质体、微球等药物载体制备的靶向给药制剂,为第2代DDS。④第4代,由体内反馈情报靶向于细胞水平的给药系统,为第3代DDS。

药物制剂的发展能使新剂型在临床应用中发挥高效、速效、延长作用时间和减少不良反应的方向发展,并且使制备过程更加顺利、方便。

课堂讨论

说说你身边哪些剂型使用最广泛? 药物制剂发展经历了哪几个阶段?

知识归纳

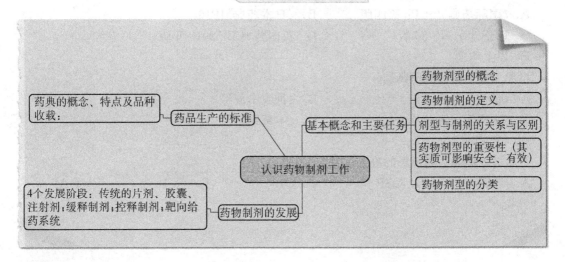

目标检测

一、名词解释

1. 药品　2. 制剂　3. 药物剂型　4. GMP　5. 处方

二、填空题

1. 药物剂型分类方法有：＿＿＿＿＿＿＿＿、＿＿＿＿＿＿＿＿。

2. 药品质量标准有：＿＿＿＿＿＿、＿＿＿＿＿。

3. 药典是＿＿＿＿＿＿的法典,由国家药典委员会组织编写,并由＿＿＿＿＿＿颁布施行,具有＿＿＿＿＿＿的约束力。

4. 处方按其性质可分为＿＿＿＿＿＿及＿＿＿＿＿＿等几种类型。

5. 药典中收载＿＿＿＿＿＿的常用药物及其制剂,并规定其质量标准、制备要求等,作为药品＿＿＿＿＿＿与＿＿＿＿＿＿的法定依据。

三、单项选择题

1. 《中华人民共和国药典》最早颁布于(　　　)
   A. 1951 年　　　B. 1953 年　　　C. 1954 年　　　D. 1955 年　　　E. 1956 年

2. 《中华人民共和国药典》是由(　　　)
   A. 国家颁发的药品集
   B. 国家药典委员会指定的药物手册
   C. 国家药品监督管理局制定的药品手册
   D. 国家药品监督管理局制定的药品法典
   E. 国家编纂的药品规格标准的法典

3. 目前,可参考的国外和国际药典有(　　　)
   A. 《国际药典》Int Ph 第四版　　　B. 《日本药典》JP16
   C. USP 35－NF 30 版　　　D. 英国药典 BP 2013 年版
   E. 以上均是

4. 世界上最早的一部药典是(　　　)
   A. 《佛洛伦斯药典》　　　B. 《神农本草经》
   C. 《太平惠民和济局方》　　　D. 《本草纲目》
   E. 《新修本草》

5. 药品进入国际医药市场的准入证是(　　　)
   A. GMP　　　B. GSP　　　C. GLP　　　D. GCP　　　E. GAP

制 药 设 施

药·物·制·剂·技·术

学习目标

1. 说出药品生产企业空气洁净度的级别。
2. 描述制药用水的种类。
3. 写出纯化水的制备工艺流程。
4. 说出纯化水和注射用水的区别。

任务一 空气净化系统

一、制药卫生的意义

药品质量的性质是安全、有效、经济、稳定和均一。因此,在药物制剂的过程中,不仅要保证药物的疗效,更要保证药品没有微生物的污染。直接注入人体的、创伤表面的、眼睛、手术的无菌产品应该不含有活的微生物;口服的药物可以有一定的微生物,但不能含致病菌。

二、药品的卫生标准

1. 制剂通则、品种项下要求无菌的制剂及标示无菌的制剂 应符合无菌检查法规定。
2. 口服给药制剂
(1) 细菌:每克不得过 1 000 cfu。每毫升不得超过 100 cfu。
(2) 真菌和酵母:每克或每毫升不得超过 100 cfu。
(3) 大肠埃希菌:每克或每毫升不得检出。
3. 局部给药制剂
(1) 用于手术、烧伤及严重创伤的局部给药制剂:应符合无菌检查法规定。
(2) 耳、鼻及呼吸道吸入给药制剂:
1) 细菌:每克或每毫升或每 10 cm² 不得超过 100 cpu。
2) 真菌和酵母:每克或每毫升或每 10 cm² 不得超过 10 cpu。

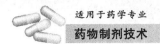
3）金黄色葡萄球菌、铜绿假单胞菌：每克或每毫升或每 10 cm² 不得检出。

4）大肠埃希菌：鼻及呼吸道给药的制剂，每克或每毫升或每 10 cm² 不得检出。

（3）阴道、尿道给药制剂：

1）细菌：每克或每毫升或每 10 cm² 不得超过 100 cfu。

2）真菌和酵母：每克或每毫升或每 10 cm² 应小于 10 cfu。

3）金黄色葡萄球菌、铜绿假单胞菌、白念珠菌：每克或每毫升或每 10 cm² 不得检出。

（4）直肠给药制剂：

1）细菌：每克不得过 1 000 cfu。每毫升不得超过 100 cfu。

2）真菌和酵母：每克或每毫升不得超过 100 cfu。

3）金黄色葡萄球菌、铜绿假单胞菌：每克或每毫升不得检出。

（5）其他局部给药制剂：

1）细菌：每克或每毫升或每 10 cm² 不得超过 100 cfu。

2）真菌和酵母：每克或每毫升或每 10 cm² 不得超过 100 cfu。

3）金黄色葡萄球菌、铜绿假单胞菌：每克或每毫升或每 10 cm² 不得检出。

4. 含动物组织（包括提取物）的口服给药制剂　每 10 g 或每 10 ml 不得检出沙门菌。

三、药品生产环境卫生的控制方法

（一）药物制剂对生产环境的卫生要求

GMP 是药品生产和质量全面管理监控的通用标准，我国现行的 GMP 为 2010 年 10 月 19 日经卫生部部务会议审议通过，自 2011 年 3 月 1 日起施行的。我国的 GMP 对制剂的生产厂房与设施、物料与卫生等均作了明确规定。

药品生产企业必须有整洁的生产环境，药厂应设在环境安静、空气洁净的地区，周围无污染源。厂区内的地面、路面及运输等不应对药品的生产造成污染。生产、行政、生活和辅助区的总体布局应合理，生产区和生活区严格分开，不得互相妨碍。

（二）药物制剂生产的空气洁净度要求

1. 洁净室的净化标准　洁净室是指应用空气净化技术，使室内达到不同的洁净级别，供不同目的使用的操作室。洁净室的净化标准主要涉及尘埃和微生物两方面，目前，国际上尚无统一的标准。美国、英国、德国、日本等及我国都各有本国的等级标准。空气中的悬浮颗粒物大多小于 10 μm，而且粒度分布在 4 μm 附近及 1 μm 以下出现峰值，因此将 0.5 μm 及 5 μm 作为划分洁净度等级的标准。

我国现行 GMP 中规定的空气洁净度等级标准如表 2-1 所示。

表 2-1　空气洁净度等级标准

洁净级别	尘粒数（m³）			
	静态		动态	
	≥0.5 μm	≥5 μm	≥0.5 μm	≥5 μm
A 级	3 520	20	3 520	20
B 级	3 520	29	352 000	2 900

洁净级别	尘粒数(m³)			
	静态		动态	
	≥0.5 μm	≥5 μm	≥0.5 μm	≥5 μm
C级	352 000	2 900	3 520 000	29 000
D级	3 520 000	29 000	不作规定	不作规定

注:除工艺对温湿度有特殊要求外,洁净室温度一般控制在 18~26℃,相对湿度为 45%~65%

注意:同级别洁净室尽可能安排在一起,不同级别洁净室之间应按洁净度等级依次相连,且相对保持不小于 10 Pa 的正压差以防止低级洁净室的空气逆流到高级洁净室,门的开启方向朝着洁净度级别高的房间

应当对微生物进行动态监测(表 2-2),评估药品生产的微生物状况。监测方法有沉降菌法、定量空气浮游菌采样法和表面取样法(如棉签擦拭法和接触碟法)等。动态取样应当避免对洁净区造成不良影响。成品批记录的审核应当包括环境监测的结果。

表 2-2　洁净区微生物监测的动态标准

洁净级别	浮游菌(cfu/m³)	沉降菌(φ90 mm)(cfu/4 h)	表面微生物	
			接触(φ55)(cfu/碟)	5 指手套(cfu/手套)
A级	<1	<1	<1	<1
B级	10	5	5	5
C级	100	50	25	—
D级	200	100	50	—

注:表中各数值均为平均值

2. 无菌制剂对生产车间洁净度的要求

(1) A级:高风险操作区,如灌装区、放置胶塞桶和与无菌制剂直接接触的敞口包装容器的区域及无菌装配或连接操作的区域,应当用单向流操作台(罩)维持该区的环境状态。单向流系统在其工作区域必须均匀送风,风速为 0.36~0.54 m/s(指导值),应当有数据证明单向流的状态并经过验证。在密闭的隔离操作区或手套箱内,可使用较低的风速。

(2) B级:指无菌配制和灌装等高风险操作 A级洁净区所处的背景区域。

(3) C级和D级:指无菌药品生产过程中重要程度较低的操作洁净区。

3. 不同制剂对生产环境的空气洁净度要求　如表 2-3 和 2-4 所示。

表 2-3　最终灭菌产品的生产操作环境

洁净度级别	最终灭菌产品生产操作示例
C级背景下的局部 A级	高污染风险的产品灌装(或灌封)
C级	1. 产品灌装(或灌封) 2. 高污染风险产品的配制和过滤 3. 眼用制剂、无菌软膏剂、无菌混悬剂等的配制、灌装(或灌封) 4. 直接接触药品的包装材料和器具最终清洗后的处理

续　表

洁净度级别	最终灭菌产品生产操作示例
D级	1. 轧盖 2. 灌装前物料的准备 3. 产品配制(指浓配或采用密闭系统的配制)和过滤 4. 直接接触药品的包装材料和器具的最终清洗

表 2-4　非最终灭菌产品的生产操作环境

洁净度级别	非最终灭菌产品的无菌生产操作示例
B级背景下的A级	1. 处于未完全密封状态下产品的操作和转运,如产品灌装(或灌封)、分装、压塞、轧盖等 2. 灌装前无法除菌过滤的药液或产品的配制 3. 直接接触药品的包装材料、器具灭菌后的装配以及处于未完全密封状态下的转运和存放 4. 无菌原料药的粉碎、过筛、混合、分装
B级	1. 处于未完全密封状态下的产品置于完全密封容器内的转运 2. 直接接触药品的包装材料、器具灭菌后处于密闭容器内的转运和存放
C级	1. 灌装前可除菌过滤的药液或产品的配制 2. 产品的过滤
D级	直接接触药品的包装材料、器具的最终清洗、装配或包装、灭菌

案例——想一想

维生素C片生产车间的空气洁净级别应是什么?

四、空气洁净技术

空气洁净技术是指为创造洁净空气环境而采用的空气调节技术。它的任务是研究并采取有效措施,控制生产场所中空气的尘粒数和细菌污染程度以及保持适宜的温湿度,以防止空气对产品质量的影响。

药品的质量是指药品的安全性、有效性、稳定性等诸多方面。药品的安全性又包括药品本身的安全和异物污染引起的各种不良影响等。空气洁净技术主要是针对后者而采取的一种有效措施,对药品质量的提高有着重要意义。

洁净空气在洁净室内的流动形式有层流式和非层流式之分。

(一) 层流空气洁净技术

层流指空气流线方向单一,呈平行状态。层流的优点表现为:①空气呈层流形式运动,室内悬浮粒子均在层流层中直线运动,可避免悬浮粒子聚结成大粒子而沉降,室内空气也不会出现滞留状态。②室内新产生的污染物能很快被层流空气带走,即有自行除尘作用。③可避免不同粒径大小或不同药物粉末的交叉污染,降低废品率。

　　1. **垂直层流洁净**　是以送风口布满顶棚,地板全部做成回风口,使气流自上而下地流动以净化空气的方式(图2-1)。

　　2. **水平层流洁净**　是以送风口满布一侧壁面,对应壁面为回风墙,气流以水平方向流动以净化空气的方式(图2-2)。

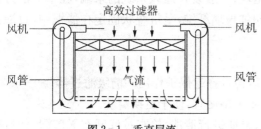

图2-1　垂直层流

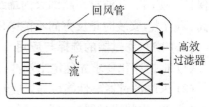

图2-2　水平层流

(二)非层流空气洁净技术

　　非层流指气流以不规则的轨迹进行流动,习惯上又称紊流(图2-3)。

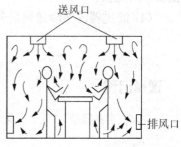

　　此种洁净方式是送风口和回风口只占洁净室断面的很小一部分,送入的洁净空气扩散到全室,使含尘空气被洁净空气稀释而降低粉尘浓度,以达到净化空气的目的。一般根据送、回风口的布置形式及换气次数可达到不同的洁净度。

图2-3　非层流

五、空气滤过

　　空气中粒子大小多在2 μm左右,这些粒子由于空气的对流与布朗运动,长期悬浮在空气中,细菌大小一般在1 μm左右,它们大部分都附着在空气中的微粒上,因此制药生产车间内空气洁净方法多采用空气滤过法。空气滤过法是指含有粉尘的空气通过空气滤过器进入室内时,粉尘被吸附或截留而与空气分离的方法,是除去空气中微生物的一种有效措施。

(一)空气滤过器的分类

　　根据滤过器的效率,分为初效、中效、高效滤过器(图2-4～2-6)。

图2-4　初效滤过器

图2-5　中效滤过器

图2-6　高效滤过器

1. 初效滤过器　主要滤除粒径大于 5 μm 的悬浮粉尘,通常设在上风侧用于新风滤过,因此也叫预滤过器。初效滤过器一般采用易于拆卸清洗的板型或袋型,其滤材使用的是金属丝网、粗孔聚氨酯泡沫塑料、化学纤维等。

2. 中效滤过器　主要滤除大于 1 μm 的尘粒,一般置于高效滤过器之前,用于保护高效滤过器。中效滤过器多采用可拆卸清洗的袋型,其滤材主要用中细孔泡沫塑料、玻璃纤维等。

3. 高效滤过器　主要滤除小于 1 μm 的尘埃,一般装在通风系统的末端,在中效滤过器的保护下使用。其滤材用超细聚丙烯纤维或超细玻璃纤维,呈折叠状固定在滤框中,过滤效率高、阻力大,安装时正反方向不能颠倒。

(二) 空气滤过器的选择与应用

(1) 根据净化要求先确定末端滤过器,然后再选择起保护作用的前级滤过器。

(2) 末端滤过器要性能可靠,初级滤过器要价格便宜,便于更换清洗。

(3) 初、中效滤过器应根据实际生产情况,定期进行清洗,检查过滤网有无破漏,如有破漏要及时更换。

(4) 滤过器的实际送风量若降至原风量的 70%,则需更换滤过器。

课堂讨论

　　请同学们说一说:家里所用的空调和我们制药企业生产车间空调一样吗? 为什么?

案例——做一做

　　观看空气净化系统视频,请说明空气净化系统的功能有哪些。

任务二　制 药 用 水

一、制药用水分类

所用药物的生产和药物制剂的制备离不开水,水是药物生产中用量大、使用广的一种辅料。《中国药典》(2010 年版)把制药用水分为饮用水、纯化水、注射用水与灭菌注射用水。

1. 原水　制药用水的原水通常为饮用水,原水不能直接用作制药用水。

2. 饮用水　饮用水为天然水经净化处理所得的水,其质量必须符合现行中华人民共和国国家标准《生活饮用水卫生标准》。饮用水可作为药材净制时的漂洗、制药用具的粗洗用水。除另有规定外,也可作为饮片的提取溶剂。

3. 纯化水　纯化水为饮用水经蒸馏法、离子交换法、反渗透法或其他适宜方法制备而得的水,不含任何附加剂,其质量应符合《中国药典》(2010 年版)二部纯化水项下的规定。纯化水可作为配制普通药物制剂用的溶剂或试验用水,中药注射剂、滴眼剂等灭菌制剂所用饮片的提取溶剂,外用制剂配制用溶剂或稀释剂,非灭菌制剂用器具的精洗用水。必要时也用作非灭菌制剂所用饮片的提取溶剂。纯化水不得用于注射剂的配制与稀释。纯化水有多种制备方法,制备过程中应严格监测各生产环节,防止微生物污染,确保使用点的水质,一般应临用前制备。

4. 注射用水　注射用水为纯化水经蒸馏所得的水,应符合细菌内毒素试验要求。注射用水必须在防止细菌内毒素产生的设计条件下生产、贮藏及分装,其质量应符合《中国药典》(2015 年版)二部注射用水项下的规定。注射用水可作为配制注射剂、滴眼剂等的溶剂或稀释剂及容器的精洗用水。为保证注射用水的质量,应减少原水中的细菌内毒素,必须随时监控蒸馏法制备注射用水的各生产环节,并防止微生物的污染。应定期清洗与消毒注射用水系统与输送设备。注射用水的储存方式和静态储存期限应经过验证确保水质符合质量要求,如在 70℃ 以上保温循环状态下存放。

5. 灭菌注射用水　灭菌注射用水为注射用水按照注射剂生产工艺制备所得,不含任何添加剂。主要用于注射用灭菌粉末的溶剂或注射剂的稀释剂。其质量符合《中国药典》(2015 年版)二部灭菌注射用水项下的规定。灭菌注射用水灌装规格应适应临床需要,避免大规格、多次使用造成的污染。

二、制药用水的用途

不同种类的制药用水应用范围有所不同(表 2－5)。

表 2－5　制药用水的用途和水质要求

水质类别	用　　途
饮用水	1. 制药用水的原水,制备纯化水的水源 2. 药材净制时的漂洗、制药用具的粗洗用水 3. 中药材、饮片的提取溶剂
纯化水	1. 制备注射用水的水源 2. 非灭菌制剂用器具的精洗用水 3. 口服、外用制剂配制用溶剂或稀释剂 4. 非灭菌制剂所用饮片的提取溶剂 5. 中药注射剂、滴眼剂等灭菌制剂所用饮片的提取溶剂
注射用水	1. 制备灭菌注射用水的水源 2. 注射剂、无菌冲洗剂容器最后一次清洗用水 3. 注射剂、无菌冲洗剂、滴眼剂的溶剂或稀释剂
灭菌注射用水	注射用灭菌粉末的溶剂或注射剂的稀释剂

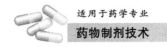

三、制药用水的质量要求

不同种类的制药用水,其质量要求也不同,饮用水应符合《生活饮用水卫生》的规定;纯化水和注射用水应符合现行版《中国药典》(2010 年版)的相关规定,灭菌注射用水要同时符合注射用水和注射剂项下的有关规定。

制药用水的水质要定期检查。一般饮用水每月检查部分项目 1 次,纯化水每隔 2 小时在制水工序中抽样检查部分项目 1 次,注射用水应随时随地检测部分项目。

案例——想一想

你身边的水有哪些?

四、纯化水的制备方法

制备纯化水的水源是饮用水,常有的制备技术有离子交换法、电渗析法、反渗透法、蒸馏法,也可以将上述几种技术联合应用。根据原水情况,原水有时受到污染,含有悬浮物、有机物、重金属等,在制备纯化水之前,需经预处理,方法有加入絮凝剂、过滤、吸附等,以保证纯化水设备的正常运行。

(一)离子交换法

离子交换法是水纯化的常用方法。是通过离子交换树脂除去水中无机离子,也可除去部分细菌和热原。纯化水常用的树脂有 732 型苯乙烯强酸性阳离子交换树脂($R—SO_3^- H^+$)及 717 型苯乙烯强碱性阴离子交换树脂$[R—\overset{+}{N}(CH_3)_3 Cl^-]$。

1. 离子交换的基本原理 离子交换树脂是一类具有离子交换功能的高分子材料。在溶液中它能将本身的离子与溶液中的同号离子进行交换。按交换基团性质的不同,离子交换树脂可分为阳离子交换树脂和阴离子交换树脂两类。

阳离子交换树脂大都含有磺酸基($—SO_3H$)、羧基($—COOH$)或苯酚基($—C_6H_4OH$)等酸性基团,其中的氢离子能与溶液中的金属离子或其他阳离子进行交换。例如,苯乙烯和二乙烯苯的高聚物经磺化处理得到强酸性阳离子交换树脂,其结构式可简单表示为 $R—SO_3H$。式中:R 代表树脂母体,其交换原理为:$2R—SO_3H + Ca^{2+} \longrightarrow (R—SO_3)_2Ca + 2H^+$。这也是硬水软化的原理。

阴离子交换树脂含有季胺基$[—\overset{+}{N}(CH_3)_3OH]$、胺基($—NH_2$)或亚胺基($=NH$)等碱性基团。它们在水中能生成 OH^- 离子,可与各种阴离子起交换作用,其交换原理为:

$$R—N(CH_3)_3OH + Cl^- \longrightarrow R—N(CH_3)_3Cl + OH^-$$

由于离子交换作用是可逆的,因此用过的离子交换树脂一般用适当浓度的无机酸或碱进行洗涤,可恢复到原状态而重复使用,这一过程称为再生。阳离子交换树脂可用稀盐酸、稀硫酸等溶液淋洗;阴离子交换树脂可用氢氧化钠等溶液处理,进行再生。但是,当交换树脂饱和后需用大量酸碱去再生树脂使其恢复活力,所排放出来的废酸碱易污染环境。

2. 离子交换法制备纯化水的工艺流程　　如图2-7、2-8所示。

生产中一般采用联合床的组合形式,即阳离子树脂→阴离子树脂→阴、阳离子混合树脂。可在阳离子树脂后加一脱气塔,将经过阳离子树脂产生的二氧化碳除去以减轻阴离子树脂的负担。初次使用新树脂应进行处理与转型,因为出厂的阳离子树脂为钠型($R-SO_3^- Na^+$),阴离子树脂为氯型$[R-\overset{+}{N}(CH_3)_3Cl^-]$。当交换水质量下降时,需对树脂进行再生。水质一般采用比电阻控制,要求经离子交换树脂制得的纯化水,比电阻大于100万$\Omega \cdot cm$。

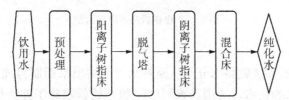

图2-7　离子交换法制备纯化水的工艺流程

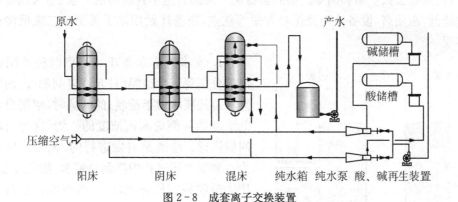

图2-8　成套离子交换装置

(二) 电渗析法

电渗析法(electrodialysis,ED)是利用离子交换膜进行海水淡化的方法。离子交换膜是一种功能性膜,分为阴离子交换膜和阳离子交换膜,简称阴膜和阳膜。阳膜只允许阳离子通过,阴膜只允许阴离子通过,这就是离子交换膜的选择透过性。在外加电场的作用下,水溶液中的阴、阳离子会分别向阳极和阴极移动,如果中间再加上一种交换膜,就可能达到分离浓缩的目的(图2-9)。

电渗析法的基本原理是因为电渗析器中交替排列着许多阳膜和阴膜,分隔成小水室。当原水进入这些小室时,在直流电场的作用下,溶液中的离子就作定向迁移。阳膜只允许阳离子通过而把阴离子截留下来;阴膜只允许阴离子通过而把阳离子截留下来。结果使这些小室的一部分变成含离子很少的淡水室,出水称为淡水。而与淡水室相邻的小室则变成聚集大量离子的浓水室,出水称为浓水,从而使离子得到了分离和浓缩,水便得到了净化。

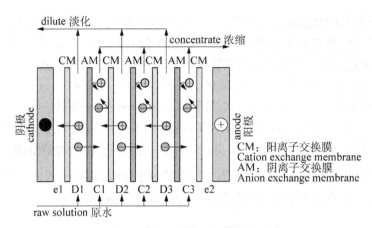

图 2-9 电渗析基本原理示意

(三) 反渗透法

反渗透法是利用反渗透膜将水分子从原料水中分离出来而制得纯化水的方法,它是 20 世纪 60 年代发展起来的技术,《美国药典》从 19 版开始就收载了此法作为制备注射用水的法定方法之一。使用一级反渗透装置能除去 90%～95% 的一价离子,98%～99% 的二价离子,同时还能除去微生物和病毒。但除去氯离子的能力达不到药典的要求,本法制备纯化水具有耗能低,水质高,设备使用及保养方便等优点,制备注射用水需要至少二级反渗透系统才能实现。

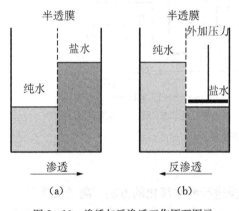

图 2-10 渗透与反渗透工作原理图示

1. **反渗透基本原理** 当把两种不同浓度的溶液分别置于半透膜(只允许溶剂能过,而溶质不能透过的膜叫做半透膜)的两侧时,溶剂自动地从低浓度的一侧流向高浓度的一侧,这种自然现象叫做渗透。渗透是自发进行的,无需外界的推动力。如果上述过程中溶剂是纯水,溶质是盐分,当用半透膜将它们分隔开时,溶剂水也会自发地从低浓度的一侧流向高浓度的一侧。此过程如图 2-10(a)所示。

在图 2-10(b)的箱子中,水通过渗透作用流向盐溶液一侧,直到达到新的平衡建立。在盐溶液一边施加一个额外的压力与渗透压相等,原有的平衡会受到影响。外加压力将会使盐溶液一边的化学势增加,使溶剂流向纯水一边。这种现象便是反渗透。

在渗透过程中,溶剂不断地低浓度的一侧流向高浓度的一侧,高浓度一侧的液位不断上升,当上升到一定程度后,溶剂通过膜的净流量等于零,此时该过程达到平衡,与该液高度对应的压力称为渗透压一般来说,渗透压的大小取决于溶液的种类、浓度和温度而与半透膜本身无关。

反渗透装置主要由高压泵、反渗透膜和控制部分组成。高压泵对源水加压,除水分子可透过反渗透膜外,水中的其他物质(矿物质、有机物、微生物等)几乎都被拒于膜外,无法透过反渗透膜而被高压浓水冲走。

2. 反渗透膜的分类　反渗透膜的种类很多,分类方法也很多。按膜材料的化学组成大致可分为醋酸纤维素膜和芳香族聚酰胺膜(复合膜)(图2-11)。

(1) 醋酸纤维素膜(cellulose acetate, CA):是一种羟基聚合物,它一般是用纤维素经酯化生成的三醋酸纤维,再经过二次水解生成一、二、三醋酸纤维的混合物。这种膜的厚度约100 μm,具有非对称结构和较高的水透过性。

(2) 芳香族聚酰胺膜(复合膜):有一层薄的脱盐表层和细孔众多的衬底,具有不对称结构。这种膜的最大优点是抗压实性较高、透水率较大和盐透过性较小。

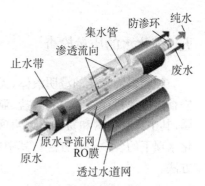

图2-11　反渗透膜结构示意

3. 反渗透系统　典型的反渗透系统包括:保安过滤器、高压泵、反渗透本体装置(反渗透器)、清洗和冲洗系统(图2-12)。

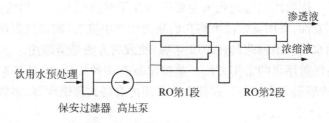

图2-12　反渗透膜系统工艺流程

(四) 电去离子法

电去离子(EDI)法也叫填充床电渗析,是电渗析与离子交换有机结合形成的新型膜分离技术,借助离子交换树脂的离子交换作用和离子交换膜对离子的选择性透过作用,在直流电场的作用下使离子定向迁移,从而完成对水持续、深度的去盐。

EDI是利用阴、阳离子膜,采用对称堆放的形式,在阴、阳离子膜中间夹着阴、阳离子树脂,分别在直流电压的作用下,进行阴、阳离子交换。而同时在电压梯度的作用下,水会发生电解产生大量H^+和OH^-,这些H^+和OH^-对离子膜中间的阴、阳离子不断地进行了再生。由于EDI不停进行交换、再生,使得纯水度越来越高,所以,轻而易举地产生了高纯度的超纯水(图2-13)。

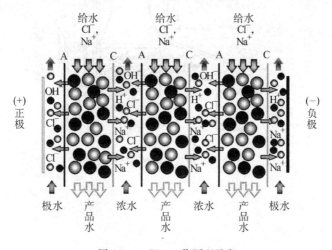

图2-13　EDI工作原理示意

五、纯化水的质量检查

纯化水为无色的澄明液体,无臭无味,按照《中国药典》(2015年版)二部规定,纯化水应检查以下项目:酸碱度、硝酸盐、亚硝酸盐、氨、总有机碳、电导率、易氧化物、不挥发物和重金属,其中总有机碳和易氧化物两项可选一项做,检查时,按照《中国药典》(2015年版)二部纯化水项下的各项检查方法。其中电导率检查按照附录Ⅷ S的方法,总有机碳按附录Ⅷ R的方法。

六、注射用水

按照《中国药典》(2015年版)规定,注射用水是指纯化水经蒸馏所得到的水,应符合细菌内毒素试验要求。注射用水与纯化水主要区别在于对热原和微生物的控制程度,利用微生物和热原的不挥发性,采用蒸馏法可将它们从纯化水中除去,制得注射用水。反渗透法也可用来制备注射用水,但《中国药典》(2010年版)收载的方法是蒸馏法。

蒸馏法是制备注射用水的常用方法。蒸馏水器有多种式样,但是基本结构一般都包括蒸发锅、隔沫器和冷凝器几个部分。制药企业常用的有塔式蒸馏水器、多效蒸馏水器和气压式蒸馏水器(图2-14、2-15)。

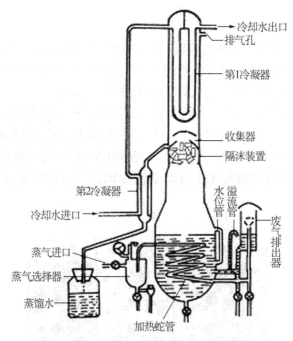

图2-14 塔式蒸馏水器结构图示

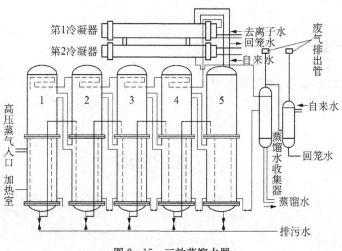

图 2-15　三效蒸馏水器

七、注射用水的质量检查

注射用水为无色的澄明液体,无臭、无味。按照《中国药典》(2015 年版)二部规定,注射用水应检查以下项目:酸碱度、硝酸盐、亚硝酸盐、氨、总有机碳、电导率、不挥发物和重金属。检查时,按照《中国药典》(2010 年版)二部纯化水项下的各项检查方法。其中电导率检查按照附录Ⅷ S 的方法,总有机碳按附录Ⅷ R 的方法,应符合规定。除此之外,规定注射用水的pH 值应为 5.0~7.0;细菌内毒素含量应小于 0.25 EU/ml(照附录ⅪE 检查),氨含量不超过 0.000 02%;细菌、真菌和酵母总数不大于 10 个/100 ml。

课堂讨论

我们平时喝的娃哈哈纯净水是如何制备出来的?

知识拓展

注射用水的贮存

注射用水的制备、贮存和分配应能防止微生物的滋生和污染。贮罐和输送管道所用材料应无毒、耐腐蚀。管道的设计和安装应避免死角、盲管。贮罐和管道要规定清洗、灭菌周期。注射用水贮罐的通气口应安装不脱落纤维的疏水性除菌滤器。注射用水的贮存可采用 70℃以上保温循环(流速宜大于 1.5m/s),密封存放。注射用水的一般贮存时间不得超过 12 h,用于生物制品的注射用水不得超过 6 h。若于制备后 4 h 内灭菌则可在 72 h 内使用。

案例——做一做

观看制药用水短片,请写出片中制药用水的类别及制备过程?

知识归纳

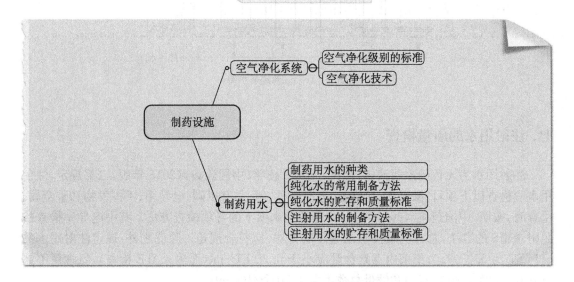

目标检测

一、名词解释

1. 反渗透法　　**2.** 电渗析法

二、单项选择题

1. 下列有关药品卫生的叙述错误的是(　　)

　　A. 各国对药品卫生标准都作严格规定

　　B. 药剂被微生物污染,可能使其全部变质,腐败,甚至失效,危害人体

　　C. 我国《中华人民共和国药典》(2015 年版)一部附录,对中药各剂型微生物限度标准作了严格规定

　　D. 药剂的微生物污染主要由原料、辅料造成

　　E. 制药环境空气要进行净化处理

2. 适用于大体积(≥50 ml)注射剂滤过、灌封的环境空气净化级别为(　　)

　　A. A 级　　　　　B. B 级　　　　　C. C 级　　　　　D. D 级　　　　　E. E 级

液 体 制 剂

药·物·制·剂·技·术

任务一 液体制剂的处方组成

液体制剂品种多，临床应用广泛。本项目所介绍的液体制剂为口服和外用液体制剂，不包括注射剂、输液、眼用液体制剂等需灭菌或无菌操作的液体制剂（参见项目四）。

液体制剂还是其他剂型（如软胶囊、软膏剂、栓剂、气雾剂等）的基础剂型或组成要素，因此液体制剂在药物制剂技术中占有重要的地位。

一、液体制剂的定义和特点

液体制剂系指药物分散在适宜的分散介质中制成的液态制剂，可供内服或外用。液体制剂中被分散的药物称为分散相，在一定条件下它以固体颗粒、液滴、胶体粒子、分子、离子或其混合形式存在于分散介质（也称为分散溶剂）中。分散方法、分散程度不同，相应的作用效果也不同。口服液体制剂所用药物必须是适宜于胃肠给药、刺激性小、肝肠首过效应小、在溶剂中分散度大、化学稳定性好、能满足临床安全有效治疗的浓度。

液体制剂在临床应用广泛，方便而安全，其主要的特点有：①药物以分子或微粒状态分散在介质中，分散度大，吸收快，能较迅速地发挥药效；②给药途径多，可以内服，也可以外用，如用于皮肤、黏膜和人体腔道等；③易于分剂量，服用方便，特别适用于婴幼儿和老年患者；④能减少某些药物的刺激性，如调整液体制剂浓度而减少刺激性，避免溴化物、碘化物等固体药物口服后由于局部浓度过高而引起胃肠道刺激作用；⑤某些固体药物制成液体制剂后，有利于提高药物的生物利用度。

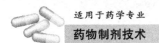
但液体制剂有以下不足：①药物分散度大，又受分散介质的影响，易引起药物的化学降解，使药效降低甚至失效；②液体制剂体积较大，携带、运输、贮存都不方便；③水性液体制剂容易霉变，需加入防腐剂；④非均匀性液体制剂，药物的分散度大，分散粒子具有很大的比表面积，易产生一系列的物理稳定性问题。

二、液体制剂的分类

（一）按分散系统分类

1. 均相液体制剂　药物以分子状态均匀分散的澄明溶液，是热力学稳定体系，有以下两种。

（1）低分子溶液剂：由低分子药物分散在分散介质中形成的液体制剂，也称溶液剂。

（2）高分子溶液剂：由高分子化合物分散在分散介质中形成的液体制剂。

2. 非均相液体制剂　为不稳定的多相分散体系，包括以下几种。

（1）溶胶剂：又称疏水胶体溶液。

（2）乳剂：由不溶性液体药物分散在分散介质中形成的不均匀分散体系。

（3）混悬剂：由不溶性固体药物以微粒状态分散在分散介质中形成的不均匀分散体系。

按分散体系分类，分散微粒大小决定了分散体系的特征（表3-1）。

表3-1　按分散体系的分类

液体类型	微粒大小(nm)	特　征
低分子溶液剂	<1	分子或离子分散的澄明溶液，体系稳定
高分子溶液剂	1~100	以高分子分散的透明溶液，属热力学稳定体系
溶胶剂	1~100	以微粒分散，多相体系，热力学不稳定体系
乳剂	>100	以液体微粒分散，为多相体系，热力学和动力学不稳定体系
混悬剂	>500	以固体微粒分散，为多相体系，热力学和动力学不稳定体系

（二）按给药途径分类

1. 内服液体制剂　如合剂、糖浆剂、乳剂、混悬液、滴剂等均为内服液体制剂。

2. 外用液体制剂

（1）皮肤用液体制剂：如洗剂、搽剂等。

（2）五官科用液体制剂：如洗耳剂、滴耳剂、滴鼻剂、含漱剂、滴牙剂等。

（3）直肠、阴道、尿道用液体制剂：如灌肠剂、灌洗剂等。

三、液体制剂的质量要求

均匀相液体制剂应是澄明溶液；非均匀相液体制剂的药物粒子应分散均匀，液体制剂浓度应准确；口服的液体制剂应外观良好，口感适宜；外用的液体制剂应无刺激性；液体制剂应有一定的防腐能力，保存和使用过程不应发生霉变；包装容器应适宜，方便患者携带和使用。

案例——想一想

说出你所见过的 5 种液体制剂。

四、液体制剂的常用溶剂

液体制剂的溶剂,对溶液剂来说可称为溶剂。对溶胶剂、混悬剂、乳剂来说药物并不溶解而是分散,因此称作分散介质。溶剂对液体制剂的性质和质量影响很大。

液体制剂的制备方法、稳定性及所产生的药效等,都与溶剂有密切关系。选择溶剂的条件是:①对药物应具有较好的溶解性和分散性;②化学性质应稳定,不与药物或附加剂发生反应;③不应影响药效的发挥和含量测定;④毒性小、无刺激性、无不适的臭味。药物的溶解或分散状态与溶剂的极性有密切关系。溶剂按介电常数大小分为极性溶剂、半极性溶剂和非极性溶剂。

(一)极性溶剂

1. 水　是最常用溶剂,能与乙醇、甘油、丙二醇等溶剂以任意比例混合,能溶解大多数的无机盐类和极性大的有机药物,能溶解药材中的生物碱盐类、苷类、糖类、树胶、黏液质、鞣质、蛋白质、酸类及色素等。但有些药物在水中不稳定,容易产生霉变,故不宜长久储存。配制水性液体制剂时应使用蒸馏水或精制水,不宜使用常水。

2. 甘油　为无色黏稠性澄明液体,有甜味,毒性小,能与水、乙醇、丙二醇等以任意比例混合,对硼酸、苯酚和鞣质的溶解度比水大。含甘油 30% 以上有防腐作用,可供内服或外用,其中外用制剂应用较多

3. 二甲基亚砜　为无色澄明液体,具大蒜臭味,有较强的吸湿性,能与水、乙醇、甘油、丙二醇等溶剂以任意比例混合。本品溶解范围广,亦有万能溶剂之称。能促进药物透过皮肤和黏膜的吸收作用,但对皮肤有轻度刺激。

(二)半极性溶剂

1. 乙醇　没有特殊说明时,乙醇指 95%(V/V)乙醇,可与水、甘油、丙二醇等溶剂任意比例混合,能溶解大部分有机药物和药材中的有效成分,如生物碱及其盐类、挥发油、树脂、鞣质、有机酸和色素等。20% 以上的乙醇即有防腐作用。但乙醇有一定的生理活性,有易挥发、易燃烧等缺点。

2. 丙二醇　药用一般为 1,2-丙二醇,性质与甘油相近,但黏度较甘油为小,可作为内服及肌内注射液溶剂。丙二醇毒性小、无刺激性,能溶解许多有机药物,一定比例的丙二醇和水的混合溶剂能延缓许多药物的水解,增加稳定性。丙二醇对药物在皮肤和黏膜的吸收有一定的促进作用。

3. 聚乙二醇　液体制剂中常用聚乙二醇 300~600,为无色澄明液体、理化性质稳定,能与水、乙醇、丙二醇、甘油等溶剂任意混合。聚乙二醇不同浓度的水溶液是良好溶剂,能溶解许多水溶性无机盐和水不溶性的有机药物。本品对一些易水解的药物有一定的稳定作用。

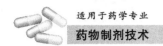

在洗剂中,能增加皮肤的柔韧性,具有一定的保湿作用。

(三) 非极性溶剂

1. **脂肪油** 脂肪油为常用非极性溶剂,如麻油、豆油、花生油、橄榄油等植物油。植物油不能与极性溶剂混合,而能与非极性溶剂混合。脂肪油能溶解油溶性药物,如激素、挥发油、游离生物碱和许多芳香族药物。脂肪油容易酸败,也易受碱性药物的影响而发生皂化反应,影响制剂的质量。脂肪油多为外用制剂的溶剂,如洗剂、擦剂、滴鼻剂等。

2. **液状石蜡** 是从石油产品中分离得到的液状烃的混合物,分为轻质和重质两种。前者相对密度为 0.828~0.860,后者为 0.860~0.890。液状石蜡为无色澄明油状液体,无色无臭,化学性质稳定,但接触空气能被氧化,产生不快臭味,可加入油性抗氧剂。本品能与非极性溶剂混合,能溶解生物碱、挥发油及一些非极性药物等。本品在肠道中不分解也不吸收,能使粪便变软,有润肠通便作用。可作口服制剂和搽剂的溶剂。

3. **醋酸乙酯** 为无色油状液体,微臭。相对密度(20℃)为 0.897~0.906。有挥发性和可燃性。在空气中容易氧化、变色,需加入抗氧剂。本品能溶解挥发油、甾体药物及其他油溶性药物。常作为搽剂的溶剂。

五、液体制剂常用附加剂

(一) 增溶剂

增溶是指某些难溶性药物在表面活性剂的作用下,在溶剂中增加溶解度并形成溶液的过程。具有增溶能力的表面活性剂称增溶剂,被增溶的物质称为增溶质。对于以水为溶剂的药物,增溶剂的最适 HLB 值为 15~18。每克增溶剂能增溶药物的克数称为增溶量。常用的增溶剂为聚山梨酯类和聚氧乙烯脂肪酸酯类等。

(二) 助溶剂

助溶剂系指难溶性药物与加入的第 3 种物质在溶剂中形成可溶性分子间的络合物、复盐或缔合物等,以增加药物在溶剂(主要是水)中的溶解度。这第 3 种物质称为助溶剂。助溶剂多为低分子化合物(不是表面活性剂),与药物形成络合物,如碘在水中溶解度为 1：2 950,如加适量的碘化钾,可明显增加碘在水中溶解度,能配成含碘 5% 的水溶液。碘化钾为助溶剂,增加碘溶解度的机制是 KI 与碘形成分子间的络合物 KI_3。

(三) 潜溶剂

为了提高难溶性药物的溶解度,常常使用两种或多种混合溶剂。在混合溶剂中各溶剂达到某一比例时,药物的溶解度出现极大值,这种现象称潜溶,这种溶剂称潜溶剂。与水形成潜溶剂的有乙醇、丙二醇、甘油、聚乙二醇等。甲硝唑在水中的溶解度为 $10\%(w/V)$,如果使用水-乙醇混合溶剂,则溶解度提高 5 倍。醋酸去氢皮质酮注射液是以水-丙二醇为溶剂制备的。

(四) 防腐剂

1. **防腐的重要性** 液体制剂特别是以水为溶剂的液体制剂,易被微生物污染而发霉变质,尤其是含有糖类、蛋白质等营养物质的液体制剂,更容易引起微生物的滋长和繁殖。抗菌药的液体制剂也能生长微生物,因为抗菌药物都有一定的抗菌谱。污染微生物的液体制剂会引起理化性质的变化,严重影响制剂质量,有时会产生细菌毒素有害于人体。

《中国药典》(2010年版)关于药品微生物限度标准,对液体制剂规定了染菌数的限量要求:口服药品1g或1ml不得检出大肠埃希菌,不得检出活螨;化学药品1g含细菌数不得超过1000个,真菌数不得超过100个;液体制剂1ml含细菌数不得超过100个,真菌、酵母数不超过100个;外用药品1g或1ml不得检出铜绿假单胞菌和金黄色葡萄球菌。

2. 常用防腐剂

(1) 对羟基苯甲酸酯类:对羟基苯甲酸甲酯、乙酯、丙酯、丁酯,亦称尼泊金类。这类的抑菌作用随烷基碳数增加而增加,但溶解度则减小,丁酯抗菌力最强,溶解度却最小。本类防腐剂混合使用有协同作用。通常是乙酯和丙酯(1:1)或乙酯和丁酯(4:1)合用,浓度均为0.01%~0.25%。这是一类很有效的防腐剂,化学性质稳定。在酸性、中性溶液中均有效,但在酸性溶液中作用较强,对大肠埃希菌作用最强。在弱碱性溶液中作用减弱,这是因为酚羟基解离所致。

(2) 苯甲酸及其盐:在水中溶解度为0.29%,乙醇中为43%(20℃),通常配成20%醇溶液备用。用量一般为0.03%~0.1%。苯甲酸未解离的分子抑菌作用强,所以在酸性溶液中抑菌效果较好,最适pH值是4。溶液pH值增高时解离度增大,防腐效果降低。苯甲酸钠在酸性溶液中的防腐作用与苯甲酸相当。苯甲酸防霉作用较尼泊金类为弱,而防发酵能力则较尼泊金类强。苯甲酸0.25%和尼泊金0.05%~0.1%联合应用对防止发霉和发酵最为理想,特别适用于中药液体制剂。

(3) 山梨酸:本品为白色至黄白色结晶性粉末,熔点133℃,溶解度:水中为0.125%(30℃),丙二醇中5.5%(20℃),无水乙醇或甲醇中12.9%;甘油中0.13%。对细菌最低抑菌浓度为0.02%~0.04%(pH<6.0),对酵母、真菌最低抑菌浓度为0.8%~1.2%。本品的防腐作用是未解离的分子,在pH值4水溶液中效果较好。山梨酸与其他抗菌剂联合使用产生协同作用。山梨酸钾、山梨酸钙作用与山梨酸相同,水中溶解度更大,需在酸性溶液中使用。

(4) 苯扎溴铵:又称新洁尔灭,为阳离子表面活性剂。淡黄色黏稠液体,低温时形成蜡状固体,极易潮解,有特臭、味极苦。无刺激性。溶于水和乙醇,微溶于丙酮和乙醚。本品在酸性和碱性溶液中稳定,耐热压。作防腐剂使用浓度为0.02%~0.2%。

(5) 醋酸氯己定:又称醋酸洗必泰,微溶于水,溶于乙醇、甘油、丙二醇等溶剂中,为广谱杀菌剂,用量为0.02%~0.05%。

(6) 其他防腐剂:邻苯基苯酚微溶于水,使用浓度为0.005%~0.2%;桉叶油为0.01%~0.05%;桂皮油为0.01%。薄荷油为0.05%。

(五)矫味剂

内服液体制应味道可口,外观良好,使患者,尤其是儿童乐于服用。常用的矫味剂如下。

1. 甜味剂 甜味剂包括天然的和合成的两大类。天然的甜味剂蔗糖和单糖浆应用最广泛,具有芳香味的果汁糖浆如橙皮糖浆及桂皮糖浆等不但能矫味,也能矫臭。甘油、山梨醇、甘露醇等也可作甜味剂。天然甜味剂甜菊苷,为微黄白色粉末、无臭、有清凉甜味,甜度比蔗糖大200~350倍,在水中溶解度(25℃)为1:10,pH值4~10时加热也不被水解。常用量为0.025%~0.05%。本品甜味持久且不被吸收,但甜中带苦,故常与蔗糖和糖精钠合用。合成的甜味剂有糖精钠,甜度为蔗糖的200~700倍,易溶于水,但水溶液不稳定,长期放置甜度降低。常用量为0.03%。常与单糖浆、蔗糖和甜菊苷合用,常作咸味的矫味剂。阿司帕坦,也称蛋白糖,为二肽类甜味剂,又称天冬甜精。甜度比蔗糖高150～200倍,不致龋齿,可以有效地降低热量,适用于糖尿病、肥胖症患者。

2. 芳香剂　在制剂中有时需要添加少量香料和香精以改善制剂的气味和香味。这些香料与香精称为芳香剂。香料分天然香料和人造香料两大类。天然香料有植物中提取的芳香性挥发油,如柠檬、薄荷挥发油等,以及它们的制剂如薄荷水、桂皮水等。人造香料也称调和香料,是由人工香料添加一定量的溶剂调和而成的混合香料,如苹果香精、香蕉香精等。

3. 胶浆剂　胶浆剂具有黏稠缓和的性质,可以干扰味蕾的味觉而能矫味,如阿拉伯胶、羧甲基纤维素钠、琼脂、明胶、甲基纤维素等的胶浆。如在胶浆剂中加入适量糖精钠或甜菊苷等甜味剂,则增加其矫味作用。

4. 泡腾剂　将有机酸与碳酸氢钠一起,遇水后由于产生大量二氧化碳,二氧化碳能麻痹味蕾起矫味作用。对盐类的苦味、涩味、咸味有所改善。

（六）着色剂

有些药物制剂本身无色,但为了心理治疗上的需要或某些目的有时需加入制剂中进行调色的物质称着色剂。着色剂能改善制剂的外观颜色,可用来识别制剂的浓度、区分应用方法和减少病人对服药的厌恶感。尤其是选用的颜色与矫味剂能够配合协调,更易为病人所接受。

1. 天然色素　常用的有植物性和矿物性色素,做食品和内服制剂的着色剂。植物性色素:红色的有苏木、甜菜红、胭脂红等;黄色的有姜黄、胡萝卜素等;蓝的有松叶兰、乌饭树叶;绿色的有叶绿酸铜钠盐;棕色的有焦糖等。矿物性的如氧化铁(棕红色)。

2. 合成色素　人工合成色素的特点是色泽鲜艳,价格低廉,大多数毒性比较大,用量不宜过多。我国批准的内服合成色素有苋菜红、柠檬黄、胭脂红、胭脂蓝和日落黄,通常配成1‰贮备液使用,用量不得超过万分之一。外用色素有品红、亚甲蓝、苏丹黄G等。

（七）其他附加剂

在液体制剂中为了增加稳定性,有时需要加入抗氧剂、pH调节剂、金属离子络合剂等。

课堂讨论

创口贴中所用的防腐剂是什么?

知识拓展

（一）表面活性剂的概念

一定条件下的任何纯液体都具有表面张力,20℃时,水的表面张力为72.75 mN·m^{-1}。当溶剂中溶入溶质时,溶液的表面张力因溶质的加入而发生变化,水溶液表面张力的大小因溶质不同而改变。使液体表面张力降低的性质即为表面活性。表面活性剂是指那些具有很强表面活性、能使液体的表面张力显著下降的物质。

（二）表面活性剂的结构特征

表面活性剂分子一般由非极性烃链和1个以上的极性基团组成，烃链长度一般在8个碳原子以上，极性基团可以是解离的离子，也可以是不解离的亲水基团。极性基团可以是羧酸及其盐、磺酸及其盐、硫酸酯及其可溶性盐、磷酸酯基、氨基或胺基及它们的盐，也可以是羟基、酰胺基、醚键、羧酸酯基等。

（三）表面活性剂的分类

根据分子组成特点和极性基团的解离性质，将表面活性剂分为离子表面活性剂和非离子表面活性剂。根据离子表面活性剂所带电荷，又可分为阳离子表面活性剂、阴离子表面活性剂和两性离子表面活性剂。一些表现出较强的表面活性同时具有一定的起泡、乳化、增溶等应用性能的水溶性高分子，称为高分子表面活性剂，如海藻酸钠、羧甲基纤维素钠、甲基纤维素、聚乙烯醇、聚维酮等，但与低分子表面活性剂相比，高分子表面活性剂降低表面张力的能力较小，增溶力、渗透力弱，乳化力较强，常用做保护胶体。

1. 离子表面活性剂

（1）阴离子表面活性剂：阴离子表面活性剂起表面活性作用的部分是阴离子。

1）高级脂肪酸盐：系肥皂类，通式为 $(RCOO^-)nM^{n+}$。脂肪酸烃链 R 一般在 $C_{11}\sim C_{17}$ 之间，以硬脂酸、油酸、月桂酸等较常见。根据 M 的不同，又可分碱金属皂（一价皂）、碱土金属皂（二价皂）和有机胺皂（三乙醇胺皂）等。它们均具有良好的乳化性能和分散油的能力，但易被酸破坏，碱金属皂还可被钙、镁盐等破坏，电解质可使之盐析。一般只用于外用制剂。

2）硫酸化物：主要是硫酸化油和高级脂肪醇硫酸酯类，通式为 $R—O—SO_3^- M^+$，其中脂肪烃链 R 在 $C_{12}\sim C_{18}$ 范围。硫酸化油的代表是硫酸化蓖麻油，俗称土耳其红油，为黄色或橘黄色黏稠液，有微臭，约含 48.5% 的总脂肪油，可与水混合，为无刺激性的去污剂和润湿剂，可代替肥皂洗涤皮肤，也可用于挥发油或水不溶性杀菌剂的增溶。高级脂肪醇硫酸酯类中常用的是十二烷基硫酸钠（SDS，又称月桂硫酸钠、SLS）、十六烷基硫酸钠（鲸蜡醇硫酸钠）、十八烷基硫酸钠（硬脂醇硫酸钠）等。它们的乳化性也很强，并较肥皂类稳定，较耐酸和钙、镁盐，但可与一些高分子阳离子药物发生作用而产生沉淀，对黏膜有一定的刺激性，主要用做外用软膏的乳化剂，有时也用于片剂等固体制剂的润湿剂或增溶剂。

3）磺酸化物：系指脂肪族磺酸化物和烷基芳基磺酸化物等。通式分别为 $R—SO_3^- M^+$ 和 $RC_6H_5—SO_3^- M^+$。它们的水溶性及耐酸，耐钙、镁盐性比硫酸化物稍差，但即使在酸性水溶液中也不易水解。常用的品种有二辛基琥珀酸磺酸钠（阿洛索-OT）、二己基琥珀酸磺酸钠、十二烷基苯磺酸钠等，后者为目前广泛应用的洗涤剂。

（2）阳离子表面活性剂：这类表面活性剂起作用的部分是阳离子，亦称阳性皂。其分子结构的主要部分是1个五价的氮原子，所以也称为季铵化物，其特点是水溶性大,在酸性与碱性溶液中较稳定,具有良好的表面活性作用和杀菌作用。常用品种有苯扎氯铵和苯扎溴铵等。

(3) 两性离子表面活性剂:这类表面活性剂的分子结构中同时具有正、负电荷基团,在不同 pH 值介质中可表现出阳离子或阴离子表面活性剂的性质。

1) 卵磷脂:卵磷脂是天然的两性离子表面活性剂。其主要来源是大豆和蛋黄,根据来源不同,又可称豆磷脂或蛋磷脂。卵磷脂外观为透明或半透明黄色或黄褐色油脂状物质,对热十分敏感,在 60℃ 以上数天内即变为不透明褐色,在酸性和碱性条件及酯酶作用下容易水解,不溶于水,溶于氯仿、乙醚、石油醚等有机溶剂,是制备注射用乳剂及脂质微粒制剂的主要辅料。

2) 氨基酸型和甜菜碱型:这两类表面活性剂为合成化合物,阴离子部分主要是羧酸盐,其阳离子部分为季铵盐或胺盐,由胺盐构成者即为氨基酸型($R^+NH_2CH_2CH_2COO^-$);由季铵盐构成者即为甜菜碱型[$R^+N(CH_3)_2CH_2COO^-$]。氨基酸型在等电点时亲水性减弱,并可能产生沉淀,而甜菜碱型则无论在酸性、中性及碱性溶液中均易溶,在等电点时也无沉淀。

2. 非离子表面活性剂 这类表面活性剂在水中不解离,分子中构成亲水基团的是甘油、聚乙二醇和山梨醇等多元醇,构成亲油基团的是长链脂肪酸或长链脂肪醇以及烷基或芳基等,它们以酯键或醚键与亲水基团结合,品种很多,广泛用于外用、口服制剂和注射剂,个别品种也用于静脉注射剂。

(1) 脂肪酸甘油酯:主要有脂肪酸单甘油酯和脂肪酸二酰甘油,如单硬脂酸甘油酯等。主要用做 W/O 型辅助乳化剂。

(2) 多元醇型:

1) 蔗糖脂肪酸酯:蔗糖脂肪酸酯简称蔗糖酯,是蔗糖与脂肪酸反应生成的一大类化合物,属多元醇型非离子表面活性剂,主要用做水包油型乳化剂、分散剂。一些高脂肪酸含量的蔗糖酯也用做阻滞剂。

2) 脂肪酸山梨坦:脂肪酸山梨坦是失水山梨醇脂肪酸酯,是由山梨糖醇及其单酐和二酐与脂肪酸反应而成的酯类化合物的混合物,商品名为司盘(spans)。根据反应的脂肪酸的不同,可分为司盘 20(月桂山梨坦)、司盘 40(棕榈山梨坦)、司盘 60(硬脂山梨坦)、司盘 65(三硬脂山梨坦)、司盘 80(油酸山梨坦)和司盘 85(三油酸山梨坦)等多个品种。

3) 聚山梨酯:它是聚氧乙烯失水山梨醇脂肪酸酯,是由失水山梨醇脂肪酸酯与环氧乙烷反应生成的亲水性化合物。氧乙烯链节数约为 20,可加成在山梨醇的多个羟基上,所以也是一种复杂的混合物。商品名为吐温(tweens),美国药典品名为 polysorbate,与司盘的命名相对应,根据脂肪酸不同,有聚山梨酯 20(吐温 20)、聚山梨酯 40、聚山梨酯 60、聚山梨酯 65、聚山梨酯 80(吐温 80)和聚山梨酯 85 等多种型号。

(3) 聚氧乙烯型:

1) 聚氧乙烯脂肪酸酯:这类表面活性剂系由聚乙二醇与长链脂肪酸缩合而成的

酯,通式为 $RCOOCH_2(CH_2OCH_2)_nCH_2OH$,商品有卖泽(Myrij)。根据聚乙二醇部分的相对分子质量和脂肪酸品种不同而有不同品种。这类表面活性剂有较强水溶性,乳化能力强,为水包油型乳化剂,常用的有聚氧乙烯40硬脂酸酯等。

2) 聚氧乙烯脂肪醇醚:它是由聚乙二醇与脂肪醇缩合而成的醚,通式为 $RO(CH_2OCH_2)_nH$,商品有苄泽(Brij),如 Brij30 和 Brij35 分别为不同分子量的聚乙二醇与月桂醇缩合物;西土马哥(Cetomacrogol)为聚乙二醇与十六醇的缩合物;平平加 O(PerogolO)则是 15 个单位的氧乙烯与油醇的缩合物。

(4) 聚氧乙烯-聚氧丙烯共聚物:本品又称泊洛沙姆(Poloxamer),商品名普郎尼克(Pluronic)。通式为 $HO(C_2H_4O)_a—(C_3H_6O)_b—(C_2H_4O)_aH$;是目前用于静脉乳剂的极少数合成乳化剂之一。用本品制备的乳剂能够耐受热压灭菌和低温冰冻而不改变其物理稳定性。

(四) 表面活性剂的性质

1. 临界胶束浓度(critical micell concentration, CMC) 当表面活性剂的正吸附达饱和后,继续加入表面活性剂,其分子则转入溶液中,因其亲油基团的存在,水分子与表面活性剂分子相互间的排斥力大于吸引力,导致表面活性剂分子自身依赖范德华力相互聚集,形成亲油基团向内,亲水基团向外、在水中稳定分散、大小在胶体粒子范围的缔合体,称为胶团或胶束(micelles)。

表面活性剂分子缔合形成胶束的最低浓度即为临界胶束浓度 CMC。

2. 胶束的结构 在一定浓度范围的表面活性剂溶液中,胶束呈球形结构,其碳氢链无序缠绕构成内核,具非极性液态性质。碳氢链上一些与亲水基相邻的次甲基形成整齐排列的栅状层。亲水基则分布在胶束表面,由于亲水基与水分子的相互作用,水分子可深入到栅状层内。

3. 亲水亲油平衡值(hydrophile-lipophile balance, HLB) 表面活性剂分子中亲水和亲油基团对油或水的综合亲和力称为亲水亲油平衡值 HLB。

表面活性剂的 HLB 值与其应用性质有密切关系,HLB 值在 3~6 的表面活性剂适合用做 W/O 型乳化剂,HLB 值在 8~18 的表面活性剂,适合用做 O/W 型乳化剂。作为增溶剂的 HLB 值在 13~18,作为润湿剂的 HLB 值在 7~9 等。

一些常用表面活性剂的 HLB 值列于表 3-2。非离子表面活性剂的 HLB 值具有加和性,如简单的二组分非离子表面活性剂体系的 HLB 值可计算如下:

$$HLB = \frac{HLB_a \times w_a + HLB_b \times w_b}{w_a + w_b} \tag{3-1}$$

例如,用 45% 司盘 60(HLB=4.7)和 55% 吐温 60(HLB=14.9)组成的混合表面活性剂的 HLB 值为 10.31。但上式不能用于混合离子型表面活性剂 HLB 值的计算。

表 3-2　常用表面活性剂的 HLB 值

表面活性剂	HLB 值	表面活性剂	HLB 值
阿拉伯胶	8.0	吐温 20	16.7
西黄蓍胶	13.0	吐温 21	13.3
明胶	9.8	吐温 40	15.6
单硬脂酸丙二酯	3.4	吐温 60	14.9
单硬脂酸甘油酯	3.8	吐温 61	9.6
二硬脂酸乙二酯	1.5	吐温 65	10.5
单油酸二甘酯	6.1	吐温 80	15.0
十二烷基硫酸钠	40.0	吐温 81	10.0
司盘 20	8.6	吐温 85	11.0
司盘 40	6.7	卖泽 45	11.1
司盘 60	4.7	卖泽 49	15.0
司盘 65	2.1	卖泽 51	16.0
司盘 80	4.3	卖泽 52	16.9
司盘 83	3.7	聚氧乙烯 400 单月桂酸酯	13.1
司盘 85	1.8	聚氧乙烯 400 单硬脂酸酯	11.6
油酸钾	20.0	聚氧乙烯 400 单油酸酯	11.4
油酸钠	18.0	苄泽 35	16.9
油酸三乙醇胺	12.0	苄泽 30	9.5
卵磷脂	3.0	西土马哥	16.4
蔗糖酯	5～13	聚氧乙烯氢化蓖麻油	12～18
泊洛沙姆 188	16.0	聚氧乙烯烷基酚	12.8
阿特拉斯 G-263	25～30	聚氧乙烯壬烷基酚醚	15.0

案例——做一做

　　请写下实训中心模拟药房的 5 种溶液剂的配料表,并说明它们分别的作用。

任务二　溶　液　剂

　　低分子溶液剂,系指药物以分子或离子状态分散于溶剂中形成的均相液体制剂,其溶质一般为低相对分子质量的药物。常用的溶剂为水、乙醇、甘油和植物油等。属于低分子溶液剂的剂型有溶液剂、糖浆剂、芳香水剂、酊剂、醑剂和甘油剂等。低分子溶液剂中药物分散度大,与机体的接触面大,其吸收速率快,作用迅速。但同时,由于药物的分散度大,其化学活性也高,对于化学不稳定的药物不宜配成溶液型液体制剂长期贮存。

低分子溶液剂除含量应符合要求外,必须是澄明液体,不得有沉淀、混浊、异物等;应分散均匀,浓度准确;外观良好,口感适宜;生产和贮存期间不得有发霉、酸败、变色、异臭、产生气体或其他变质现象;符合微生物限度标准要求:细菌<100 cfu/ml,真菌<100 cfu/ml,不得检出大肠埃希菌。

一、溶液剂

溶液剂系指药物溶解于适宜溶剂中形成的澄明液体制剂。溶液剂的溶质一般为低相对分子质量的不挥发性化学药物,溶剂多为水,也可用乙醇或植物油为溶剂。根据需要可加入助溶剂、缓冲盐、抗氧剂、防腐剂、矫味剂等附加剂。

二、芳香水剂

芳香水剂系指芳香挥发性药物(多为挥发油)的饱和或近饱和水溶液。芳香水剂应澄明,具有与原药物相同的气味,不得有异臭、沉淀和杂质。芳香水剂浓度一般较低,可作为矫味剂、矫臭剂和分散溶剂使用。

三、糖浆剂

糖浆剂系指含药物或芳香物质的浓蔗糖水溶液。纯蔗糖的近饱和水溶液称为单糖浆或糖浆,蔗糖浓度为85%(g/ml)或64.7%(g/g)。蔗糖和芳香剂能掩盖药物的苦味及其他不适味道,易于服用,尤其受儿童欢迎。

糖浆剂中蔗糖浓度高时,渗透压大,微生物的生长繁殖受到抑制,本身有防腐作用,但低浓度糖浆剂易被真菌、酵母菌和其他微生物污染,使糖浆剂混浊或变质,应添加防腐剂。蔗糖的选用应符合我国药典规定,不能用食用糖,因其含有蛋白质等杂质,易吸潮、长霉。糖浆剂通常都是以蔗糖为原料制备,但在一些特殊情况下,如糖尿病等需控制糖类摄取的疾病,蔗糖可以用其他物质代替,如甲基纤维素(methylcellulose,MC)和羟乙纤维素(hydroxyethylcellulose,HEC)。这两种纤维素在体内不水解也不被吸收,因此不会有糖类被人体摄取;同时其水溶液的黏度与蔗糖糖浆接近,通过加入一些人工甜味剂可以获得与真正的糖浆非常近似的口感,能让糖尿病患者服用。

糖浆剂按其药理作用可分为两类:矫味糖浆,如单糖浆、橙皮糖浆、姜糖浆等,主要用于矫味,有时也作助悬剂用;含药糖浆,含有药物活性成分用于治疗疾病,如止咳糖浆、驱蛔糖浆等。

糖浆剂的质量要求:含蔗糖量应不低于45%(g/ml);糖浆剂应澄清,在贮存期不得有酸败、异臭、产生气体或其他变质现象;含药材提取物的糖浆剂,允许含少量轻摇即散的沉淀;必要时可添加适量的乙醇、甘油或其他多元醇作稳定剂;如需加入防腐剂,苯甲酸和山梨酸用量不得超过0.3%,羟苯酯类用量不得超过0.05%;如需加其他附加剂,其品种和用量应

符合国家标准的有关规定。

四、酊剂、醑剂与酏剂

酊剂、醑剂与酏剂均是以水和乙醇的混合溶剂制备而得的液体制剂,但溶解药物的性质与所用乙醇浓度有所不同。

（1）醑剂系指挥发性药物制成的浓乙醇溶液,可供内服或外用。用于芳香水剂的药物一般都可以制成醑剂。醑剂中乙醇含量一般为 $60\%\sim90\%(V/V)$,挥发性药物浓度远高于芳香水剂,一般为 $5\%\sim10\%$。

醑剂中的挥发性成分易挥发、氧化、酯化或聚合,甚至出现树脂状黏性沉淀。醑剂应贮存于密闭容器中,但不宜长期储存。醑剂可用溶解法制备,如薄荷醑;或采用蒸馏法制备,如芳香氨醑。

（2）酏剂系指药物溶解于稀醇中形成澄明香甜的口服溶液剂。酏剂中含有芳香剂（香精、挥发油等）、甜味剂（单糖浆或甘油）和乙醇。酏剂中的乙醇含量以能使药物溶解即可,一般在 $5\%\sim40\%(V/V)$ 之间。酏剂中含的药物一般具有强烈的药性和不良的味道。酏剂稳定,味道适口,本身具有一定防腐性,但成本较高,在国外使用较普遍。近年来国内也出现芳香酏、苯巴比妥酏等。

五、甘油剂

甘油剂系指药物溶于甘油中制成的外用溶液剂。甘油具有带黏稠性、吸湿性,对皮肤、黏膜有滋润保护作用,能使药物滞留于患处而延长药物局部药效,缓和药物的刺激性。甘油剂常用于口腔、耳鼻喉科疾病。甘油吸湿性大,应密闭保存。

案例——想一想

试着比较酊剂、醑剂与酏剂的异同点。

六、溶液剂的制备

溶液剂的制备方法有 3 种,即溶解法、稀释法和化学反应法。

1. **溶解法** 溶液剂多采用溶解法制备,其制备工艺过程如图 3-1 所示。

具体操作步骤:将称量好的药物及附加剂加入处方总量 $1/2\sim3/4$ 的溶剂中,搅拌溶解,过滤并通过滤器加溶剂至全量,搅拌均匀。过滤定量后的药液应进行质量检查。制得的药液应及时分装于无菌清洁干燥的容器中,密封,贴标签并进行外包装。

2. **稀释法** 对一些化学性质稳定而且常用的药物,为了便于调配处方,可制先将药物制成一定浓度的贮备液供临时调配用,如50％硫酸镁、50％溴化钠溶液等。用稀释法制备溶液剂时应注意浓度换算,如含挥发性药物的浓溶液在稀释过程中应注意避免挥发损失,以免影响浓度的准确性。

3. 化学反应法 较少用,如复方硼砂溶液的制备。

4. 溶液剂制备应注意的问题 有些药物虽易溶,但溶解缓慢,可将药物先行粉碎或加热促进溶解;不耐热的药物宜待溶液冷却后加入;溶解度小的药物应先将其溶解后再加入其他药物;难略性药物可加入适宜的助溶剂或增溶剂使其溶解;易挥发性药物应在最后加入,以免制备过程中损失。

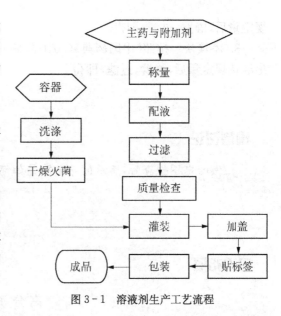

图3-1 溶液剂生产工艺流程

七、芳香水剂的制法

芳香水剂的制法因原料药的不同可分为溶解法、稀释法和蒸馏法,前两法适用于以挥发油和化学药物做原料,后者适用于含挥发性成分的药材。

八、糖浆剂的制备

1. 溶解法 溶解法又分为热溶法和冷溶法。蔗糖在水中溶解度随温度的升高而增加,因此采用“热熔法”:将蔗糖溶于沸纯化水中,继续加热使其全溶,降温后在适当温度下加入药物,搅拌,再通过滤器加水至全量,分装,即得。热熔法蔗糖溶解速率快,趁热容易滤过,同时起到灭杀微生物的作用;蔗糖内的一些高分子杂质如蛋白质等,可因加热凝聚而滤除。但加热过久或超过100℃时,转化糖的含量会增加,糖浆剂的颜色因此变深。热熔法适宜于对热稳定的药物糖浆和有色糖浆的制备。

冷溶法是将蔗糖溶于冷纯化水或含药水溶液中制备糖浆剂的方法。本法适用于对热不稳定或挥发性药物,制备的糖浆剂颜色较浅。但制备时间较长,在生产过程中容易被微生物污染。

2. 混合法 将药物与单糖浆均匀混合制备而成。本法的优点是方法简便、灵活,可小量配制也可大规模生产。但所制备的含药糖浆剂含糖量较低,应特别注意防腐。

九、酊剂的制备

1. 溶解法或稀释法 取药材的粉末或流浸膏,加规定浓度乙醇适量,溶解或稀释,静置,必要时过滤,即得。

2. 浸渍法 取适当粉碎的药材,置于有盖容器中,加规定浓度乙醇适量,闭盖,浸渍规定时间,取上清液,再加入溶剂适量,依法浸渍至有效成分充分浸出,合并浸出液,加溶剂至

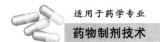

规定量后,静置,过滤,即得。

3. **渗滤法** 按照《中国药典》(2010 年版)一部附录 IO 进行,用规定浓度乙醇渗漉,至流出液达规定量后,静置,过滤,即得。

课堂讨论

做心电图检查时,所用的导电胶是如何制备出来的?

知识拓展

高 分 子 溶 液

高分子溶液剂系指高分子化合物溶解于溶剂中制成的均匀分散的液体制剂。以水为溶剂的高分子溶液剂称为亲水性高分子溶液剂或称胶浆剂;以非水溶剂制备的高分子溶液剂称为非水性高分子溶液剂。高分子溶液剂属于热力学稳定系统。

(一)高分子溶液的性质

1. **带电性** 溶液中高分子化合物结构的某些基团因解离而带电,有的带正电,有的带负电。

2. **渗透压** 亲水性高分子溶液与溶胶不同,有较高的渗透压,渗透压的大小与高分子溶液的浓度有关。

3. **黏性** 高分子溶液是黏稠性流体,黏稠性大小用黏度表示。测定高分子溶液的黏度可以确定高分子化合物的相对分子质量。

4. **水化作用** 高分子化合物含有大量亲水基,能与水形成牢固的水化膜,可阻止高分子化合物分子之间的相互凝聚,使高分子溶液处于稳定状态。

5. **胶凝性** 一些亲水性高分子溶液,如明胶水溶液、琼脂水溶液,在温热条件下为黏稠性流动液体,当温度降低时,高分子溶液就形成网状结构,分散介质水被全部包含在网状结构中,形成了不流动的半固体状物,称为凝胶,如软胶囊的囊壳就是这种凝胶。形成凝胶的过程称为胶凝。

(二)高分子溶液的制备

制备高分子溶液时首先要经过溶胀过程。溶胀是指水分子渗入到高分子化合物分子间的空隙中,与高分子中的亲水基团发生水化作用而使体积膨胀,结果使高分子空隙间充满了水分子,这一过程称有限溶胀。由于高分子空隙间存在水分子降低了高分子分子间的作用力(范德华力),溶胀过程继续进行,最后高分子化合物完全分散在水中形成高分子溶液,这一过程称为无限溶胀。无限溶胀常需搅拌或加热等过程才能完成。形成高分子溶液的这一过程称为胶溶。胶溶过程的快慢取决于高分子的性质以及工艺条件。

案例——做一做

1. 复方碘溶液

【处方】 碘 50 g 碘化钾 100 g 纯化水 加至 1 000 ml

【问题】 本处方中各成分作用是什么?

【案例分析】 本品可供内服,用于缺碘所致的疾病,如甲状腺肿等的辅助治疗。

【处方分析】 ①本品俗称卢戈液。碘极微溶于水(1:2 950),加碘化钾作助溶剂与其形成 KI_3,能增加碘在水中的溶解度,并能使溶液稳定。②为使配制时药物溶解速度快,先将碘化钾加少量纯化水配制成浓溶液,然后加入碘溶解。

【制法】 取碘化钾,加纯化水 100 ml 溶解后,加入碘搅拌使溶解,再加纯化水至 1 000 ml,即得。

2. 薄荷水

【处方】 薄荷油 2 ml 精制滑石粉 15 g 纯化水 加至 1 000 ml

【问题】 本处方是如何制备出合格的产品的?

【案例分析】 本品是芳香矫味药与祛风药,用于胃肠充气或作溶剂。

【处方分析】 ①薄荷油在水中溶解度很小,约为 0.05%(V/V)。为制成薄荷油的饱和或近饱和水溶液,应先用 0.2% 的薄荷油,多余的滤除。②薄荷油应先与精制滑石粉充分研匀后,再加纯化水;所用的滑石粉不宜过细,否则能通过滤器而使溶液混浊。③本品久贮易氧化变质,色泽加深,产生异臭则不能供药用。

【制法】 称取精制滑石粉 15 g,置于干燥乳钵中;将薄荷油 2 ml 加到精制滑石粉上,充分研匀后,加少量纯化水,将混合液移至具塞玻璃瓶中;再用纯化水分次将研钵中剩余的混合液洗净后倒入玻璃瓶,加塞用力振摇 10 min,反复过滤,直至滤液澄明。再自滤器上添加纯化水至 1 000 ml,即得。

3. 枸橼酸哌嗪糖浆

【处方】 枸橼酸哌嗪 160 g 蔗糖 650 g 羟苯乙酯 0.5 g

矫味剂 q.s. 蒸馏水 加至 1 000 ml

【问题】 按本处方进行制备的步骤是什么

【案例分析】 本品是驱肠虫药,用于蛔虫病、蛲虫病。为澄明的带有芳香气味的糖浆状溶液。

【制法】 取蒸馏水 500 ml,煮沸,加入蔗糖与羟苯乙酯,搅拌溶解后,过滤,滤液中加入枸橼酸哌嗪,搅拌溶解,放冷,加矫味剂与适量蒸馏水至全量 1 000 ml,搅匀,即得。

4. 胶体金

【处方】 氯金酸($HAuCl_4$) 10 mg 枸橼酸三钠($Na_3C_6H_5O_7 \cdot 2H_2O$) q.s.

纯化水 加至 100 ml

【问题】 本处方是如何制备出合格的产品的? 本处方中成分的作用是什么?

【制法】 将氯金酸先配制成 0.01% 水溶液,取 100 ml 加热至沸;搅动下准确加入

一定量的 1% 枸橼酸三钠水溶液；继续加热煮沸 15 min。此时可观察到淡黄色的氯金酸水溶液在枸橼酸钠加入后很快变灰色，续而转成黑色，随后逐渐稳定成红色，全过程需 2～3 min。冷却至室温后用水定容至原体积。

【用途】 免疫胶体金标记检测技术。

【注解】 ①枸橼酸三钠水同时起到还原剂和保护剂的作用，胶体金颗粒的大小与枸橼酸三钠水的用量有关，基本规律是枸橼酸三钠水用量越多，胶体金颗粒直径越小。②制备胶体金的玻璃容器必须是绝对清洁的，用前应先经酸洗并用蒸馏水冲净，最好是经硅化处理的。

任务三 混 悬 剂

一、混悬剂的概念及特点

混悬剂系指难溶性固体药物以微粒状态分散于分散介质中形成的非均相液体制剂。混悬剂中药物微粒的粒径一般在 0.5～10 μm，根据具体的治疗需求也有微粒小至 0.1 μm（微米级）或大于 50 μm。混悬剂属于热力学不稳定的粗分散体系，分散介质多为水，也可用植物油。为提高混悬剂的稳定性，常在分散介质中加入助悬剂等稳定剂。

选择以混悬剂作为药物剂型的原因是：①需要将难溶性药物制成液体制剂；②药物的剂量远超过其溶解度而又难以通过增溶的方法制成溶液剂；③为了使药物产生缓释作用；④药物在溶液中化学性质不稳定而处于固体混悬态性质更稳定；⑤药物的溶液有强烈的不适味道，衍生为难溶性混悬粒子后可消除不适味道，提高适口性。由于混悬剂中药物分散不均匀，剂量难以准确控制，因此毒剧药或剂量小的药物不宜制成混悬剂。

混悬剂的质量要求是：①药物的化学性质应稳定，在使用或贮存期间含量应符合要求；②混悬剂中微粒的粒径分布应均匀；③粒子的沉降速度应缓慢，沉降后不应有结块现象，振摇后应迅速均匀分散；④黏度适宜、便于倾倒，外用混悬剂应易于涂布。

《中国药典》从 1995 年版开始收载干混悬剂（dry suspension），它是将难溶性药物按适宜方法制成粉状物或粒状物，临用时加水振摇即迅速分散成混悬剂。干混悬剂加水分散后应符合混悬剂的质量要求，混悬液中的微粒应均匀分散，沉降慢，沉降后不应结成饼块，经振摇后应迅速再分散。干混悬剂既有固体制剂（颗粒）的特点，如携带运输方便，解决了混悬剂在保存过程中稳定性差的问题，又有液体制剂的优势（方便服用，适合于吞咽困难的患者）。

二、混悬剂的物理稳定性

物理稳定性差是混悬剂存在的主要问题之一。混悬剂中药物微粒因分散度大而有较高的表面自由能，容易聚集，属热力学不稳定系统；同时，混悬剂中固体微粒的粒径大于胶体范围,易受重力作用而发生沉降,又属于动力学不稳定系统。因此,混悬剂的聚集沉降是一种必然的趋势。

（一）混悬粒子的沉降

混悬剂中的微粒受重力作用会发生自然沉降。粒子的沉降速率符合斯托克斯定律（Stokes law）：

$$v = [2(\rho - \rho_0)r^2/9\eta] \cdot g \tag{3-2}$$

式中：v 为粒子的沉降速率（m/s）；r 为粒子半径（m）；ρ 和 ρ_0 分别为粒子和分散介质的密度（kg/m^3）；g 为重力加速度（m/s^2）；η 为分散介质的黏度[$kg/(m \cdot s)$]。

由 Stokes 定律可见,粒子越大,粒子和分散介质的密度差越大,分散介质的黏度越小,微粒沉降就越快。微粒沉降速率越快,混悬剂的动力学稳定性越小。

（二）混悬粒子的荷电与水化

混悬剂中的微粒可因本身解离或吸附分散介质中的离子而带电,形成如溶胶剂一样的双电层结构,具有 ζ 电位。由于微粒表面荷电,水分子在微粒周围形成水化膜,这种水化作用的强弱随双电层厚度而改变。与溶胶剂相似,微粒荷电使微粒间产生排斥作用,加之水化膜的存在,阻止了微粒间的相互聚结,使混悬剂稳定。向混悬剂中加入少量电解质,可以使双电层变薄,ζ 电位降低,会影响混悬剂的稳定性并产生絮凝。疏水性药物混悬剂的微粒水化作用很弱,对电解质比较敏感;亲水性药物混悬剂微粒本身有一定的水化作用,受电解质的影响较小。

（三）絮凝与反絮凝

絮凝剂主要是具有不同价数的电解质,其中阴离子絮凝作用大于阳离子。电解质的絮凝效果与离子的价数有关,离子价数增加1,絮凝效果增加10倍。絮凝状态具有以下特点：沉降速率快,有明显的沉降面,沉降体积大且疏松,沉降后经振摇粒子能迅速重新分散成均匀的混悬状态。

混悬剂中的粒子处于絮凝态时,再加入适宜的电解质,使絮凝状态变为非絮凝状态,这一过程称为反絮凝。加入的电解质称为反絮凝剂。絮凝剂与反絮凝剂所用的电解质相同,只是由于用量不同而产生不同的作用。

（四）混悬粒子的结晶增长与转型

混悬剂中药物微粒大小不可能完全一致,在放置过程中,微粒的大小与数量在不断变化,小的微粒数目不断减少,大的微粒不断增大,使微粒的沉降速率加快,结果必然影响混悬剂的稳定性。这时必须加入抑制剂以阻止结晶的溶解和生长,以保持混悬剂的物理稳定性。

案例——想一想

如果希望混悬剂稳定,可以采取的措施有哪些?

三、混悬剂的稳定剂

为了提高混悬剂的物理稳定性,在制备时需加入的附加剂称为稳定剂。稳定剂包括润湿剂、助悬剂、絮凝剂和反絮凝剂等。

(一) 润湿剂

润湿剂的作用主要是降低药物微粒与液体分散介质之间的界面张力,使其易被润湿与分散。许多疏水性药物,如阿司匹林、甾醇类等不易被水润湿,制备混悬剂时往往漂浮于液面上,不能分散在整个体系中,这时可加入润湿剂。润湿剂可被吸附在药物微粒表面上,排除了被吸附的空气,并在微粒周围形成水化膜,增加其亲水性,产生较好的分散效果。常用的润湿剂多为表面活性剂,其 HLB 值为 7～11,如聚山梨酯类、聚氧乙烯蓖麻油类、泊洛沙姆等。甘油、乙醇等溶剂也有润湿剂的效果。

(二) 助悬剂

助悬剂的作用主要是增加分散介质的黏度以降低微粒的沉降速率,同时增加微粒的亲水性。助悬剂包括的种类很多,其中有低分子化合物,高分子化合物,有些表面活性剂也可作助悬剂用。常用的助悬剂有以下两类。

1. 低分子助悬剂　常用的低分子助悬剂有甘油、糖浆等,在外用混悬剂中常加入甘油。

2. 高分子助悬剂

(1) 天然的高分子助悬剂。主要是树胶类,如阿拉伯胶、西黄蓍胶等,还有植物多糖类,如海藻酸钠、琼脂、淀粉浆等。

(2) 合成或半合成高分子助悬剂。这种助悬剂主要有纤维素类,如甲基纤维素、羧甲纤维素钠、羟丙基纤维素;其他如卡波姆、聚维酮、葡聚糖等。此种助悬剂大多数性质稳定,受 pH 影响小,但应注意某些助悬剂能与药物或其他附加剂有配伍变化。

(3) 硅皂土。它是天然的含水硅酸铝,为灰黄或乳白色极细粉末,直径为 1～150 μm,不溶于水或酸,但在水中膨胀,体积增加约 10 倍,形成高黏度并具触变性和假塑性的凝胶,在 pH＞7 时,膨胀性更大,黏度更高,助悬效果更好。

(4) 触变胶。利用触变胶的触变性,即凝胶与溶胶恒温转变的性质,静置时形成凝胶防止微粒沉降,振摇时变为溶胶有利于倒出。使用触变性助悬剂有利于混悬剂的稳定。单硬脂酸铝溶解于植物油中可形成典型的触变胶,一些具有塑性流动和假塑性流动的高分子化合物水溶液常具有触变性,可选择使用。

(三) 絮凝剂与反絮凝剂

使混悬剂产生絮凝作用的附加剂称为絮凝剂,作用主要是适当降低混悬微粒的 ζ 电位的绝对值,使微粒发生絮凝,形成疏松的聚集体。这种聚集体不结块,一经振摇又能重新均匀分散。产生反絮凝作用的附加剂称为反絮凝剂,作用主要是升高微粒的 ζ 电位的绝对值,使粒子间的静电排斥力增强,维持粒子的分散状态,防止发生聚集絮凝。

絮凝剂与反絮凝剂均为电解质,如枸橼酸盐、酒石酸盐、磷酸盐及氯化物等。混悬剂中加入絮凝剂还是反絮凝剂是根据使用目的来定的。

四、混悬剂的制备

（一）分散法

分散法是将粗颗粒的药物粉碎成符合混悬剂微粒要求的分散程度、再分散于分散介质中制备混悬剂的方法。采用分散法制备混悬剂时：①对于亲水性药物，如氧化锌、碱式硝酸铋等，一般应先将药物粉碎到一定细度，再加适量液体分散介质湿研，研磨到适宜的分散度，最后加入处方中的剩余液体至全量；②对于疏水性药物（如薄荷脑），不易被水润湿，必须先加一定量的润湿剂与药物研均后再加液体研磨混匀（图3-2）。

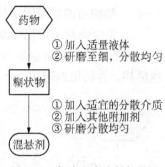

图3-2 加液研磨法制备混悬剂工艺流程

粉碎时，采用加液研磨法，通常1份药物加0.4～0.6份液体，可使药物微粒达到0.1～0.5 μm。对于密度、硬度较大的药物，可采用中药制剂常用的"水飞法"，即在药物中加适量水研磨，再加入大量的水搅拌，稍加静置，倾出上层液体，研细的悬浮药物微粒随上清液被分离出去，余下的粗粒再进行研磨。如此反复直到粒子的细度符合要求为止。"水飞法"可使药物粉碎到极细的程度。药物粉碎时，小量制备可用乳钵，大量生产可用高压均质机、胶体磨等机械（图3-3）。

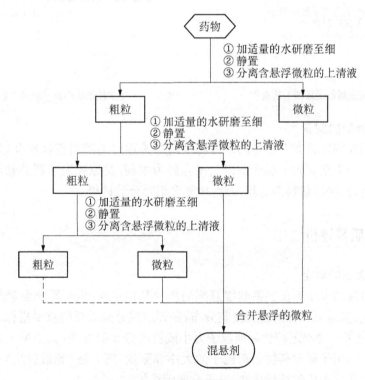

图3-3 水飞法制备混悬剂的工艺流程

（二）凝聚法

1. 物理凝聚法 物理凝聚法是将分子或离子状态分散的药物溶液加入另一分散介质中凝聚成混悬液的方法。一般将药物制成热饱和溶液，在搅拌下加至另一种不同性质的液体中，使药物快速结晶，可制成 10 μm 以下微粒，再将微粒分散于适宜介质中制成混悬剂（图 3-4）。醋酸可的松滴眼剂就是用此法制备的。

2. 化学凝聚法 化学凝聚法是用化学反应法使两种药物生成难溶性的药物微粒，再混悬于分散介质中制备混悬剂的方法。为使微粒细小均匀，化学反应在稀溶液中进行并应急速搅拌。胃肠道造影用 $BaSO_4$ 混悬液就是用此法制成的（图 3-5）。

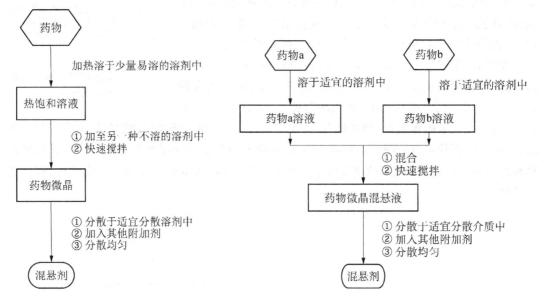

图 3-4 物理凝聚法制备混悬剂工艺流程　　　　图 3-5 化学凝聚法制备混悬剂工艺流程

（三）干混悬剂的制备

干混悬剂是在固体状态下制备的。可将主药与筛选好的辅料直接混合后分装，也可制成颗粒后分装。如头孢克肟干混悬剂以头孢克肟为主药，黄原胶为增稠助悬剂，蔗糖粉、橘子香精为矫味剂，四种原辅料混合均匀后，用复合铝膜分装即得。

五、混悬剂的质量评价

（一）微粒大小的测定

混悬剂中微粒的大小不仅关系到混悬剂的质量和稳定性，也会影响混悬剂的药效和生物利用度。因此，混悬剂微粒的粒径及其分布，是评定混悬剂质量的重要指标。《中国药典》（2010 年版）规定了 3 种测定药物制剂粒子大小或粒度分布的方法，其中第 1 法（显微镜法）和第 2 法（筛分法）用于测定药物制剂粒子的大小和限度，第 3 法（光散射法）用于测定粒度分布。在研究中还常用库尔特计数法、电子显微镜法等。

1. 光学显微镜法 用光学显微镜可以测定混悬剂中微粒的粒径，同时还可以观察粒子的形态。该法中的粒径以显微镜下观察到的长度表示，一般应选择视野中 300～500 个粒子测定,计算平均值。方法简单、可靠。

2. **电子显微镜法**　电子显微镜主要包括透射电镜(TEM)和扫描电镜(SEM)。由于微粒一般分散在分散介质中,用 TEM 测定微粒的粒径比较常用。

3. **库尔特计数法**　库尔特计数法是根据库尔特原理测定粒径和粒子数的方法,其基本原理是将粒子体积转变为电压脉冲信号的过程。本法可测定混悬剂粒子及其分布,具有方便快速的特点,测定的粒径范围大。

4. **激光散射光谱法**　激光散射测定粒度是近年来发展起来且被广泛应用的新方法,是运用单色光束照射到颗粒供试品后即发生散射现象,且散射光的能量发布与粒子大小有关的原理来测定粒径与粒度分布,采用激光散射粒度分布仪测试。

(二) 沉降容积比的测定

沉降容积比是指沉降物的容积与沉降前混悬剂的容积之比。通过测定沉降容积比,可以评价混悬剂的稳定性,进而评价助悬剂和絮凝剂的效果。

测定方法:将混悬剂放于量筒中,混匀,测定混悬剂的起始高度 H_0,静置一定时间后,观察沉降面不再改变时沉降物的最终高度 H,按下式计算其沉降容积比 F:

$$F = V/V_0 = H/H_0 \qquad (3-3)$$

F 值在 0~1 之间,F 值愈大代表混悬剂愈稳定。

(三) 絮凝度的测定

絮凝度是比较混悬剂絮凝程度的重要参数,用下式表示:

$$\beta = F/F_\infty \qquad (3-4)$$

式中:F 为絮凝混悬剂的沉降容积比;F_∞ 为无絮凝混悬剂的沉降容积比。絮凝度 β 表示由絮凝所引起的沉降容积比增加的倍数。例如,无絮凝混悬剂的 F_∞ 值为 0.15,絮凝混悬剂的 F 值为 0.75,则 $\beta = 5.0$,说明絮凝混悬剂沉降容积比是无絮凝混悬剂沉降容积比的 5 倍。β 值越大代表絮凝效果越好。絮凝度对于评价絮凝剂的效果及预测混悬剂的稳定性具有重要价值。

(四) 再分散性的测定

优良的混悬剂经过贮存后再振摇,沉降物应能很快重新分散,即具有好的再分散性,这样才能保证服用时的均匀性和分剂量的准确性。

测定方法:将混悬剂置于 100 ml 量筒内,以 20 r/min 的速度转动,经过一定时间的旋转,量筒底部的沉降物应重新均匀分散,说明说混悬剂再分散性良好。

(五) ζ 电位测定

混悬剂中微粒具有双电层,即具有 ζ 电位。ζ 电位的大小可表明混悬剂的存在状态。一般 ζ 电位绝对值在 20~25 mV 时,混悬剂呈絮凝状态;ζ 电位绝对值在 50~60 mV 时,混悬剂呈反絮凝状态。

(六) 流变学性质测定

该测定主要是用旋转黏度计测定混悬液的流动曲线,由流动曲线的形状,确定混悬液的流动类型,以评价混悬液的流变学性质。

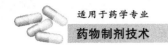

课堂讨论

请分析:复方氢氧化铝混悬液中各成分的作用。

【处方】 氢氧化铝　2.0 g　　　羧甲基纤维素钠　0.08 g　　苯甲酸钠　0.1 g

柠檬香精　0.1 g　　　三硅酸镁　4.0 g　　　　　Avicel RC591　1.0 g

羟苯甲酯　0.08 g　　蒸馏水　加至 50.0 ml

案例——做一做

布洛芬混悬剂

【处方】 布洛芬(过 200 目筛)　20.0 g　　　聚山梨酯80　2.0 g

微晶纤维素(Avicel RC 591)　1.0 g　　蔗糖　400.0 g　　甘油　50.0 g

苯甲酸钠　2.5 g　　　　　　　　　枸橼酸　3.0 g　　香精　q.s.

色素　q.s.　　　　　　　　　　　纯化水　加至 1 000 ml

【问题】 本处方的各成分作用及制备要点是什么?

【制法】 将蔗糖溶解在适量水中,加热使其溶解,冷却后制成糖浆,将微晶纤维素 Avicel RC 591 与甘油、吐温 80 混合后加入糖浆中,加入苯甲酸钠,混合均匀,加入布洛芬粉末混匀,再加入枸橼酸、香精、色素混匀后,加水至最终体积,将分散体系通过高压匀质机匀质,即得。

【用途】 用于感冒或流感引起的发热、头痛,也用于缓解中度疼痛,如关节痛、神经痛、偏头痛、牙痛。

【注解】 布洛芬为芳基丙酸类非甾体抗炎药,水溶性不好,制成混悬剂疗效确切,生物利用度高。本品中糖浆、甘油为低分子助悬剂;吐温 80 为表面活性剂、润湿剂;微晶纤维素 Avicel RC 591 是微晶纤维素和羧甲纤维素钠的混合物,作为助悬剂;枸橼酸为絮凝剂且有 pH 调节剂作用(布洛芬在混悬液中性质不稳定,调节 pH4～5 稳定性最佳);苯甲酸钠为防腐剂。

任务四 乳 剂

一、概述

乳剂系指互不相溶的两种液体混合,其中一相液体以液滴状态分散于另一相液体中形成的非均匀相液体分散体系。形成液滴的液体称为分散相、内相或非连续相,另一液体则称为分散介质、外相或连续相。

（一）乳剂的基本组成

乳剂由水相（W）、油相（O）和乳化剂组成，三者缺一不可。根据乳化剂的种类、性质及相体积比（ϕ）形成水包油（O/W）或油包水（W/O）型。也可制备复乳，如 W/O/W 或 O/W/O型。水包油（O/W）或油包水型（W/O）型乳剂的主要区别方法如表3-3所示。

表3-3　水包油（O/W）或油包水型（W/O）型乳剂的区别

项　目	O/W 型乳剂	W/O 型乳剂
外观	通常为乳白色	接近油的颜色
稀释	可用水稀释	可用油稀释
导电性	导电	不导电或几乎不导电
水溶性染料	外相染色	内相染色
油溶性染料	内相染色	外相染色

（二）乳剂的类型

根据乳滴的大小，将乳剂分类为普通乳、亚微乳、纳米乳。

1. **普通乳**　普通乳液滴大小一般在 $1\sim100\ \mu m$ 之间，这时乳剂形成乳白色不透明的液体。

2. **亚微乳**　粒径大小一般在 $0.1\sim0.5\ \mu m$ 之间，亚微乳常作为胃肠外给药的载体。静脉注射乳剂应为亚微乳，粒径可控制在 $0.25\sim0.4\ \mu m$ 范围内。

3. **纳米乳**　当乳滴粒子小于 $0.1\ \mu m$ 时，乳剂粒子小于可见光波长的 1/4，即小于 120 nm时，乳剂处于胶体分散范围，这时光线通过乳剂时不产生折射而是透过乳剂，肉眼可见乳剂为透明液体，这种乳剂称为纳米乳或微乳或胶团乳，纳米乳粒径在 $0.01\sim0.10\ \mu m$ 范围。

乳剂中的液滴具有很大的分散度，其总表面积大，表面自由能很高，属热力学不稳定体系。

（三）乳剂的特点

乳剂中液滴的分散度很大，药物吸收和药效的发挥很快，生物利用度高；油性药物制成乳剂能保证剂量准确，而且使用方便；水包油型乳剂可掩盖药物的不良臭味，并可加入矫味剂；外用乳剂能改善对皮肤、黏膜的渗透性，减少刺激性；静脉注射乳剂注射后分布较快、药效高、有靶向性；静脉营养乳剂，是高能营养输液的重要组成部分。

二、乳化剂

乳化剂是乳剂的重要组成部分，在乳剂形成、稳定性及药效发挥等方面起重要作用。乳化剂应具备以下特征：①有较强的乳化能力，并能在乳滴周围形成牢固的乳化膜；②有一定的生理适应能力，乳化剂都不应对机体产生近期的和远期的毒副作用，也不应该有局部的刺激性；③受各种因素的影响小；④稳定性好。

（一）乳化剂的种类

1. **表面活性剂类乳化剂**　这类乳化剂分子中有较强的亲水基和亲油基，乳化能力强，

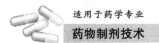
性质比较稳定,容易在乳滴周围形成单分子乳化膜。这类乳化剂混合使用效果更高。

(1) 阴离子型乳化剂:硬脂酸钠、硬脂酸钾、油酸钠、硬脂酸钙、十二烷基硫酸钠、十六烷基硫酸化蓖麻油等。

(2) 非离子型乳化剂:单甘油脂肪酸酯、三甘油脂肪酸酯、聚甘油硬脂酸酯、蔗糖单月桂酸酯、脂肪酸山梨坦、聚山梨酯、卖泽(myrj)、苄泽(brij)、泊洛沙姆等。

2. 天然乳化剂 天然乳化剂由于亲水性较强,能形成 O/W 型乳剂,多数有较大的黏度,能增加乳剂的稳定性。使用这类乳化剂需加入防腐剂。

(1) 阿拉伯胶:是阿拉伯酸的钠、钙、镁盐的混合物,可形成 O/W 型乳剂。适用于制备植物油、挥发油的乳剂,可供内服用。阿拉伯胶乳化能力较弱,常与西黄蓍胶、琼脂等混合使用。

(2) 西黄蓍胶:可形成 O/W 型乳剂,其水溶液具有较高的黏度,pH 值为 5 时溶液黏度最大,0.1%溶液为稀胶浆,0.2%~2%溶液呈凝胶状。西黄蓍胶乳化能力较差,一般与阿拉伯胶合并使用。

(3) 明胶:O/W 型乳化剂,用量为油量的 1%~2%。易受溶液的 pH 值及电解质的影响产生凝聚作用。使用时须加防腐剂。常与阿拉伯胶合并使用。

(4) 杏树胶:为杏树分泌的胶汁凝结而成的棕色块状物,用量为 2%~4%。乳化能力和黏度均超过阿拉伯胶。可作为阿拉伯胶的代用品。

(5) 卵黄:含有 7%的卵磷脂,为强 O/W 型乳化剂,可供内服,一个卵黄磷脂相当于 10 g 阿拉伯胶的乳化能力,可乳化脂肪油 80~100 g、挥发油 40~50 g。受稀酸、盐类及糖浆等影响较少,但应加防腐剂。

3. 固体微粒乳化剂 一些溶解度小、颗粒细微的固体粉末,乳化时可被吸附于油水界面,形成乳剂。形成乳剂的类型由接触角 θ 决定,一般 $\theta < 90°$ 易被水润湿,形成 O/W 型乳剂;$\theta > 90°$ 易被油润湿,形成 W/O 型乳剂。O/W 型乳化剂有:氢氧化镁、氢氧化铝、二氧化硅、皂土等。W/O 型乳化剂有:氢氧化钙、氢氧化锌等。

4. 辅助乳化剂 是指与乳化剂合并使用能增加乳剂稳定性的乳化剂。辅助乳化剂的乳化能力一般很弱或无乳化能力,但能提高乳剂的黏度,并能增强乳化膜的强度,防止乳滴合并。

(1) 增加水相黏度的辅助乳化剂:甲基纤维素、羧甲基纤维素钠、羟丙基纤维素、海藻酸钠、琼脂、西黄蓍胶、阿拉伯胶、黄原胶、果胶、皂土等。

(2) 增加油相黏度的辅助乳化剂:鲸蜡醇、蜂蜡、单硬脂酸甘油酯、硬脂酸、硬脂醇等。

(二) 乳化剂的选择

乳化剂的选择应根据乳剂的使用目的、药物的性质、处方的组成、欲制备乳剂的类型、乳化方法等综合考虑,适当选择。

1. 根据乳剂的类型选择 在乳剂的处方设计时应先确定乳剂类型,根据乳剂类型选择所需的乳化剂。O/W 型乳剂应选择 O/W 型乳化剂,W/O 型乳剂应选择 W/O 型乳化剂。乳化剂的 HLB 值为这种选择提供了重要的依据。

2. 根据乳剂给药途径选择 口服乳剂应选择无毒的天然乳化剂或某些亲水性高分子乳化剂等。外用乳剂应选择对局部无刺激性、长期使用无毒性的乳化剂。注射用乳剂应选择磷脂、泊洛沙姆等乳化剂。

3. 根据乳化剂性能选择 乳化剂的种类很多,其性能各不相同,应选择乳化性能强、性质稳定、受外界因素(如酸碱、盐、pH 值等)的影响小、无毒无刺激性的乳化剂。

4. 混合乳化剂的选择 乳化剂混合使用有许多特点,可改变 HLB 值,以改变乳化剂的亲油亲水性,使其有更大的适应性,如磷脂与胆固醇混合比例为 10:1 时,可形成 O/W 型乳剂,比例为 6:1 时则形成 W/O 型乳剂。乳化剂混合使用,必须符合油相对 HLB 值的要求,乳化油相所需 HLB 值列于表 3-4。若油的 HLB 值为未知,可通过实验加以确定。

表 3-4 乳化油相所需 HLB 值

名 称	所需 HLB 值		名 称	所需 HLB 值	
	W/O 型	O/W 型		W/O 型	O/W 型
液状石蜡(轻)	4	10.5	鲸蜡醇	—	15
液状石蜡(重)	4	10~12	硬脂醇	—	14
棉子油	5	10	硬脂酸	—	15
植物油	—	7~12	精制羊毛脂	8	15
挥发油	—	9~16	蜂蜡	5	10~16

案例——想一想

欲配制 O/W 型乳剂,油相有液状石蜡(HLB=10.5)20.0 g、羊毛脂(HLB=15)10.0 g,则乳化该油相成为 O/W 型乳剂所需 HLB 值为: $HLB_{混油} = (20 \times 10.5 + 10 \times 15)/(20 + 10) = 12$。

三、乳剂的制备

(一)乳剂的制备方法

1. 油中乳化剂法 又称干胶法。本法的特点是先将乳化剂(胶)分散于油相中研匀后加水相制备成初乳,然后稀释至全量。在初乳中油、水、胶的比例是:植物油为 4:2:1;挥发油为 2:2:1;液状石蜡为 3:2:1。本法适用于阿拉伯胶或阿拉伯胶与西黄蓍胶的混合胶(图 3-6)。

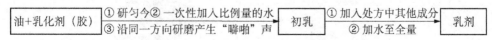

图 3-6 干胶法制备乳剂工艺流程

2. 水中乳化剂法 本法又称湿胶法,先将乳化剂分散于水中研匀,再将油加入,用力搅拌使成初乳,加水将初乳稀释至全量,混匀,即得。初乳中油水胶的比例与上法相同(图 3-7)。

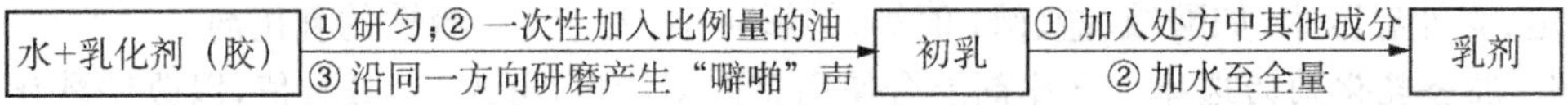

| 水+乳化剂（胶） | ①研匀；②一次性加入比例量的油
③沿同一方向研磨产生"噼啪"声 | 初乳 | ①加入处方中其他成分
②加水至全量 | 乳剂 |

图3-7 湿胶法制备乳剂工艺流程

3. 新生皂法 将油水两相混合时,两相界面上生成的新生皂类产生乳化的方法称为新生皂法。植物油中含有硬脂酸、油酸等有机酸,加入氢氧化钠、氢氧化钙、三乙醇胺等,在高温下(70℃以上)生成的新生皂为乳化剂,经搅拌即形成乳剂。生成的一价皂则为 O/W 型乳化剂,生成的二价皂则为 W/O 型乳化剂。本法还适用于乳膏剂的制备。

4. 两相交替加入法 向乳化剂中每次少量交替地加入水或油,边加边搅拌,即可形成乳剂。天然胶类、固体微粒乳化剂等可用本法制备乳剂。当乳化剂用量较多时,本法可优先选用。

5. 机械法 是将油相、水相、乳化剂混合后用乳化机械制备乳剂的方法。机械法制备乳剂时可不用考虑混合顺序,借助于机械提供的强大能量,很容易制成乳剂。

6. 纳米乳的制备 纳米乳除含有油相、水相和乳化剂外,还含有辅助成分。很多油,如薄荷油、丁香油等,还有维生素 A, D, E 等均可制成纳米乳。纳米乳的乳化剂,主要是表面活性剂,其 HLB 值应在 15～18 的范围内,乳化剂和辅助成分应占乳剂的 12%～25%。通常选用聚山梨酯 60 和聚山梨酯 80 等。制备时取 1 份油加 5 份乳化剂混合均匀,然后加于水中,如不能形成澄明乳剂,可增加乳化剂的用量。如能很容易形成澄明乳剂可减少乳化剂的用量。

7. 复合乳剂的制备 采用两步乳化法制备,第 1 步先将水、油、乳化剂制成一级乳,再以一级乳为分散相与含有乳化剂的水或油再乳化制成二级乳。如制备 O/W/O 型复合乳剂,先选择亲水性乳化剂制成 O/W 型一级乳剂,再选择亲油性乳化剂分散于油相中,在搅拌下将一级乳加于油相中,充分分散即得 O/W/O 型乳剂。

（二）乳剂的制备设备

1. 搅拌乳化装置 小量制备可用乳钵(图 3-8)。大量制备可用搅拌机,分为低速搅拌乳化装置和高速搅拌乳化装置。组织捣碎机属于高速搅拌乳化装置。

2. 乳匀机 借助强大推动力将两相液体通过乳匀机的细孔而形成乳剂,制备时可先用其他方法初步乳化,再用乳匀机乳化,效果较好(图 3-9)。

图3-8 研钵

图3-9 乳匀机

3. 胶体磨　利用高速旋转的转子和定子之间的缝隙产生强大剪切力使液体乳化，对要求不高的乳剂可用本法制备(图3-10)。

4. 超声波乳化装置　利用10~50 kHz高频振动来制备乳剂，可制备O/W和W/O型乳剂，但黏度大的乳剂不宜用本法制备。

(三) 乳剂中药物的加入方法

乳剂是药物很好的载体，可加入各种药物使其具有治疗作用。若药物溶解于油相，可先将药物溶于油相再制成乳剂；若药物溶于水相，可先将药物溶于水后再制成乳剂；若药物不溶于油相也不溶于水相时，可用亲和性大的液相研磨药物，再将其制成乳剂；也可将药物先用已制成的少量乳剂研磨至细再与乳剂混合均匀。

制备符合质量要求的乳剂，要根据制备量的多少、乳剂的类型及给药途径等多方面加以考虑。黏度大的乳剂应提高乳化温度。足够的乳化时间也是保证乳剂质量的重要条件。

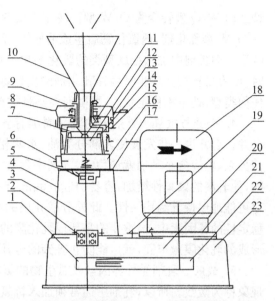

1. 从动带轮；2. 轴承308；3. 主轴；4. 机座；5. 轴承310；6. 出料法兰G11/2″；7. 进料盖板；8. 手柄；9. 冷却水接头；10. 加料斗；11. R型用盖板，F型用叶片，G型用刀片；12. 动磨片；13. 静磨片；14. 刻度圈；15. 机械密封；16. 壳体；17. 冲洗孔；18. 电动机Y132s2-2；19. 调节螺钉M12×45；20. 多模带L1320×10；21. 电动机座；22. 主动带轮；23. 底座

图3-10　胶体磨结构

四、乳剂的稳定性

乳剂属热力学不稳定的非均匀相分散体系，乳剂常发生下列变化。

1. 分层　乳剂的分层系指乳剂放置后出现分散相粒子上浮或下沉的现象，又称乳析。分层的主要原因是由于分散相和分散介质之间的密度差造成的。O/W型乳剂一般出现分散相粒子上浮。乳滴上浮或下沉的速度符合Stokes公式。乳滴的粒子愈小，上浮或下沉的速度就愈慢。减小分散相和分散介质之间的密度差，增加分散介质的黏度，都可以减小乳剂分层的速度。乳剂分层也与分散相的相容积有关，通常分层速度与相容积成反比，相容积低于25％乳剂很快分层，达50％时就能明显减小分层速度。分层的乳剂经振摇后仍能恢复成均匀的乳剂。

2. 絮凝　乳剂中分散相的乳滴发生可逆的聚集现象称为絮凝。但由于乳滴荷电以及乳化膜的存在，阻止了絮凝时乳滴的合并。发生絮凝的条件是：乳滴的电荷减少，使ζ电位降低，乳滴产生聚集而絮凝。絮凝状态仍保持乳滴及其乳化膜的完整性。乳剂中的电解质和离子型乳化剂的存在是产生絮凝的主要原因，同时絮凝与乳剂的黏度、相容积比以及流变性有密切关系。由于乳剂的絮凝作用，限制了乳滴的移动并产生网状结构，可使乳剂处于高黏度状态，有利于乳剂稳定。絮凝与乳滴的合并是不同的，但絮凝状态进一步变化也会引起乳滴的合并。

3. 转相　由于某些条件的变化而改变乳剂类型的称为转相。由O/W型转变为W/O

型或由 W/O 型转变为 O/W 型。转相主要是由于乳化剂的性质改变而引起的。如油酸钠是 O/W 型乳化剂,遇氯化钙后生成油酸钙,变为 W/O 型乳化剂,乳剂则由 O/W 型变为 W/O 型。向乳剂中加入相反型类的乳化剂也可使乳剂转相,特别是两种乳化剂的量接近相等时,更容易转相。转相时两种乳化剂的量比称为转相临界点。在转相临界点上乳剂不属于任何类型,处于不稳定状态,可随时向某种类型乳剂转变。

4. 合并与破裂 乳剂中的乳滴周围有乳化膜存在,但乳化膜破裂导致乳滴变大,称为合并。合并进一步发展使乳剂分为油、水两相称为破裂。乳剂的稳定性与乳滴的大小有密切关系,乳滴愈小乳剂就愈稳定,乳剂中乳滴大小是不均一的,小乳滴通常填充于大乳滴之间,使乳滴的聚集性增加,容易引起乳滴的合并。所以为了保证乳剂的稳定性,制备乳剂时尽可能地保持乳滴均一性。此外分散介质的黏度增加,可使乳滴合并速度降低。影响乳剂稳定性的各因素中,最重要的是形成乳化膜的乳化剂的理化性质,单一或混合使用的乳化剂形成的乳化膜愈牢固,就愈能防止乳滴的合并和破裂。

5. 酸败 乳剂受外界因素及微生物的影响,使油相或乳化剂等发生变化而引起变质的现象称为酸败。所以,乳剂中通常须加入抗氧剂和防腐剂,防止氧化或酸败。

五、乳剂的质量评定

乳剂给药途径不同,其质量要求也各不相同,很难制定统一的质量标准。但对所制备的乳剂的质量必须有最基本的评定。

1. 乳剂粒径大小的测定 乳剂粒径大小是衡量乳剂质量的重要指标。不同用途的乳剂对粒径大小要求不同,如静脉注射乳剂,其粒径应在 0.5 μm 以下。其他用途的乳剂粒径也都有不同要求。

(1)显微镜测定法:用光学显微镜测定,可测定粒径范围为 0.2~100 μm 粒子,常用平均粒径,测定粒子数不少于 600 个。

(2)库尔特计数器测定法:库尔特计数器可测定粒径范围为 0.6~150 μm 粒子和粒度分布。方法简便、速度快、可自动记录并绘制分布图。

(3)激光散射光谱法:样品制备容易,测定速度快,可测定 0.01~2 μm 范围的粒子,最适于静脉乳剂的测定。

(4)透射电镜法:本法可测定粒子大小及分布,可观察粒子形态。测定粒子范围 0.01~20 μm。

2. 分层现象的观察 乳剂经长时间放置,粒径变大,进而产生分层现象。这一过程的快慢是衡量乳剂稳定性的重要指标。为了在短时间内观察乳剂的分层,用离心法加速其分层,用 4 000 r/min 离心 15 min,如不分层可认为乳剂质量稳定。此法可用于比较各种乳剂间的分层情况,以估计其稳定性。将乳剂置 10 cm 离心管中以 3 750 r/min 速度离心 5 h,相当于放置 1 年的自然分层的效果。

课堂讨论

鱼肝油乳剂的制备

【处方】 鱼肝油 500 ml　阿拉伯胶细粉 125 g　西黄蓍胶细粉 7 g
糖精钠 0.1 g　挥发杏仁油 1 ml　羟苯乙酯 0.5 g
蒸馏水 加至 1 000 ml

【问题】 本处方采用的是哪种制备方法? 阿拉伯胶、西黄蓍胶在处方中的作用是什么? 为什么同时使用?

【制法】 将阿拉伯胶与鱼肝油研匀,一次加入 250 ml 蒸馏水,用力沿一个方向研磨制成初乳,加糖精钠水溶液、挥发杏仁油、羟苯乙酯醇液,再缓缓加入西黄蓍胶胶浆,加蒸馏水至全量,搅匀,即得。

案例——做一做

去粉刺乳

【处方】 硫黄 60 g　樟脑 5 g　阿拉伯胶 30 g
氢氧化钙 1 g　香精 适量　蒸馏水 加至 1 000 ml

【问题】 本处方的制备要点是什么?

【制法】 ①将阿拉伯胶溶于 300 ml 蒸馏水,呈黏稠液体;②将硫黄与樟脑共置研钵中研磨混合;③将阿拉伯胶液逐渐加入硫黄与樟脑的混合物中,边加边研磨,然后加入氢氧化钙的饱和水溶液(1 g 氢氧化钙溶于 50.0 ml 水中的上清液)混匀;④加入香精及蒸馏水至全量,搅匀,即得。

知识归纳

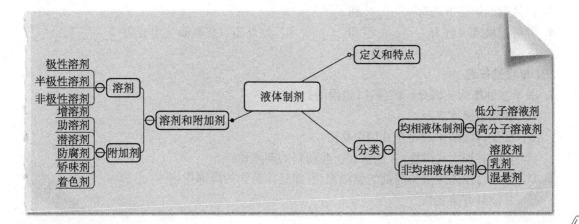

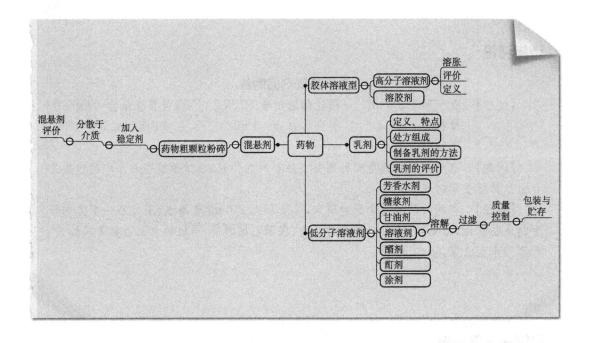

目标检测

一、名词解释

1. 溶液剂　2. 糖浆剂　3. 高分子溶液剂　4. 乳剂　5. 转相　6. 分层

二、填空题

1. 无水甘油因对皮肤黏膜有_____,故不能直接涂擦与皮肤。

2. 一般含_____以上乙醇的药剂具有防腐作用。

3. _____是最常用的极性溶剂。

4. 在防霉防发酵方面,苯甲酸_____作用较尼泊金类弱,而_____能力较尼泊金类强。

5. 溶液剂的制备方法有_____,_____。

6. 糖浆剂因含有_____,能防止或延缓药物的氧化。

7. 混悬剂的制备方法有_____和_____。

8. 乳剂按组成可分为_____型和_____型,此外还可按乳滴大小分为_____。

三、单项选择题

1. 关于甘油作为分散介质的叙述,错误的是(　　　)

　　A. 甘油为极性溶剂

　　B. 硼酸,鞣酸,苯酚等在甘油中易溶

　　C. 无水甘油无刺激性,且能缓和一些药剂的刺激性

　　D. 甘油可作外用液体药剂的保湿剂,并能延伸药物的局部作用

　　E. 甘油具有防腐性

2. 下列关于乙醇的叙述中,错误的是(　　)

    A. 可于水,甘油,丙二醇以任意比例混合

    B. 能溶解大部分有机物质和植物中的成分

    C. 无药理作用

    D. 含乙醇20％以上即具有防腐作用

    E. 乙醇和水混合可产生热效应与体积效应,使体积缩小

3. 有"万能"溶剂之称的是(　　)

    A. 水　　　　　B. 甘油　　　　C. 乙醇　　　　D. 二甲基亚砜　E. 脂肪油

4. 属于半极性溶剂的是(　　)

    A. 水　　　　　B. 甘油　　　　C. 丙二醇　　　D. 液状石蜡　　E. 醋酸乙酯

5. 关于糖浆剂的叙述中,错误的是(　　)

    A. 可掩盖药物的不良臭味而便于服用

    B. 具有少量还原糖,能防止药物被氧化

    C. 单糖浆浓度高,渗透压大,可抑制微生物生长繁殖

    D. 不宜加入乙醇,甘油或多元醇等附加剂

    E. 中药糖浆剂允许有少量轻摇即可分散的沉淀

6. 甘油在炉甘石洗剂中主要作为(　　)

    A. 助悬剂　　　B. 絮凝剂　　　C. 反絮凝剂　　D. 保湿剂

    E. 防腐剂

7. 复方硫洗剂采用(　　)制备

    A. 化学凝聚法　B. 物理凝聚法　C. 加液研磨法　D. 水飞法　　　E. 新生皂法

注射剂与眼用液体制剂

药·物·制·剂·技·术

学习目标

1. 能说出灭菌与无菌、消毒、注射剂等的含义。
2. 能说出热原的概念、特性及除去的方法。
3. 分析注射液、静脉输液和注射用无菌粉末处方组分和附加剂的作用。
4. 会进行等渗调节计算。
5. 能描述注射液、静脉输液和注射用无菌粉末的生产工艺流程。
6. 能使用设备,生产出合格的注射液、静脉输液和注射用无菌粉末。

任务一 注射剂的处方组成

一、注射剂的概念

注射剂系指原料药物或与适宜的溶剂或分散介质制成的供注入体内的无菌制剂。它是临床应用最广泛和最重要的剂型之一,对抢救用药尤为重要。

二、注射剂的分类

《中国药典》(2010年版)将注射剂分为注射液、注射用无菌粉末与注射用浓溶液。

1. **注射液** 系指原料药物或与适宜的溶剂或分散介质制成的供注入体内的无菌液体制剂,包括溶液型、乳状液型或混悬型等注射液,可用于皮下注射、皮内注射、肌内注射、静脉注射、静脉滴注、鞘内注射、椎管内注射等。其中,供静脉滴注用的大体积注射液(除另有规定外,一般不小于100 ml,生物制品一般不小于50 ml)也可称为静脉输液。中药注射剂一般不宜制成混悬型注射液。

2. **注射用无菌粉末** 系指原料药物或与适宜溶剂或分散介质制成的供临用前用无菌溶液配制成注射液的无菌粉末或无菌块状物,一般采用无菌分装或冷冻干燥法制得。可用适宜的注射用溶剂配制后注射,也可用静脉输液配制后静脉滴注。以冷冻干燥法制备的生物制品注射用无菌粉末,也可称为注射用冻干制剂。

3. 注射用浓溶液　系指原料药物与适宜辅料制成的供临用前稀释后静脉滴注用的无菌浓溶液。

三、注射剂的特点

在药品使用过程中,注射剂作为一种较常用的剂型,主要具有以下特点。

(1) 药效迅速、作用可靠:注射剂无论以液体针剂还是以粉针剂贮存,在临床应用时均以液体状态直接注射入人体组织、血管或器官内,所以吸收快,作用迅速。特别是静脉注射,药液可直接进入血液循环,更适于抢救危重病症之用。并且因注射剂不经胃肠道,故不受消化系统及食物的影响,因此剂量准确,作用可靠。

(2) 可用于不宜口服给药的患者:在临床上常遇到昏迷、抽搐、惊厥等状态的病人,或消化系统障碍的患者均不能口服给药,采用注射剂是有效的给药途径。

(3) 可用于不宜口服的药物:某些药物由于本身的性质不易被胃肠道吸收,或具有刺激性,或易被消化液破坏,制成注射剂可解决之。如酶、蛋白等生物技术药物由于其在胃肠道不稳定,常制成粉针剂。

(4) 发挥局部定位作用:如牙科和麻醉科用的局麻药等。

(5) 注射给药不方便且注射时疼痛:由于注射剂是一类直接入血制剂,所以质量要求比其他剂型更严格,使用不当更易发生危险。应根据医嘱由技术熟练的人注射,以保证安全。

(6) 制造过程复杂,生产费用较大,价格较高。

四、注射剂的处方组成

注射剂的处方主要由主药、溶剂、附加剂组成,注射剂附加剂包括如渗透压调节剂、pH调节剂、增溶剂、助溶剂、抗氧剂、抑菌剂、乳化剂、助悬剂等。由于注射剂的特殊要求,处方中所有组分,包括原料药都应采用注射用规格,符合药典或相应的国家药品质量标准。

(一) 注射用原料药的要求

制备注射剂需使用可注射用的原料药,与口服制剂的原料相比,注射用原料药质量标准要求更高,除了对杂质和重金属的限量更严格外,还对微生物及其热原等有严格的规定,如要求无菌、无热原。配制注射剂时,必须使用注射用规格的原料药,若尚无注射用原料药上市,需对原料药进行精制并制定内控标准,使其达到注射用的质量要求。在注册申请时,除提供相关的证明性文件外,应提供精制工艺的选择依据、详细的精制工艺及其验证资料、精制前后的质量对比研究资料等。

(二) 常用注射用溶剂

1. 注射用水　水是最常用的溶剂,配制注射剂时必须用注射用水,有关注射剂的制备和质量要求请参见本章注射剂的制备中注射剂的水处理。

2. 注射用油　常用大豆油、麻油、茶油等植物油作为注射用油。《中国药典》(2010 年

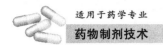
版)二部关于注射用大豆油的具体规定为:碘值为 126～140;皂化值为 188～195;酸值不大于 0.1;过氧化物、不皂化物、碱性杂质、重金属、砷盐、脂肪酸组成和微生物限度等应符合要求。

酸值、碘值、皂化值是评定注射用油的重要指标。酸值说明油中游离脂肪酸的多少,酸值高质量差,也可以看出酸败的程度。碘值说明油中不饱和键的多少,碘值高,则不饱和键多,易氧化,不适合注射用。皂化值表示油中游离脂肪酸和结合成酯的脂肪酸总量的多少,可以看出油的种类和纯度。考虑到油脂氧化过程中,有生成过氧化物的可能性,故对注射用油中的过氧化物要加以控制。植物油由各种脂肪酸的甘油酯所组成。在贮存时与空气、光线接触,时间较长往往发生化学变化,产生特异的刺激性臭味,称为酸败。酸败的油脂产生低分子分解产物如醛类、酮类和低级脂肪酸。这样的油,就不可能符合注射用油的标准。注射用油应贮于避光密闭洁净容器中,避免日光、空气接触,还可考虑加入抗氧剂等。

3. 其他注射用溶剂　在注射剂制备时,有时为了增加药物溶解度或稳定性,常在以水为主要溶剂的注射剂中加入一种或一种以上非水有机溶剂。常用的有以下几种。

(1)乙醇。乙醇可与水、甘油、挥发油等任意混合,可供静脉或肌内注射。采用乙醇为注射溶剂浓度可达 50%。但乙醇浓度超过 10% 时可能会有溶血作用和疼痛感。如氯霉素注射液中含一定量的乙醇。

(2)丙二醇。丙二醇可与水、乙醇、甘油混溶,能溶解多种挥发油,复合注射用溶剂中常用含量为 10%～60%,用做皮下或肌内注射时有局部刺激性。其对药物的溶解范围广,已广泛用于注射溶剂,供静脉注射或肌内注射。如苯妥英钠注射液中含 40% 丙二醇。

(3)聚乙二醇 300 和聚乙二醇 400。聚乙二醇为环氧乙烷水解产物的聚合物。与水、乙醇相混溶,化学性质稳定,PEG300 和 PEG400 均可用作注射用溶剂,有报道 PEG300 的降解产物可能会导致肾病变,因此 PEG400 更常用,如朴拉司匡特注射液以 PEG400 为注射溶剂。

(4)甘油。甘油可与水或乙醇任意混溶,但在挥发油和脂肪油中不溶。由于黏度和刺激性较大,不单独作注射溶剂用。常用浓度为 1%～50%,但大剂量注射会导致惊厥、麻痹、溶血。常与乙醇、丙二醇、水等组成复合溶剂,如普鲁卡因注射液的溶剂为乙醇溶液(20%)、甘油(20%)与注射用水(60%)。

(5)二甲基乙酰胺。二甲基乙酰胺可与水、乙醇任意混溶,对药物的溶解范围大,为澄明的中性溶液。常用浓度为 0.01%,但连续使用时,应注意其慢性毒性。如氯霉素常用 50% 的二甲基乙酰胺作溶剂,利舍平(利血平)注射液用 10% 二甲基乙酰胺作溶剂。

(三)注射剂常用的附加剂

注射剂除主药外,可适当加入其他物质以增加主药的安全性、稳定性及有效性,这些物质统称为注射剂的附加剂。选用附加剂的原则是:在有效浓度时对机体无毒,与主药无配伍禁忌,不影响主药疗效,对产品含量测定不产生干扰。应采用符合注射用要求的辅料,在满足需要的前提下,注射剂所用辅料的种类及用量应尽可能少。对于注射剂中有使用依据,但尚无符合注射用标准产品生产或进口的辅料,可对非注射途径辅料进行精制使其符合注射用要求,并制定内控标准。申报资料中应提供详细的精制工艺及其选择依据、内控标准的制定依据。必要时还应进行相关的安全性试验研究。常用的注射剂附加剂如表 4-1 所示。

表 4-1　注射剂的常用附加剂

附加剂	浓度范围(%)	附加剂	浓度范围(%)
1. pH 调节剂		6. 增溶剂、润湿剂、乳化剂	
醋酸,醋酸钠	0.22, 0.8	聚山梨酯 20,聚山梨酯 40	0.01, 0.05
枸橼酸,枸橼酸钠	0.5, 4.0	聚山梨酯 80	0.04~4.0
酒石酸	0.65	聚维酮	0.2~1.0
磷酸二氢钠	0.71	聚乙二醇-40 蓖麻油	7.0~11.5
碳酸氢钠	0.005	卵磷脂	0.5~2.3
2. 抑菌剂		Pluronic F-68	0.21
苯甲醇	1~2	7. 助悬剂	
羟丙丁酯,甲酯	0.01~0.015	明胶	2.0
苯酚	0.5~1.0	甲基纤维素	0.03~1.05
三氯叔丁醇	0.25~0.5	羧甲基纤维素	0.05~0.75
硫柳汞	0.001~0.02	果胶	0.2
3. 局麻剂		8. 填充剂	
利多卡因	0.5~1.0	乳糖	1~8
盐酸普鲁卡因	1.0	甘氨酸	1~10
苯甲醇	1.0~2.0	甘露醇	1~10
三氯叔丁醇	0.3~0.5	9. 稳定剂	
4. 等渗调节剂		肌酐	0.5~0.8
氯化钠	0.9	甘氨酸	1.5~2.25
葡萄糖	5	烟酰胺	1.25~2.5
甘油	2.25	10. 蛋白质药物保护剂	
5. 抗氧剂		乳糖	2~5
亚硫酸钠	0.1~0.2	蔗糖	2~5
焦亚硫酸钠	0.1~0.2	11. 螯合剂	
硫代硫酸钠	0.1	EDTA·2Na	0.01~0.05

五、注射剂的一般质量要求

1. 无菌　注射剂成品中不得含有任何活的微生物。

2. 无热原　无热原是注射剂的重要质量指标,特别是供静脉及脊椎注射的制剂。

3. 可见异物和不溶性微粒　不得有在规定条件下目视可以观测到的不溶性物质,其粒径或长度通常大于 50 μm;溶液型静脉注射用注射剂、注射用无菌粉末及注射用浓溶液在可见异物检查合格后,还应检查不溶性微粒的大小和数量,应符合《中国药典》(2015 年版)的相关要求。

4. 安全性　注射剂不能引起对组织的刺激性或发生毒性反应,特别是一些非水溶剂及一些附加剂,必须经过必要的动物实验,以确保安全。

5. 渗透压　其渗透压要求与血浆的渗透压相等或接近。供静脉注射的大剂量注射剂还要求具有等张性。

6. pH　要求与血液相等或接近(血液 pH 值约 7.4),一般控制在 4~9 的范围内。

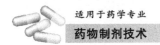

7. 稳定性 因注射剂多系水溶液,所以稳定性问题比较突出,故要求注射剂具有必要的物理和化学稳定性,以确保产品在储存期内安全有效。

8. 降压物质 有些注射液,如复方氨基酸注射液,其降压物质必须符合规定,确保安全。

在注射剂的生产过程中常常遇到的问题是可见异物、化学稳定性、无菌及无热原等问题,在生产过程中应注意产生上述问题的原因及解决办法。

案例——想一想

利舍平注射液

【处方】 利舍平 2.5 g   吐温80 100.00 ml   苯甲醇   20.0 ml
     无水枸橼酸钠 2.5 g   注射用水 加至1 000.0 ml

【问题】 分析利舍平注射液中处方各成分的作用?

六、注射剂的等渗与等张调节

(一) 定义

1. 等渗溶液 系指与血浆渗透压相等的溶液,属于物理化学概念。

2. 等张溶液 系指渗透压与红细胞膜张力相等的溶液,属于生物学概念。

(二) 渗透压的测定与调节

两种不同浓度的溶液被一理想的半透膜(溶剂分子可通过,而溶质分子不能通过)隔开,溶剂从低浓度一侧向高浓度一侧转移,此动力即为渗透压,溶液中质点数相等者为等渗。注入机体内的液体一般要求等渗,否则易产生刺激性或溶血等。

0.9%的氯化钠溶液、5%的葡萄糖溶液与血浆具有相同的渗透压,为等渗溶液。肌内注射可耐受0.45%~2.7%的氯化钠溶液(相当于0.5~3个等渗度的溶液)。对静脉注射,则着眼于对红细胞的影响,把红细胞视为一个半透膜,在低渗溶液中,水分子穿过细胞膜进入红细胞,使得红细胞破裂,造成溶血现象(渗透压低于0.45%氯化钠溶液的渗透压时,将有溶血现象产生)。大量注入低渗溶液,会使人感到头胀、胸闷,严重的可发生麻木、寒战、高烧,甚至尿中出现血红蛋白。静脉注射大量不至于溶血的低渗溶液也是不容许的。注入高渗溶液时,红细胞内水分渗出而发生细胞萎缩。但只要注射速度足够慢,血液可自行调节使渗透压很快恢复正常,所以不至于产生不良影响。对脊髓腔内注射,由于易受渗透压的影响,必须调节至等渗。

常用渗透压调整的方法有冰点降低数据法和氯化钠等渗当量法。表4-2为一些药物的1%溶液的冰点降低值,根据这些数据,可以计算出该药物配制成等渗溶液的浓度,或将某一溶液调制成等渗溶液。

表4-2　一些药物水溶液的冰点降低值与氯化钠等渗当量

名　称	1%水溶液(kg/L)冰点降低值(℃)	1 g药物氯化钠等渗当量(E)	等渗浓度溶液的溶血情况		
			浓度(%)	溶血(%)	pH
硼酸	0.28	0.47	1.9	100	4.6
盐酸乙基吗啡	0.19	0.15	6.18	38	4.7
硫酸阿托品	0.08	0.1	8.85	0	5.0
盐酸可卡因	0.09	0.14	6.33	47	4.4
氯霉素	0.06				
依地酸钙钠	0.12	0.21	4.50	0	6.1
盐酸麻黄碱	0.16	0.28	3.2	96	5.9
无水葡萄糖	0.10	0.18	5.05	0	6.0
葡萄糖(含 H_2O)	0.091	0.16	5.51	0	5.9
氢溴酸后马托品	0.097	0.17	5.67	92	5.0
盐酸吗啡	0.086	0.15			
碳酸氢钠	0.381	0.65	1.39	0	8.3
氯化钠	0.58		0.9	0	6.7
青霉素 G 钾		0.16	5.48		6.2
硝酸毛果芸香碱	0.133	0.22			
吐温 80	0.01	0.02			
盐酸普鲁卡因	0.12	0.18	5.05	91	5.6
盐酸狄卡因	0.109	0.18			

1. **冰点降低数据法**　一般情况下,血浆冰点值为－0.52℃。根据物理化学原理,任何溶液其冰点降低到－0.52℃,即可认为与血浆等渗。等渗调节剂的用量可用下式计算:

$$W = \frac{0.52 - a}{b} \qquad (4-1)$$

式中:W为配制等渗溶液需加入的等渗调节剂的量(1%,kg/L);a为未经调整的药物溶液的冰点下降度数;b为用以调节的等渗剂1%溶液的冰点下降度数。

【例4-1】　1%氯化钠的冰点下降度为0.58℃,血浆的冰点下降度为0.52℃,求等渗氯化钠溶液的浓度。

已知:$b=0.58$,纯水$a=0$,按上式计算得$W=0.9\%$,即0.9%氯化钠为等渗溶液,配制100 ml氯化钠溶液需用0.9 g氯化钠。

【例4-2】　配制2%盐酸普鲁卡因溶液100 ml,用氯化钠调节等渗,求所需氯化钠的加入量。

由4-2表可知:2%盐酸普鲁卡因溶液的冰点下降度(a)为0.12×2＝0.24℃,1%氯化钠溶液的冰点下降度(b)为0.58℃,代入式4-1得:$W=(0.52-0.24)/0.58=0.48\%$,即配制2%盐酸普鲁卡因溶液100 ml需加入氯化钠0.48 g。

对于成分不明或查不到冰点降低数据的注射液,可通过实验测定,再依上法计算。在测定药物的冰点降低值时,为使测定结果更准确,测定浓度应与配制溶液浓度相近。

2. **氯化钠等渗当量法**　是指与1 g药物呈等渗的氯化钠质量。

【例 4 - 3】 配制 1 000 ml 葡萄糖等渗溶液,需加无水葡萄糖多少克(w)。

查表 4 - 2 可知:1 g 无水葡萄糖的氯化钠等渗当量为 0.18,根据 0.9% 氯化钠为等渗溶液,因此:$w = (0.9/0.18) \times 1 000/100 = 50$ g,即 5% 无水葡萄糖溶液为等渗溶液。

【例 4 - 4】 配制 2% 盐酸麻黄碱溶液 200 ml,欲使其等渗,需加入多少克氯化钠或无水葡萄糖。

由表 4 - 2 可知:1 g 盐酸麻黄碱的氯化钠等渗当量为 0.28,无水葡萄糖的氯化钠等渗当量为 0.18。

设所需加入的氯化钠和葡萄糖量分别为 x 和 y:$x = (0.9 - 0.28 \times 2) \times 200/100 = 0.68$ g;$y = 0.68/0.18 = 3.78$ g 或 $y = (5\%/ 0.9\%) \times 0.68 = 3.78$ g。

3. 等张调节　红细胞膜对很多药物水溶液来说可视为理想的半透膜,它可让溶剂分子通过,而不让溶质分子通过,因此它们的等渗和等张浓度相等,如 0.9% 的氯化钠溶液。但还有一些药物如盐酸普鲁卡因、甘油、丙二醇等,即使根据等渗浓度计算出来而配制的等渗溶液注入体内,还会发生不同程度的溶血现象。因为红细胞对它们来说并不是一理想的半透膜,它们能迅速自由地通过细胞膜,同时促使膜外的水分进入细胞,从而使得红细胞胀大破裂而溶血。关于促使水分进入细胞的机制尚不明确。这类药物一般需加入氯化钠、葡萄糖等等渗调节剂。例如,2.6% 的甘油与 0.9% 的氯化钠具有相同渗透压,但它 100% 溶血,如果制成为 10% 甘油、4.6% 木糖醇、0.9% 氯化钠的复方甘油注射液,实验表明不产生溶血现象,红细胞也不胀大变形。

因此,由于等渗和等张溶液定义不同,等渗溶液不一定等张,等张溶液亦不一定等渗。在新产品的试制中,即使所配制的溶液为等渗溶液,为安全用药,亦应进行溶血试验,必要时加入葡萄糖、氯化钠等调节成等张溶液。

课堂讨论

如何用氯化钠配制等渗溶液?

知识拓展

(一)注射剂的分类

1. 按分散系统分类

(1)溶液型注射剂:易溶性药物制成溶液型注射剂,包括水溶液、胶体溶液和油溶液,大部分溶液型注射剂是水溶液。药物在水中难溶或为了长效目的,也可以油为溶剂,如维生素 D 注射液及己烯雌酚注射液。

(2)混悬型注射剂:难溶性药物为了增加稳定性或产生长效作用,均可制成混悬型注射剂。溶剂可以是水或油,如醋酸可的松注射液。这类注射剂一般仅供肌内注射。

（3）乳状液型注射液:水中难溶性液体药物可以制成乳状液型注射液,供注射用的一般为 O/W 型,如静脉脂肪乳剂。

（4）注射用无菌粉末:也称粉针,系指供注射用的无菌粉末状药物在无菌条件下灌装入安瓿或其他适宜的容器中;或注射液经无菌冻干成疏松块状物,临用前加入适当的溶剂(通常为灭菌注射用水)溶解或混悬而成的制剂。如青霉素钠粉针剂。

2. 按注射体积分类

（1）小容量注射剂:小容量注射剂每次注射体积在 1～50 ml 之间,常规为 1, 5, 10, 20, 50 ml。

（2）大容量注射剂:大容量注射剂即输液,每次注射体积在 100 ml 至数千毫升之间,常用规格为 100 ml, 250 ml, 500 ml。

3. 按剂型的物态分类

（1）液体注射剂:也称注射液,指药物与适宜的辅料制成的供注入体内的无菌液体制剂。包括水溶液、油溶液、水或油混悬液、乳状液。小容量水溶液注射剂俗称"水针"或"小水针"。

（2）注射用粉末:俗称"粉针",同上述注射用无菌粉末。

注射用浓溶液指药物与适宜辅料制成的供临用前稀释后静脉滴注用的无菌浓溶液。

（二）注射剂的给药途径

不同的注射剂给药途径有以下几种。

（1）静脉注射:静脉注射给药分为静脉推注与静脉滴注。推注用量为 5～50 ml,而滴注用量可多达数千毫升。静脉注射多为药物水溶液,但近年来,临床上使用了 O/W 型静脉脂肪乳剂及含有药物的脂质体等静脉注射剂,这些静脉注射剂除满足注射剂的一般质量要求外,它们的粒径应小于 1 μm,以免造成毛细血管栓塞。凡能导致红细胞溶解或使蛋白质沉淀的药物均不宜静脉注射。静脉注射的药物溶液必须调节至与血浆等渗或微高渗状态,并不得加抑菌剂。

（2）脊椎腔注射:由于脊椎神经组织分布较为稠密且脊椎液循环较慢,因此,注入体积应小于 10 ml,只能用药物水溶液,pH 值在 5～8 之间,渗透压必须调节至与脊椎液相等且不得加抑菌剂。

（3）肌内注射:注射部位大多为臀肌及上臂三角肌,注射体积为 1～5 ml。由于存在吸收过程,起效比静脉注射慢,但持续时间却较长。除水溶液外,油溶液、混悬液及乳状液均可肌内注射。可加入适当的抑菌剂。

（4）皮下注射:注射于真皮与肌肉之间的皮下组织(图 4-1)。注射体积为 1～2 ml。此部位的药物吸收稍慢,皮下注射主要是水溶液。

（5）皮内注射:注射于表皮与真皮之间(图 4-1)。注射体积小于 0.2 ml。皮内注射常用于疾病诊断、脱敏治疗及过敏性试验。主要为水溶液。

（6）动脉内注射：注入靶区动脉末端，如诊断用动脉造影剂、肝动脉栓塞剂等。

（7）其他：此外，还有心内注射、关节内注射、滑膜腔内注射、穴位注射及鞘内注射等。

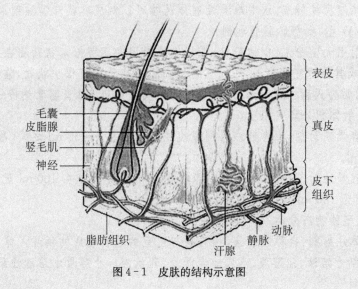

图4-1　皮肤的结构示意图

案例——做一做

【问题】　配制500 ml的氯化钠等渗溶液，需要多少氯化钠？

【解】　1%氯化钠溶液的冰点降低为0.58℃，设氯化钠在等渗溶液中的浓度为$X\%$，则$1\%:X\%=0.58:0.52$。计算得$X=0.9$，即配制100 ml的等渗氯化钠溶液需要0.9 g氯化钠，故配制500 ml的等渗氯化钠溶液需要0.9 g×5＝4.5 g氯化钠。

案例——试一试

丙泊酚注射液

【处方】　丙泊酚　2.0 g　　　　注射用卵磷脂　2.4 g　　氢氧化钠　适量

　　　　　注射用大豆油　2.0 g　　注射用甘油　4.5 g　　注射用水　加至200 ml

【问题】　丙泊酚注射液中处方各组分各有什么作用？

【案例分析】　丙泊酚注射液是乳剂型注射剂，故在处方中可以得知：注射用甘油和注射用水作为水相；注射用大豆油是油相；氢氧化钠起调节pH的作用；注射用卵磷脂起乳化剂的作用。

任务二 灭菌与无菌操作

一、基本概念

灭菌是注射剂生产中的重要过程,灭菌法是杀死或去除所有微生物的方法。微生物包括细菌、真菌、病毒等。细菌的芽孢具有较强的耐热力,所以灭菌效果以杀死芽孢为准。药物制剂生产中的灭菌方法,要求达到灭菌的目的,符合《中国药典》的相关要求,并且必须保持药物稳定。常用的药物制剂灭菌法如图4-2所示。

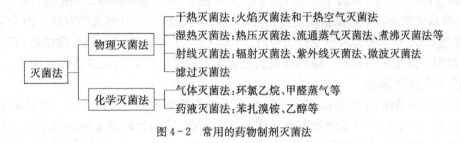

图4-2 常用的药物制剂灭菌法

1. 灭菌和灭菌法

(1)灭菌:系指用物理或化学等方法杀灭或除去所有致病和非致病微生物繁殖体和芽孢的手段。

(2)灭菌法:系指杀灭或除去所有致病和非致病微生物繁殖体和芽孢的方法或技术。

2. 无菌和无菌操作法

(1)无菌:系指在任一指定物体、介质或环境中,不得存在任何活的微生物。

(2)无菌操作法:系指在整个操作过程中利用或控制一定条件,使产品避免被微生物污染的一种操作方法或技术。

3. 防腐和消毒

(1)防腐:系指用物理或化学方法抑制微生物的生长与繁殖的手段,亦称抑菌。对微生物的生长与繁殖具有抑制作用的物质称抑菌剂或防腐剂。

(2)消毒:系指用物理或化学方法杀灭或除去病原微生物的手段。对病原微生物具有杀灭或除去作用的物质称消毒剂。

采用灭菌与无菌技术的主要目的是:杀灭或除去所有微生物繁殖体和芽孢,最大限度地提高药物制剂的安全性,保护制剂的稳定性,保证制剂的临床疗效。因此,研究、选择有效的灭菌方法,对保证产品质量具有重要意义。

二、物理灭菌技术

利用蛋白质与核酸具有遇热、射线不稳定的特性,采用加热、射线和过滤方法,杀灭或除去微生物的技术称为物理灭菌法,亦称物理灭菌技术。该技术包括干热灭菌、湿热灭菌、过

滤灭菌法和射线灭菌。

1. **干热灭菌法** 本法系指在干燥高温环境中进行灭菌的技术,其中包括火焰灭菌法和干热空气灭菌法。

(1)火焰灭菌法:本法系指用火焰直接灼烧灭菌的方法。该法灭菌迅速、可靠、简便,适用于耐火焰材质(如金属、玻璃及瓷器等)的物品与用具的灭菌,不适合药品的灭菌。

(2)干热空气灭菌法:本法系指用高温干热空气灭菌的方法。该法适用于耐高温的玻璃和金属制品以及不允许湿气穿透的油脂类(如油性软膏基质、注射用油等)和耐高温的粉末化学药品的灭菌,不适于橡胶、塑料及大部分药品的灭菌。

在干燥状态下,由于热穿透力较差,微生物的耐热性较强,必须长时间受高热作用才能达到灭菌的目的。因此,干热空气灭菌法采用的温度一般比湿热灭菌法高。为了确保灭菌效果,一般规定为:135～145℃灭菌3～5 h;160～170℃灭菌2～4 h;180～200℃灭菌0.5～1 h。

2. **湿热灭菌法** 本法系指用饱和蒸气、沸水或流通蒸气进行灭菌的方法。由于蒸气潜热大,穿透力强,容易使蛋白质变性或凝固,因此该法的灭菌效率比干热灭菌法高,是药物制剂生产过程中最常用的方法。湿热灭菌法可分类为:热压灭菌法、流通蒸气灭菌法、煮沸灭菌法和低温间歇灭菌法。

(1)热压灭菌法:本法系指用高压饱和水蒸气加热杀灭微生物的方法。该法具有很强的灭菌效果,灭菌可靠,能杀灭所有细菌繁殖体和芽胞,适用于耐高温和耐高压蒸汽的所有药物制剂,玻璃容器、金属容器、瓷器、橡胶塞、滤膜过滤器等。

在一般情况下,热压灭菌法所需的温度(蒸汽表压)与时间的关系为:115℃(67 kPa),30 min;121℃(97 kPa),20 min;126℃(139 kPa),15 min。在特殊情况下,可通过实验确认合适的灭菌温度和时间。

(2)流通蒸气灭菌法:本法系指在常压下,采用100℃流通蒸气加热杀灭微生物的方法。灭菌时间通常为30～60 min。该法适用于消毒及不耐高热制剂的灭菌。但不能保证杀灭所有的芽胞,是非可靠的灭菌法。

(3)煮沸灭菌法:系指将待灭菌物置沸水中加热灭菌的方法。煮沸时间通常为30～60 min。该法灭菌效果较差,常用于注射器、注射针等器皿的消毒。必要时可加入适量的抑菌剂,如三氯叔丁醇、甲酚、氯甲酚等,以提高灭菌效果。

(4)低温间歇灭菌法:系指将待灭菌物置60～80℃的水或流通蒸气中加热60 min,杀灭微生物繁殖体后,在室温条件下放置24 h,让待灭菌物中的芽胞发育成繁殖体,再次加热灭菌、放置,反复多次,直至杀灭所有芽胞。该法适合于不耐高温、热敏感物料和制剂的灭菌。其缺点是费时、工效低、灭菌效果差,加入适量抑菌剂可提高灭菌效率。

3. **滤过灭菌法** 本法系指采用过滤法除去微生物的方法。该法属于机械除菌方法,该机械称为除菌过滤器。

该法适合于对热不稳定的药物溶液、气体、水等物品的灭菌。灭菌用过滤器应有较高的过滤效率,能有效地除尽物料中的微生物,滤材与滤液中的成分不发生相互交换,滤器易清洗,操作方便等。

为了有效地除尽微生物,滤器孔径必须小于芽胞体积(>0.5 μm)。常用的除菌过滤器有:0.22 μm或0.3 μm的微孔滤膜滤器和G6(号)垂熔玻璃滤器。过滤灭菌应在无菌条件下进行操作,为了保证产品的无菌,必须对过滤过程进行无菌检测。

4. 射线灭菌法　本法系指采用辐射、微波和紫外线杀灭微生物和芽胞的方法。

(1) 辐射灭菌法：系指采用放射性同位素（^{60}Co 和 ^{137}Cs）放射的 γ 射线杀灭微生物和芽胞的方法，辐射灭菌剂量一般为 2.5×10^4 Gy（戈瑞）。该法已被《英国药典》和《日本药局方》收载。

本法适合于热敏物料和制剂的灭菌，常用于维生素、抗生素、激素、生物制品、中药材和中药制剂、医疗器械、药用包装材料及药用高分子材料等物质的灭菌。其特点是：不升高产品温度，穿透力强，灭菌效率高；但设备费用较高，对操作人员存在潜在的危险性，对某些药物（特别是溶液型）可能产生药效降低或产生毒性物质和发热物质等。

(2) 微波灭菌法：采用微波（频率为 300 mHz～300 kmHz）照射产生的热能杀灭微生物和芽胞的方法。

该法适合液态和固体物料的灭菌，且对固体物料具有干燥作用。其特点是：微波能穿透到介质和物料的深部，可使介质和物料表里一致地加热；且具有低温、常压、高效、快速（一般为 2～3 min）、低能耗、无污染、易操作、易维护、产品保质期长（可延长 1/3 以上）等特点。

(3) 紫外线灭菌法：系指用紫外线（能量）照射杀灭微生物和芽胞的方法。用于紫外灭菌的波长一般为 200～300 nm，灭菌力最强的波长为 254 nm。该方法属于表面灭菌。

紫外线不仅能使核酸蛋白变性，而且能使空气中氧气产生微量臭氧，而达到共同杀菌作用。该法适合于照射物表面灭菌、无菌室空气及蒸馏水的灭菌；不适合于药液的灭菌及固体物料深部的灭菌。由于紫外线是以直线传播，可被不同的表面反射或吸收，穿透力微弱，普通玻璃即可吸收紫外线，因此装于容器中的药物不能用紫外线灭菌。紫外线对人体有害，照射过久易发生结膜炎、红斑及皮肤烧灼等伤害，故一般在操作前开启 1～2 h，操作时关闭；必须在操作过程中照射时，对操作者的皮肤和眼睛应采用适当的防护措施。

三、化学灭菌法

化学灭菌法系指用化学药品直接作用于微生物而将其杀灭的方法。

对微生物具有触杀作用的化学药品称杀菌剂，可分为气体杀菌剂和液体杀菌剂。杀菌剂仅对微生物繁殖体有效，不能杀灭芽胞。化学杀菌剂的杀灭效果主要取决于微生物的种类与数量、物体表面光洁度或多孔性以及杀菌剂的性质等。化学灭菌的目的在于减少微生物的数目，以控制一定的无菌状态。

1. 气体灭菌法　系指采用气态杀菌剂（如环氧乙烷、甲醛、丙二醇、甘油和过氧乙酸蒸气等）进行灭菌的方法。该法特别适合环境消毒以及不耐加热灭菌的医用器具、设备和设施等的消毒，亦用于粉末注射剂，不适合对产品质量有损害的场合。同时应注意残留的杀菌剂和与药物可能发生的相互作用。

2. 药液灭菌法　系指采用杀菌剂溶液进行灭菌的方法。该法常应用于其他灭菌法的辅助措施，适合于皮肤、无菌器具和设备的消毒。常用消毒液有：75％乙醇、1％聚维酮碘溶液、0.1％～0.2％苯扎溴铵（新洁尔灭）溶液、酚或煤酚皂溶液等。

四、无菌操作法

无菌操作法系指整个过程控制在无菌条件下进行的一种操作方法。该法适合一些不耐热药物的注射剂、眼用制剂、皮试液、海绵剂和创伤制剂的制备。按无菌操作法制备的产品，一般不再灭菌，但某些特殊(耐热)品种亦可进行再灭菌(如青霉素 G 等)。最终采用灭菌的产品，其生产过程一般采用避菌操作(尽量避免微生物污染)，如大部分注射剂的制备等。

1. **无菌操作室的灭菌**　常采用紫外线、液体和气体灭菌法对无菌操作室环境进行灭菌。

(1)甲醛溶液加热熏蒸法：该方法的灭菌较彻底，是常用的方法之一。气体发生装置可采用蒸气加热夹层锅，使液态甲醛汽化成甲醛蒸气，经蒸气出口送入总进风道，由鼓风机吹入无菌室，连续 3 h 后，关闭密熏 12～24 h，并应保持室内湿度＞60％，温度＞25℃，以免低温导致甲醛蒸气聚合而附着于冷表面，从而降低空气中甲醛浓度，影响灭菌效率。密熏完毕后，将 25％的氨水经加热，按一定流量送入无菌室内，以清除甲醛蒸气，然后开启排风设备，并通入无菌空气直至室内排尽甲醛。

(2)紫外线灭菌：该方法是无菌室灭菌的常规方法，应用于间歇和连续操作过程中。一般在每天工作前开启紫外灯 1 h 左右，操作间歇中亦应开启 0.5～1 h，必要时可在操作过程中开启(应注意操作人员眼、皮肤等的保护)。

(3)液体灭菌：这是无菌室较常用的辅助灭菌方法，主要采用 3％酚溶液、2％煤皂酚溶液、0.2％苯扎溴铵或 75％乙醇喷洒或擦拭，用于无菌室的空间、墙壁、地面、用具等方面的灭菌。

2. **无菌操作**　无菌操作室、层流洁净工作台和无菌操作柜是无菌操作的主要场所，无菌操作所用的一切物品、器具及环境，均需按前述灭菌法灭菌，如安瓿应 150～180℃、2～3 h 干热灭菌，橡皮塞应 121℃、1 h 热压灭菌等。操作人员进入无菌操作室前应洗澡，并更换已灭菌的工作服和清洁的鞋子，不得外露头发和内衣，以免污染。

小量无菌制剂的制备，普遍采用层流洁净工作台进行无菌操作，该设备具有良好的无菌环境，使用方便，效果可靠。无菌操作柜目前常用于药品的试制阶段。

案例——想一想

上海某医院在临床上使用某药物给患者进行静脉滴注时，患者在 0.5 h 左右出现冷颤、高热、出汗、呕吐等症状，体温达 40℃，并出现休克症状。经调查表明，患者出现这些症状是因所用注射液含有热原所致。

【问题】　什么是热原？热原的组成是什么？热原致热的主要成分是什么？

四、热原

(一)定义

注射后能引起人体特殊致热反应的物质，称为热原。大多数细菌都能产生热原，致热能力最强的是革兰阴性杆菌，真菌，甚至病毒也能产生热原。热原是微生物的一种内毒素，存在于细菌的细胞膜和固体膜之间，是磷脂、脂多糖和蛋白质的复合物。其中脂多糖是内毒素的主要成分，因而大致可认为热原＝内毒素＝脂多糖。脂多糖组成因菌种不同而不同。热原的相对分子质量一般为 $1×10^6$ 左右。

含有热原的注射液注入人体内后,大约半小时就能产生发冷、寒战、体温升高、恶心呕吐等不良反应,严重者出现昏迷、虚脱,甚至有生命危险。有人认为细菌性热原自身并不引起发热,而是由于热原进入体内后使体内多形性核白细胞及其他细胞释放一种内源性热原,作用于视丘下部体温调节中枢,可能引起 5-羟色胺的升高而导致发热。

(二) 热原的性质

1. **耐热性** 热原在 60℃ 加热 1 h 不受影响,100℃ 加热也不降解,但在 250℃,30~45 min,200℃,60 min 或 180℃,3~4 h 可使热原彻底破坏。在通常注射剂的热压灭菌法中热原不易被破坏。

2. **过滤性** 热原体积小,为 1~5 nm,一般的滤器均可通过,即使微孔滤膜,也不能截留,但可被活性炭吸附。

3. **水溶性** 由于磷脂结构上连接有多糖,所以热原能溶于水。

4. **不挥发性** 热原本身不挥发,但在蒸馏时,可随水蒸气中的雾滴带入蒸馏水,故应设法防止。

5. **其他** 热原能被强酸强碱破坏,也能被强氧化剂,如高锰酸钾或过氧化氢等破坏,超声波及某些表面活性剂(如去氧胆酸钠)也能使之失活。

(三) 热原的主要污染途径

1. **注射用水** 注射用水是热原污染的主要来源。尽管水本身并非是微生物良好的培养基,但易被空气或含尘空气中的微生物污染。若蒸馏设备结构不合理,操作与接收容器不当,贮藏时间过长易发生热原污染问题。故注射用水应新鲜使用,蒸馏器质量要好,环境应洁净。

2. **原辅料** 原辅料特别是用生物方法制造的药物和辅料易滋生微生物,如右旋糖苷、水解蛋白或抗生素等药物,葡萄糖、乳糖等辅料,在贮藏过程中因包装损坏而易污染。

3. **容器、用具、管道与设备等** 这些设备如未按 GMP 要求认真清洗处理,常易导致热原污染。

4. **制备过程与生产环境** 制备过程中室内卫生差,操作时间过长,产品灭菌不及时或不合格,均增加细菌污染的机会,从而可能产生热原。

5. **输液器具** 有时输液本身不含热原,而往往由于输液器具(输液瓶、乳胶管、针头与针筒等)污染而引起热原反应。

(四) 热原的去除方法

1. **高温法** 凡能经受高温加热处理的容器与用具,如针头、针筒或其他玻璃器皿,在洗净后,于 250℃ 加热 30 min 以上,可破坏热原。

2. **酸碱法** 玻璃容器、用具用重铬酸钾硫酸清洗液或稀氢氧化钠液处理,可将热原破坏。热原亦能被强氧化剂破坏。

3. **吸附法** 注射液常用优质针剂用活性炭处理,用量为 0.05%~0.5%(w/V)。此外,将 0.2% 活性炭与 0.2% 硅藻土合用于处理 20% 甘露醇注射液,除热原效果较好。

4. **离子交换法** 国内有用♯301 弱碱性阴离子交换树脂10%与♯122 弱酸性阳离子交换树脂8%成功地除去丙种胎盘球蛋白注射液中的热原的报道。

5. **凝胶过滤法** 用二乙氨基乙基葡聚糖凝胶(分子筛)制备无热原去离子水。

6. **反渗透法** 用反渗透法通过三醋酸纤维膜除去热原,这是近几年发展起来的有使用

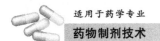

价值的新方法。

7. **超滤法**　一般用 3.0～15 nm 超滤膜除去热原。如超滤膜过滤 10％～15％的葡萄糖注射液可除去热原。Sulliven 等采用超滤法除去 β-内酰胺类抗生素中内毒素等。

8. **其他方法**　采用二次以上湿热灭菌法，或适当提高灭菌温度和时间，处理含有热原的葡萄糖或甘露醇注射液亦能得到热原合格的产品。微波也可破坏热原。

课堂讨论

在注射剂的生产过程中，为了避免热原的产生，可以采取的措施有哪些？

知识拓展

灭 菌 参 数

近年来对灭菌过程无菌检验中存在的问题引起人们的注意。一方面灭菌温度多系测量灭菌器内的温度不是灭菌物体内的温度，同时无菌检验方法也存在局限性。在检品存在微量的微生物时，往往难以用现行的无菌检验法检出。因此，人们对认识到对灭菌方法的可靠性进行验证是很必要的。F（或 F_0）值可作用验证灭菌可靠性的参数。

1. **D 值**　在一定温度下，杀灭 90％微生物（或残存率为 10％）所需的灭菌时间。杀灭微生物符合一级动力学过程，即：

$$\frac{\mathrm{d}N}{\mathrm{d}t} = -kt \tag{4-2}$$

或

$$\lg N_0 - \lg N_t = \frac{kt}{2.303} \tag{4-3}$$

式中：N_t 为灭菌时间为 t 时残存的微生物数；N_0 为原有微生物数；k 为灭菌常数。

$$D = t = \frac{2.303}{k}(\lg 100 - \lg 10) \tag{4-4}$$

由此可知，D 值即为降低被灭菌物品中微生物数至原来的 1/10 或降低一个对数单位（如 lg 100 降低至 lg 10）所需的时间，即 $\lg N_0 - \lg N_t = \lg 100 - \lg 10 = 1$ 时的 t 值。

2. **Z 值**　降低一个 $\lg D$ 值所需升高的温度，即灭菌时间减少到原来的 1/10 所需升高的温度或在相同灭菌时间内，杀灭 99％的微生物所需提高的温度。

$$Z = \frac{T_2 - T_1}{\lg D_2 - \lg D_1} \tag{4-5}$$

即：

$$\frac{D_2}{D_1} = 10^{\frac{T_2-T_1}{Z}} \tag{4-6}$$

设：$Z = 10℃$，$T_1 = 110℃$，$T_2 = 121℃$，按式 4-6 计算可得：$D_2 = 0.079D_1$，即 $110℃$ 灭菌 1 min 与 $121℃$ 灭菌 0.079 min 的灭菌效果相当。

3. F 值

在一定灭菌温度(T)下给定的 Z 值所产生的灭菌效果与在参比温度(T_0)下给定的 Z 值所产生的灭菌效果相同时所相当的时间(equivalent time)。F 值常用于干热灭菌，以 min 为单位，其数学表达式为：

$$F_0 = \Delta t \sum 10^{\frac{T-T_0}{Z}} \tag{4-7}$$

4. F_0 值

在一定灭菌温度(T)，Z 值为 10℃ 所产生的灭菌效果与 121℃，Z 值为 10℃ 所产生的灭菌效果相同时所相当的时间(min)。F_0 值目前仅限于热压灭菌。物理 F_0 值的数学表达式为：

$$F_0 = \Delta t \sum 10^{\frac{T-121}{Z}} \tag{4-8}$$

根据式 4-8，在灭菌过程中，仅需记录被灭菌物的温度与时间，即可计算 F_0 值。由于 F_0 值是将不同灭菌温度计算到相当于 121℃ 热压灭菌时的灭菌效力，故 F_0 值可作为灭菌过程的比较参数，对灭菌过程的设计及验证灭菌效果极为有用。鉴于 F_0 值体现了灭菌温度与时间对灭菌效果的统一，该数值更为精确、实用。

计算、设置 F_0 值时，应适当考虑增加安全系数，一般增加理论值的 50%，即规定 F_0 值为 8 min，实际操作应控制在 12 min。

案例——做一做

试比较干热灭菌法中火焰灭菌法和干热空气灭菌法的异同点？按表 4-3 的形式区分辐射灭菌法、紫外线灭菌法和微波灭菌法。

表 4-3　各种灭菌法的比较

项　目	辐射灭菌法	紫外线灭菌法	微波灭菌法
定义			
灭菌原理			
用量			
优缺点			
适用范围			

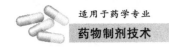

任务三 注 射 液

一、注射液的制备工艺流程

注射液一般生产过程包括:原辅料和容器的前处理、称量、配制、过滤、灌封、灭菌、质量检查、包装等步骤。生产流程与环境区域划分如图4-3所示,总流程由制水、安瓿前处理、配料及成品四部分组成,其中环境区域划分为控制区与洁净区。

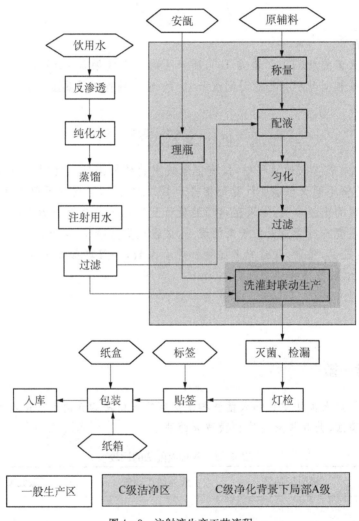

图4-3 注射液生产工艺流程

(一) 原辅料的准备

1. 原辅料的质量标准 供注射用的原辅料,必须符合《中国药典》(2010年版)所规定的各项杂质检查与含量限度。某些品种,可另行制定内控标准。在大生产前,应做小样试制,检验合格方可使用。对有时不易获得专供注射用的原料,但医疗上又确实需要,必须用化学试剂时,应严格控制质量,加强检验,特别是水溶性钡、砷、汞等有毒物质,还应进行安全试验,证明无害并经有关部门批准后方可使用。

2. 原辅料的称量　按照注射液产品的生产处方进行称量,注意选对合适的衡器。应正确计算原料的用量,称量时应两人核对。若在制备过程中(如灭菌后)药物含量易下降,应酌情增加投料量。含结晶水药物应注意其换算。投料量可按下式计算:

$$原料(附加剂)实际用量 = \frac{原料(附加剂)理论用量 \times 成品标示量百分数}{原料(附加剂)实际含量} \quad (4-9)$$

成品标示量百分数通常为100%,有些产品因灭菌或储藏期间含量会有所下降,可适当增加投料量(即提高成品标示量的百分数)。原料(附加剂)用量=实际配液量×成品含量(%),实际配液量=实际灌注量+实际灌注时损耗量。

(二)注射液容器的处理

1. 安瓿的种类和式样　注射液容器一般是指由硬质中性玻璃制成的安瓿或容器(如青霉素小瓶等),亦有塑料容器。

安瓿的式样目前采用有曲颈安瓿与粉末安瓿(图4-4)。其容积通常为1,2,5,10,20 ml等几种规格,此外还有曲颈安瓿。新国标GB2637-1995规定水针剂使用的安瓿一律为曲颈易折安瓿。为避免折断安瓿瓶颈时造成玻璃屑、微粒进入安瓿污染药液,国家药品监督管理局(SDA)已强行推行曲颈易折安瓿。

易折安瓿有两种,色环易折安瓿和点刻痕易折安瓿。色环易折安瓿是将一种膨胀系数高于安瓿玻璃2倍的低熔点粉末熔固在安瓿颈部成为环状,冷却后由于两种玻璃的膨胀系数不同,在环状部位产

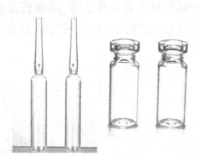

(a) 曲颈易折安瓿　(b) 粉末安瓿(西林瓶)

图4-4　安瓿的外形

生一圈永久应力,用力一折即可平整折断,不易产生玻璃碎屑。点刻痕易折安瓿是在曲颈部位可有一细微刻痕,在刻痕中心标有直径2 mm的色点,折断时,施力于刻痕中间的背面,折断后,断面应平整。

目前安瓿多为无色,有利于药液的可见异物检查。对需要遮光的药物,可采用琥珀色玻璃安瓿。琥珀色可滤除紫外线,适用于光敏药物。琥珀色安瓿含氧化铁,痕量的氧化铁有可能被浸取而进入产品中,如果产品中含有的成分能被铁离子催化,则不能使用琥珀色玻璃容器。

2. 安瓿的质量与注射剂稳定性的关系　安瓿用来灌装各种性质不同的注射剂,不仅在制造过程中需经高温灭菌,而且应适合在不同环境下长期储藏。玻璃质量有时能影响注射剂的稳定性,如导致pH值改变、沉淀、变色、脱片等。

目前制造安瓿的玻璃主要有中性玻璃、含钡玻璃、含锆玻璃。中性玻璃是低硼酸硅盐玻璃,化学稳定性好,适合于近中性或弱酸性注射剂,如各种输液、葡萄糖注射液、注射用水等。含钡玻璃的耐碱性好,可作碱性较强的注射液的容器,如磺胺嘧啶钠注射液(pH10~10.5)。含锆玻璃系含少量锆的中性玻璃,具有更高的化学稳定性,耐酸、碱性能好,可用于盛装如乳

酸钠、碘化钠、磺胺嘧啶钠、酒石酸锑钠等。除玻璃组成外,安瓿的制作、贮藏、退火等技术,也在一定程度上影响安瓿的质量。

3. 安瓿的检查　为了保证注射剂的质量,安瓿必须按药典要求进行一系列的检查,包括物理和化学检查。物理检查内容主要包括:安瓿外观、尺寸、应力、清洁度、热稳定性等;化学检查内容主要有容器的耐酸、碱性和中性检查等。装药试验主要是检查安瓿与药液的相容性,证明无影响方能使用。

4. 安瓿的切割与圆口　安瓿需先经过切割,使安瓿颈具有一定的长度,便于灌药与安装。切割后的安瓿应瓶口整齐,无缺口、裂口、双线,长短符合要求。

5. 安瓿的洗涤　安瓿一般使用离子交换水灌瓶蒸煮,质量较差的安瓿须用 0.5% 的醋酸水溶液,灌瓶蒸煮(100℃,30 min)热处理。蒸瓶的目的是使得瓶内的灰尘、沙砾等杂质经加热浸泡后落入水中,容易洗涤干净,同时也是一种化学处理,让玻璃表面的硅酸盐水解,微量的游离碱和金属盐溶解,使安瓿的化学稳定性提高。

目前国内药厂使用的安瓿洗涤设备有 3 种。

(1) 喷淋式安瓿洗涤机组:这种机组由喷淋机、甩水机、水箱、过滤器及水泵等机件组成。喷淋机主要由传送带、淋水板及水循环系统组成。这种生产方式的生产效率高,设备简单,曾被广泛采用。但这种方式存在占地面积大、耗水量多、而且洗涤效果欠佳等缺点(图4-5)。

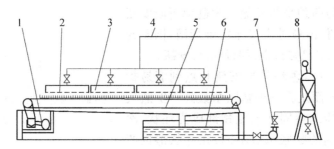

喷淋式安瓿洗涤机组
1. 电机;2. 安瓿盘;3. 淋水喷嘴;4. 进水管;
5. 传送带;6. 集水箱;7. 水泵;8. 过滤器

图4-5　喷淋式安瓿洗涤机组结构示意

(2) 气水喷射式安瓿洗涤机组:这种机组适用于大规格安瓿和曲颈安瓿的洗涤,是目前水针剂生产上常用的洗涤方法。气水喷射式洗涤机组主要由供水系统、压缩空气及其过滤系统、洗瓶机等 3 大部分组成。洗涤时,利用洁净的洗涤水及经过过滤的压缩空气,通过喷嘴交替喷射安瓿内外部,将安瓿洗净。整个机组的关键设备是洗瓶机,而关键技术是洗涤水和空气的过滤,以保证洗瓶符合要求(图4-6)。

(3) 超声波安瓿洗涤机组:利用超声技术清洗安瓿是国外制药工业近 20 年来新发展起来的一项新技术。在液体中传播的超声波能对物体表面的污物进行清洗。它具有清洗洁净度高、清洗速度快等特点。特别是对盲孔和各种几何状物体,洗净效果独特。目前国内已有引进和仿制的超声波洗瓶机。但有报道认为,超声波在水浴槽中易造成对边缘安瓿的污染或损坏玻璃内表面而造成脱片,应值得注意(图4-7)。

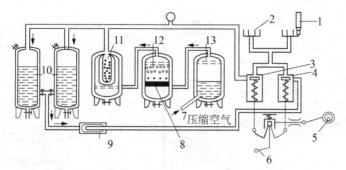

1. 安瓿；2. 针头；3. 喷气阀；4. 喷水阀；5. 偏心轮；6. 脚踏板；
7. 压缩空气进口；　8. 木炭层；　9,11. 双层涤纶袋滤器；　10. 水罐；
12. 瓷环层；　13. 洗气罐

图 4-6　气水喷射式安瓿洗涤机组示意

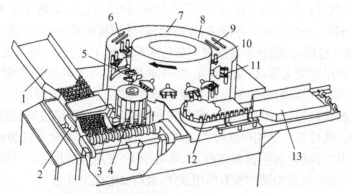

1. 料槽；2. 超声波换能头；3. 送瓶螺杆；4. 提升轮；
5. 瓶子翻转工位；6，7，9. 喷水工位；8，10，10. 喷气工位；
12. 拨盘；13. 滑道

图 4-7　超声波安瓿洗瓶机结构示意

　　6. **安瓿的干燥与灭菌**　安瓿洗涤后，一般置于 120～140℃ 烘箱内干燥。需无菌操作或低温灭菌的安瓿在 180℃ 干热灭菌 1.5 h。大生产中多采用隧道式烘箱(图 4-8)。主要由红外线发射装置和安瓿传送装置组成，温度为 200℃ 左右，有利于安瓿的烘干、灭菌连续化。若用煤气加热，易引起安瓿污染。为防止污染，有一种电热红外线隧道式自动干燥灭菌机 (图 4-9)，附有局部层流装置，安瓿经 350℃ 的高温洁净区干热灭菌后仍极为洁净。近年来，安瓿干燥已广泛采用远红外线加热技术，一般在碳化硅电热板的辐射源表面涂远红外涂料，如氧化钛、氧化锆等，便可辐射远红外线，温度可达 250～300℃。具有效率高、质量好、干燥速度快和节约能源等特点。

　　(三) 注射液的配制

　　1. **配制用具的选择与处理**　常用装有搅拌器的夹层锅配液，以便加热或冷却。配制用具的材料有玻璃、耐酸碱搪瓷、不锈钢、聚乙烯等。配制浓的盐溶液不宜选用不锈钢容器；需加热的药液不宜选用塑料容器。配制用具用前要用硫酸清洁液或其他洗涤剂洗净，并用新鲜注射用水荡洗或灭菌后备用。操作完毕后立即刷洗干净。

　　2. **配制方法**　分为浓配法和稀配法两种。将全部药物加入部分溶剂中配成浓溶液，加

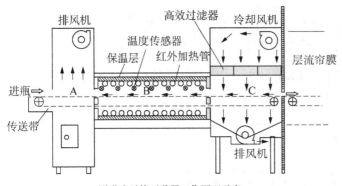

隧道式干热灭菌器工作原理示意
A. 预热；B. 干热灭菌；C. 冷却

图4-8 隧道式烘箱

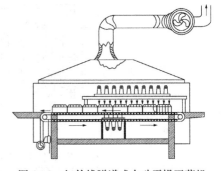

图4-9 红外线隧道式自动干燥灭菌机

热或冷藏后过滤，然后稀释至所需浓度，此谓浓配法，此法可滤除溶解度小的杂质。将全部药物加入所需溶剂中，一次配成所需浓度，再行过滤，此谓稀配法，可用于优质原料。

3. 注意事项 包括：①配制注射液时应在洁净的环境中进行，一般不要求无菌，但所用器具及原料附加剂尽可能无菌，以减少污染；②配制剧毒药品注射液时，严格称量与校核，并谨防交叉污染；③对不稳定的药物更应注意调配顺序（先加稳定剂或通惰性气体等），有时要控制温度与避光操作；④对于不易滤清的药液可加0.1%～0.3%活性炭处理，小量注射液可用纸浆混炭处理。活性炭常选用一级针用炭或"767"型针用炭，可确保注射液质量。使用活性炭时还应注意其对药物（如生物碱盐等）的吸附作用，要通过加炭前后药物含量的变化，确定能否使用。活性炭在酸性溶液中吸附作用较强，最高吸附能力可达1：0.3，在碱性溶液中有时出现"胶溶"或脱吸附，反而使溶液中杂质增加，故活性炭最好用酸碱处理并活化后使用。

配制油性注射液，常将注射用油先经150℃干热灭菌1～2 h，冷却至适宜温度（一般在主药熔点以下20～30℃），趁热配制、过滤（一般在60℃以下），温度不宜过低，否则黏度增大，不易过滤。溶液应进行半成品质量检查（如pH值、含量等），合格后方可过滤。

（四）注射液的过滤

注射液的滤过靠介质的拦截作用，其过滤方式有表面过滤和深层过滤。表面过滤是过滤介质的孔道小于滤浆中颗粒的大小，过滤时固体颗粒被截留在介质表面，如滤纸与微孔滤膜的过滤作用。深层过滤是介质的孔道大于滤浆中颗粒的大小，但当颗粒随液体流入介质孔道时，靠惯性碰撞、扩散沉积以及静电效应被沉积在孔道和孔壁上，使颗粒被截留在孔道内。

1. 常用的过滤介质

（1）滤纸：分为普通滤纸和分析用滤纸，其致密性与孔径大小相差较大。普通滤纸孔径为1～7 μm，常用于少量液体制剂的过滤。经环氧树脂和石棉处理的为α-纤维素滤纸，其强度和过滤性能均有所提高。

（2）脱脂棉：过滤用的脱脂棉应为长纤维，否则纤维易脱落，影响滤液的澄清，适用于口服液体制剂的过滤。

（3）织物介质：包括棉织品（纱布、帆布等）常用于精滤前的预滤；丝织品（绢布），既可用于一般液体的过滤，也可用于注射剂的脱碳过滤；合成纤维类（尼龙、聚酯等）耐酸碱性强，不易被微生物污染，常用做板框压滤机的滤布。

（4）烧结金属过滤介质：系将金属粉末烧结成多孔过滤介质，用于过滤较细的微粒。如以钛粉末烧结的滤器，用于注射剂的初滤。

（5）多孔塑料过滤介质：系将聚乙烯、聚丙烯等用烧结法制备的管状滤材，优点是化学性质稳定、耐酸碱、耐腐蚀，缺点是不耐热。孔径有 1，5，7 μm 等，其中 1 μm 可用于注射剂的过滤。

（6）垂熔玻璃过滤介质：系将中性硬质玻璃烧结而成的孔隙错综交叉的多孔型滤材。广泛用于注射剂的过滤。

（7）多孔陶瓷：用白陶土或硅藻土等烧结而成的筒式滤材，有多种规格，主要用于注射剂的精滤。

（8）微孔滤膜：是高分子薄膜过滤材料，厚度为 0.12～0.15 μm，孔径为 0.01～14 μm，有多种规格。包括醋酸纤维素酯膜、硝酸纤维素酯膜、醋酸纤维酯和硝酸纤维酯的混合膜、聚氯乙烯膜、聚酰胺膜、聚碳酸酯膜等。微孔滤膜主要用于注射剂的精滤和除菌过滤。特别使用于一些不耐热产品，如胰岛素、辅酶等。此外还可用于无菌检查，灵敏度高，效果可靠。

常用的助滤剂有：①硅藻土，主要成分为二氧化硅，有较高的惰性和不溶性，是最常用的助滤剂。②活性炭，常用于注射剂的过滤，有较强的吸附热原、微生物的能力，并具有脱色作用。但它能吸附生物碱类药物，应用时应注意其对药物的吸附作用。③滑石粉，吸附性小，能吸附溶液中过量不溶性的挥发油和色素，适用于含黏液、树胶较多的液体。在制备挥发油芳香水剂时，常用滑石粉作助滤剂。但滑石粉很细，不易滤清。④纸浆，有助滤和脱色作用，中药注射剂生产中应用较多，特别用于处理某些难以滤清的药液。

2. 过滤装置　过滤装置主要有以下几种。

（1）一般漏斗类：常用的有玻璃漏斗和布氏漏斗，常用滤纸、长纤维的脱脂棉及绢布等做过滤介质，适用于少量液体制剂的预滤，如脱碳过滤等。

（2）垂熔玻璃滤器：分为垂熔玻璃漏斗、滤器及滤棒 3 种（图 4-10）。按过滤介质的孔径分为 1～6 号，生产厂家不同，代号亦有差异。国内几家厂家生产的垂熔玻璃滤器规格如表 4-4 所示。

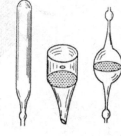

图 4-10　垂熔玻璃滤器

表 4-4　国产垂熔玻璃滤器规格比较

上海玻璃厂		长春玻璃厂		天津滤器厂	
滤器号	滤板孔径(μm)	滤板号	滤板孔径(μm)	滤棒号	滤棒孔径(μm)
1	80～120	G1	20～30	1G1	80～120
2	40～80	G2	10～15	1G2	40～80
3	15～40	G3	4.5～9	1G3	15～40
4	5～15	G4	3～4	1G4	5～15
5	2～5	G5	1.5～2.5	1G5	2～5
6	<2	G6	<1.5	1G6	<2

3 号和 G2 号多用于常压过滤，4 号和 G3 号多用于减压或加压过滤，6 号以及 G5，G6号作无菌过滤用。

（3）砂滤棒：国产的主要有两种，一种是硅藻土滤棒，另一种是多孔素瓷滤棒。硅藻土滤棒质地疏松，一般适用于黏度高、浓度大的药液。根据自然滤速分为粗号（500 ml/min 以上)、中号(500～300 ml/min)、细号(300 ml/min 以下)。注射剂生产常用中号。多孔素瓷滤棒质地致密,滤速比硅藻土滤棒慢,适用于低黏度的药液。

砂滤棒价廉易得,滤速快,适用于大生产中粗滤。但砂滤棒易于脱砂,对药液吸附性强,难清洗,且有改变药液 pH 值现象,滤器吸留滤液多。砂滤棒用后要进行处理。

(4) 板框式压滤机:由多个中空滤框和实心滤板交替排列在支架上组成,是一种在加压下间歇操作的过滤设备。此种滤器的过滤面积大,截留的固体量多,且可在各种压力下过滤。可用于黏性大、滤饼可压缩的各种物料的过滤,特别适用于含少量微粒的滤浆。在注射剂生产中,多用于预滤用。缺点是装配和清洗麻烦,容易滴漏(图 4-11)。

(5) 微孔滤膜过滤器:以微孔滤膜作过滤介质的过滤装置称为微孔滤膜过滤器。常用的有圆盘形和圆筒形两种,圆筒形内有微孔滤膜过滤器若干个,过滤面积大,适用于注射剂的大生产(图 4-12)。

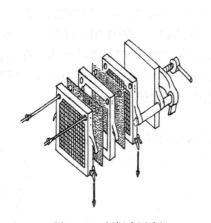

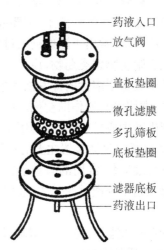

药液入口
放气阀
盖板垫圈
微孔滤膜
多孔筛板
底板垫圈
滤器底板
药液出口

图 4-11　板框式压滤机　　　　图 4-12　微孔滤膜过滤器

(6) 其他:另外还有超滤装置、钛滤器、多孔聚乙烯烧结管过滤器等。

在注射剂生产中,一般采用二级过滤,先将药液用常规的滤器如砂滤棒、垂熔玻璃漏斗、板框压滤器或加预滤膜等办法进行预滤后才能使用滤膜过滤,即可将膜滤器串联在常规滤器后作末端过滤之用。但还不能达到除菌的目的,过滤后还需灭菌。

(五) 注射液的灌封

滤液经检查合格后进行灌装和封口,即灌封。封口有拉封与顶封两种,拉封对药液的影响小。如注射用水加甲红试液测 pH 值为 6.45,灌装于 10 ml 安瓿中,分别用拉封与顶封,再测 pH 值时,拉封为 pH6.35,顶封为 pH5.90。故目前都主张拉封。粉针用安瓿或具有广口的其他类型均采用拉封。

灌封操作分为手工灌封和机械灌封两种。手工灌封常用于小试,药厂多采用全自动灌封机,安瓿自动灌封机因封口方式不同而异,但它们灌注药液均由下列动作协调进行:安瓿传送至轨道,灌注针头下降、药液灌装并充气,封口,再由轨道送出产品。灌液部分装有自动止灌装置,当灌注针头降下而无安瓿时,药液不再输出以避免污染机器与浪费(图 4-13～4-16)。我国已实现洗、灌、封、灭菌联动生产线。生产效率有很大提高。

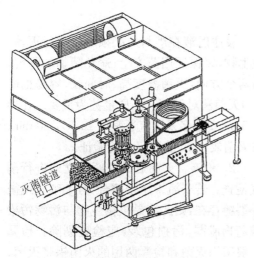

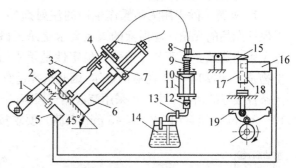

1. 摆杆；2. 拉簧；3. 安瓿；4. 针头；5. 行程开关；6. 针头托架座；7. 针头托架；8，12. 单向玻璃阀；9. 压簧；10. 针筒芯；11. 针筒；13. 螺丝夹；14. 贮液罐；15. 压杆；16. 电磁阀；17. 顶杆座；18. 顶杆；19. 扇形板；20. 凸轮

图 4-13　全自动灌封机外形　　　　图 4-14　安瓿灌封机灌注部分结构与工作原理图示

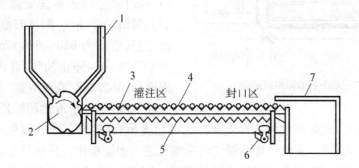

1. 安瓿斗；2. 梅花盘；3. 安瓿；4. 固定齿板；5. 移瓶齿板；6. 偏心轴；7. 出瓶斗

图 4-15　安瓿灌封机传送部分结构与工作原理图示

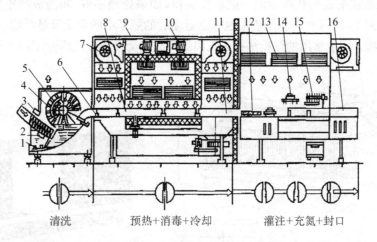

清洗　　　　预热+消毒+冷却　　　　灌注+充氮+封口

1. 水加热器；2. 超声波换能器；3. 喷淋水；4. 冲水、气喷嘴；5. 转鼓；6. 预热器；7,10. 风机；8. 高温灭菌机；9. 高效过滤器；11. 冷却区；12. 不等距螺杆分离；13. 洁净层流罩；14. 充气灌药工位；15. 拉丝封口工位；16. 成品出口

图 4-16　安瓿洗、烘、灌封联动机结构及工作原理图示

（六）注射液的灭菌与检漏

1. **灭菌**　除采用无菌操作生产的注射剂外，一般注射液在灌封后必须尽快进行灭菌，以保证产品的无菌。注射液的灭菌要求是杀灭微生物，以保证用药安全；避免药物的降解，以免影响药效。灭菌与保持药物稳定性是矛盾的两个方面，灭菌温度高、时间长，容易把微生物杀灭，但却不利于药液的稳定，因此选择适宜的灭菌法对保证产品质量甚为重要。在避菌条件较好的情况下生产可采用流通蒸气灭菌，1～5 ml 安瓿多采用流通蒸气 100℃，30 min；10～20 ml 安瓿常用 100℃，45 min 灭菌。要求按灭菌效果 F_0 大于 8 进行验证。

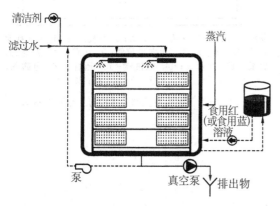

图 4-17　灭菌-检漏两用灭菌器

2. **检漏**　灭菌后的安瓿应立即进行漏气检查。若安瓿未严密熔合，有毛细孔或微小裂缝存在，则药液易被微生物与污物污染或药物泄漏，污损包装，应检查剔除。检漏一般采用灭菌和检漏两用的灭菌锅将灭菌、检漏结合进行（图 4-17）。灭菌后稍开锅门，同时放进冷水淋洗安瓿使温度降低，然后关紧锅门并抽气，漏气安瓿内气体亦被抽出，当真空度为 640～680 mmHg（85 326～90 657 Pa）时，停止抽气，开色水阀，至颜色溶液（0.05％曙红或亚甲蓝）盖没安瓿时止，开放气阀，再将色液抽回贮器中，开启锅门、用热水淋洗安瓿后，剔除带色的漏气安瓿。也可在灭菌后，趁热立即放颜色水于灭菌锅内，安瓿遇冷内部压力收缩，颜色水即从漏气的毛细孔进入而被检出。深色注射液的检漏，可将安瓿倒置进行热压灭菌，灭菌时安瓿内气体膨胀，将药液从漏气的细孔挤出，使药液减少或成空安瓿而剔除。还可用仪器检查安瓿隙裂。

（七）灯检

灯检是控制注射液内在质量的一道重要关口，如果处理不好，将造成严重后果。工作时瓶子在背光照射下，通过放大镜能清晰地看出运动后的瓶子中的杂质及悬浮物，从而能防止不合格产品的漏检。目前常用的灯检法有人工肉眼判别和全自动灯检两种（图 4-18、4-19）。

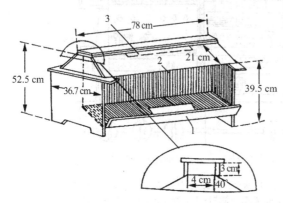

图 4-18　伞棚式安瓿检查灯

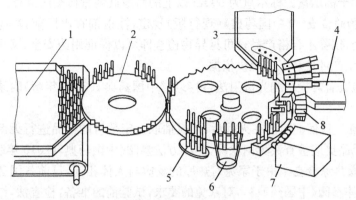

安瓿可见异物光电自动检查仪的主要工位

1. 输瓶盘；2. 拔瓶盘；3. 合格贮瓶盘；4. 不合格贮瓶盘；5. 顶瓶；6. 转瓶；

7. 可见异物；8. 空瓶、药液过少检查

图 4 - 19　安瓿全自动灯检机

（八）注射液的包装

注射剂经质量检测合格后方可印字与包装。每支注射剂均须印上品名、规格、批号等。印字方法有两种：手工印字和用安瓿印字机(图 4 - 20)进行印字。印字机所印字迹应清晰可见，且不易抹掉。目前，制药企业大批量生产时，广泛采用印字、装盒、贴签及包装等联成一体的印包联动机，大大提高了生产效率。

（九）注射液的质量检查

注射剂的生产工艺比较复杂，对人员、环境及设备条件要求较高，其产品对使用者影响较大，因此，对注射剂的质量控制应当重视。

1. 纸盒输送带；2. 纸盒；3. 托瓶板；4. 橡胶印字轮；
5. 字轮；6. 上墨轮；7. 钢质轮；8. 匀墨轮；9. 料斗；
10. 送瓶轮；11. 推瓶板

图 4 - 20　安瓿印字机结构

根据《中国药典》(2010 年版)中制剂通则及各品种的项目要求进行质量检查。注射剂的质量检查包括装量、可见异物、无菌检查、热原或内毒素检查、含量、pH 值及特定的检查项目等。一般注射剂成品应进行如下项目检查。

1. **漏气检查**　灭菌过程完成后，待温度稍降低，抽气减压至真空度达到时 85～90 KPa 时，停止抽气，将有色溶液注入灭菌锅中，待有色溶液浸没安瓿后，然后通入空气，此时若有漏气安瓿，由于其内为负压，有色溶液便可进入，即可剔除带色的漏气安瓿。

2. **装量检查**　按《中国药典》(2010 年版)附录规定，注射液及注射用浓溶液需进行装量检查。

检查方法：标示装量为不大于 2 ml 者取供试品 5 支，2 ml 以上至 50 ml 者取供试品 3 支；开启时避免损失，将内容物分别用相应体积的干燥注射器及注射针头抽尽，然后注入经标化的量具内，在室温下检视。测定油溶液或混悬液时，应先加温摇匀，在同法操作。每支

的装量均不得少于标示量。标示量为 50 ml 以上的照最低装量检查法检查。

3. 可见异物的检查 《中国药典》(现行版)规定,注射剂在出厂前,均应采用适宜的方法逐一进行检查,剔除不合格产品。可见异物检查即可以保证用药安全,又可以发现生产中的问题,为改进生产环境和工艺提供依据。

可见异物检查有灯检法和光散射法,可参见《中国药典》(2010 年版)附录中相关操作要求进行。

4. 无菌检查 任何注射剂在灭菌后,均应抽取一定数量的样品进行无菌检查。通过无菌操作制备的成品更应检查其无菌状况,具体方法参阅《中国药典》(2010 年版)。

5. 内毒素或热原检查 由于家兔对热原的反应与人体相同,目前各国药典法定的方法仍为家兔法,具体参阅《中国药典》。对家兔的要求,试验前的准备,检查法,结果判断均有明确规定。对家兔的试验关键是动物的状况、房屋条件和操作。

6. 其他检查 注射剂的装量检查可参阅《中国药典》附录。此外,视品种不同,有的尚需进行有关物质、降压物质检查、异常毒性检查、pH 值测定、刺激性、过敏试验及抽针试验等。

知识拓展

中药注射剂

(一)概述

中药注射剂系指以中医药理论为指导,采用现代科学技术和方法,从天然药物的单方或复方中提取的有效物质制成的,可供肌内、穴位、静脉注射和静脉滴注使用的灭菌制剂。实验证明不少中药注射剂临床疗效确切、不良反应少,特别是许多有效成分确定的中药,可制成疗效确切、质量稳定的注射剂。但是,有一些中药注射剂的质量仍有待进一步研究、改进和提高。

(二)中药注射剂的制备

中药注射剂的制备,除了原料预处理、提取和精制外,其他步骤与一般注射剂的生产工艺基本相同。

1. 中药原料的预处理 中药原料经品种鉴定无误后,应进行必要的精选、清洁、切制、干燥,如需要还要粉碎成一定粒度。

2. 提取与精制 中药种类繁多,成分复杂,必须经过提取、精制、才能去粗取精,安全有效。目前中药注射剂的制备方法可分为两大类。一类是有效成分已经明确的中药,可根据其有效成分的理化性质,选择合适的溶剂和方法进行提取、精制得到较纯的成分,再按一般注射剂生产工艺制成注射液;另一类是有效成分尚不清楚的或有效成分非单一物质的中药,特别是复方制剂,为了保持其有效成分、保证临床疗效,一般采用溶解范围广、生理活性小的溶剂进行提取、精制,去除其中的杂质,保留有效成分,现将中药注射剂常用的提取和精制的方法介绍如下。

（1）蒸馏法。适用于有效成分为挥发油或其他挥发性成分的药材。制备时将药材的粗粉或薄片加水蒸馏或通水蒸气蒸馏，收集馏出液。必要时把第一次收集的馏出液再次蒸馏，以提高纯度或浓度。还可采用减压蒸馏的方法。

（2）水提醇沉淀法。系根据药材中有效成分在水中和乙醇中溶解度不同而进行提取、精制的一种方法。药材先用水煎煮，此时中药中的有效成分提取出来的同时，也煎出了许多水溶性杂质。加入一定量乙醇后，可将部分或绝大部分杂质沉淀除去。

（3）醇提水沉淀法。基本原理与水提醇沉淀法相同，不同之处是用乙醇提取可减少药材中黏液质、淀粉、蛋白质等杂质的浸出。方法是取药材用 70%～90% 的乙醇按渗滤法或回流提取法提取，提取液回收乙醇后加入 2 倍量注射用水搅拌，冷藏 12 h，滤过，滤液经精制后备用。

（4）酸碱沉淀法。本法系利用中药有效成分在水中的溶解度与溶液 pH 值有关的性质而达到提取有效的成分、分离杂质的目的。常用的酸碱有盐酸、醋酸、硫酸、氢氧化钙、碳酸钠、氢氧化钠、氨水等，其使用浓度一般为 0.1%～0.5%，浓度太高易造成有效成分分解。

（5）双提法。系将蒸馏法与水醇法加以组合，可先后提取出同一药材中的挥发性成分和非挥发性成分。

（6）超滤法。本法是应用特殊的高分子膜为滤过介质，在常温、低压条件下，将中药浸出液中有效成分与蛋白质等大分子杂质物质分离开的方法。用此法制备中药注射剂，流程简单、生产周期短，具有阻留热原、细菌的作用，获得较好的精制效果。

除上述方法外，还有萃取法、离子交换法、吸附法、热处理冷藏法、反渗透法等。

3. 配液、滤过与灌封　药材经提取和精制处理后，可按一般注射剂工艺进行配制，如采用稀配法或浓配法等。由于某些中药提取液中含有的树脂、黏液质等胶体杂质较多，采用一般滤过方法不易得到澄明的溶液，而且滤速慢，故常加入纸浆、滑石粉、活性炭等作脱色助滤剂。对一些难滤的中药注射剂可用纤维布为滤材，用板框压滤机滤过，或用砂滤棒等适宜滤器初滤，再用微孔薄膜精滤。滤液经检验合格后应及时灌封。

4. 灭菌　灌封后应及时灭菌。中药注射剂，一般 1～5 ml 的安瓿可用流通蒸汽 100℃灭菌 30 min；10～20 ml 的安瓿 100℃灭菌 45 min。

案例——做一做

VC 注射液（抗坏血酸）

【处方】　维生素C　104 g　　　依地酸二钠　0.05 g　　　碳酸氢钠　49.0 g

　　　　　亚硫酸氢钠　2.0 g　　注射用水　加至 1000 ml

【问题】 处方中各成分所起的作用是什么？如何制备出 VC 注射液？

【案例分析】 VC 注射液临床上用于预防及治疗坏血病，本品易氧化水解，原辅料的质量，特别是维生素 C 原料和碳酸氢钠，是影响 VC 注射液的关键。

【处方及工艺分析】

(1) 维生素 C 分子中有烯二醇式结构，显强酸性，注射时刺激性大，产生疼痛，故加入碳酸氢钠(或碳酸钠)调节 pH，以避免疼痛，并增强本品的稳定性。

(2) 空气中的氧气、溶液 pH 和金属离子(特别是铜离子)对其稳定性影响较大。因此，处方中加入抗氧剂(亚硫酸氢钠)、金属离子络合剂及 pH 调节剂，工艺中采用充惰性气体等措施，以提高产品稳定性。但实验表明，抗氧剂只能改善本品色泽，对制剂的含量变化几乎无作用，亚硫酸盐和半胱氨酸对改善本品色泽作用显著。

【制备】 在配制容器中，加处方量 80% 的注射用水，通二氧化碳至饱和，加维生素 C 溶解后，分次缓缓加入碳酸氢钠，搅拌使完全溶解，加入预先配制好的依地酸二钠和亚硫酸氢钠溶液，搅拌均匀，调节药液 pH 值至 6.0～6.2，添加二氧化碳饱和的注射用水至足量，用垂熔玻璃漏斗与膜滤器过滤，溶液中通二氧化碳，并在二氧化碳气流下灌封，最后于 100℃ 流通蒸气 15 min 灭菌。

案例——试一试

VB₂ 注射液

【处方】 维生素 B₂   2.575 g　　烟酰胺   77.25 g　　乌拉坦   38.625 g
苯甲醇   7.5 ml　　注射用水   加至 1 000 ml

【问题】 处方中各成分所起的作用是什么？如何按上述处方制成 VB₂ 注射液？

【案例分析】 本品为维生素类药，用于预防和治疗口角炎、舌炎、结膜炎、脂溢性皮炎等维生素 B₂ 缺乏症。

【处方及制备工艺分析】

(1) 维生素 B₂ 在水中溶解度小，0.5% 的浓度已为过饱和溶液，所以必须加入大量的烟酰胺作为助溶剂。此外还可用水杨酸钠、苯甲酸钠、硼酸等作为助溶剂，如 10% 的 PEG600 及 10% 的甘露醇能增加其溶解度。

(2) 乌拉坦起到局麻剂作用，而苯甲醇是抑菌剂。

【制备】 将维生素 B₂ 先用少量注射用水调匀待用，再将烟酰胺、乌拉坦溶于适量注射用水中，加入活性炭 0.1 g，搅拌均匀后放置 15 min，粗滤脱碳，加注射用水至约 900 ml，水浴上加热至 80～90℃，慢慢加入已用注射用水调好的维生素 B₂，保温 20～30 min，完全溶解后冷却至室温。加入苯甲醇，用 0.1 mol/L 的 HCL 调节 pH 值至 5.5～6.0，调整体积至 1 000 ml，然后在 10℃ 以下放置 8 h，过滤至澄明、灌封，100℃ 流通蒸气灭菌 15 min 即可。

任务四 ## 静 脉 输 液

一、静脉输液的概念

　　静脉输液是由静脉滴注输入体内的大剂量（一次给药在 100 ml 以上）注射液。通常包装在玻璃或塑料的输液瓶或袋中，不含防腐剂或抑菌剂。使用时通过输液器调整滴速，持续而稳定地进入静脉，以补充体液、电解质或提供营养物质。由于其用量大而且是直接进入血液的，故质量要求高，生产工艺等亦与小针注射剂有一定差异，本节就输液有关特点进行讨论。

二、静脉输液的分类

　　1. 电解质输液　电解质输液用以补充体内水分、电解质，纠正体内酸碱平衡等，如氯化钠注射液、复方氯化钠注射液、乳酸钠注射液等。

　　2. 营养输液　营养输液用于不能口服吸收营养的患者。营养输液有糖类输液、氨基酸输液、脂肪乳输液等。糖类输液中最常用的为葡萄糖注射液。氨基酸输液与脂肪乳输液将在后面专门论述。

　　3. 胶体输液　胶体输液用于调节体内渗透压。胶体输液有多糖类、明胶类、高分子聚合物类等，如右旋糖酐、淀粉衍生物、明胶、聚乙烯吡咯烷酮（PVP）等。

　　4. 含药输液　含药输液即含有治疗药物的输液，如替硝唑、苦参碱等输液，用于治疗疾病。

三、静脉输液的质量要求

　　静脉输液的质量要求与注射剂基本上是一致的，但由于这类产品注射量较大，故对无菌、无热原及不溶性微粒这 3 项，更应特别注意，它们也是当前输液生产中存在的主要质量问题。此外，含量、色泽、pH 值也应符合要求。pH 值应在保证疗效和制品稳定的基础上，力求接近人体血液的 pH 值，过高或过低都会引起酸碱中毒。渗透压可为等渗或偏高渗，不能引起血象的任何异常变化。此外，有些输液要求不能有引起过敏反应的异性蛋白及降压物质，输入人体后不会引起血象的异常变化，不损害肝、肾等。输液中不得添加任何抑菌剂，并在贮存过程中质量稳定。

案例——想一想

　　你能说出生活中所见过或用过的静脉输液产品吗？

四、输液的制备

(一)输液的制备工艺流程

输液虽有玻璃容器与塑料容器两种包装,但其制备工艺流程大致相同,其流程如图 4-21、4-22 所示。

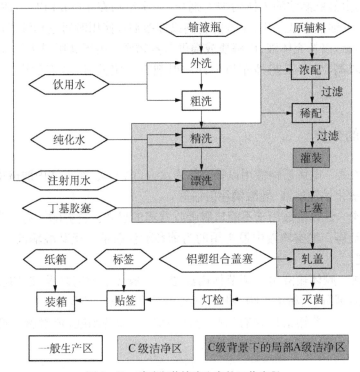

图 4-21 玻璃瓶装输液生产的工艺流程

(二)输液容器的准备

输液容器有玻璃输液瓶、塑料输液瓶和塑料输液袋 3 种。

1. 输液瓶 输液瓶口内径必须符合要求,光滑圆整,大小合适,否则将影响密封程度,在贮存期间,可能污染长菌。输液瓶应用硬质中性玻璃制成,物理化学性质稳定,其质量要求应符合国家标准。

2. 聚丙烯塑料输液瓶 除玻璃输液瓶外,现已开始采用聚丙烯塑料瓶,此种输液瓶耐水耐腐蚀,具有无毒、质轻、耐热性好、机械强度高、化学稳定性强的特点,可以热压灭菌。

3. 塑料输液袋 国内已采用塑料袋作输液容器,它有重量轻、运输方便、不易破损、耐压等优点。但是在临床的使用过程中也常常发生一些问题很值得研究,如湿气和空气可透过塑料袋,影响贮存期的质量。目前塑料瓶的应用较多而塑料袋的应用较少。塑料输液袋主要有无毒的 PVC(聚氯乙烯)袋和非 PVC 袋两种,具有柔软、透明、质轻、耐压、易加工、运输方便、设备占地面积小、工序简单、包装材料不用刷洗,节省了大量的水、电、劳动力等特点,国外常用,国内近几年发展迅速。

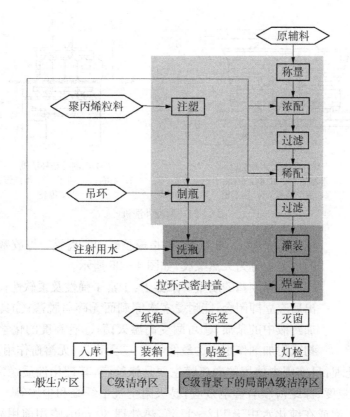

图4-22 聚丙烯塑瓶装输液生产的工艺流程

　　输液容器洗涤洁净与否,对产品的质量影响极大,洗涤工艺的设计与容器原来的洁净程度有关。一般有直接水洗、酸洗、碱洗等方法,在制瓶车间的洁净度较高,瓶子出炉后立即密封的情况下,只需用过滤注射用水冲洗即可,图4-23和4-24为这两种外洗方法示意图。塑料袋一般不洗涤,直接采用无菌材料压制。

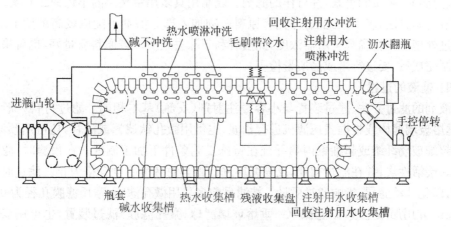

图4-23 输液瓶洗瓶机结构

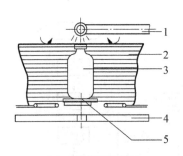

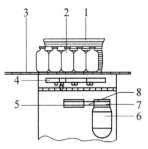

(a) 毛刷固定外洗机　　　　　　　(b) 毛刷转动外洗机
1. 淋水管；2. 毛刷；3. 瓶子；　　　　1. 毛刷；2. 瓶子；3. 输送链；
4. 传动装置；5. 输送链　　　　　　　　4. 传动齿轮

图 4-24　两种外洗机

图 4-25　橡胶塞

4. 附件的处理　附件指橡胶塞和隔离膜。橡胶塞的处理:橡胶塞的主要成分为天然橡胶,如图 4-25 所示。

对橡胶塞的质量要求如下:①富于弹性及柔软性;②针头刺入和拔出后应立即闭合,能耐受多次穿刺而无碎屑脱落;③具耐溶性,不致增加药液中的杂质;④可耐受高温灭菌;⑤有高度的化学稳定性;⑥对药物或附加剂作用应达最低限度;⑦无毒性,无溶血作用。

隔离膜的处理:目前国内使用的融离膜主要是涤纶膜,其理化性质稳定,耐酸、耐热性好,有一定机械强度,涤纶薄膜有静电效应,易吸附空气中纤维和尘埃等。保存时要注意,使用前用乙醇浸泡或在纯化水中于 112~115℃热处理 30 min,临用前用滤清的注射用水动态漂洗。对于某些碱性药液,可使用聚丙烯薄膜,其处理方法与涤纶膜相同,但不用加热。

(三) 药液的配制

药物原料及辅料必须为优质注射用原料,符合药典质量标准;配液溶剂必须用新鲜注射用水,并严格控制热原、pH 值和铵盐。输液配制时,通常加入 0.01%~0.5% 的针用活性炭,以吸附热原、杂质和色素,并可作助滤剂。配制用具多用带夹层的不锈钢配液罐。

药液配制方法,多用浓配法:即先将原料药物加入部分溶剂中配成较高浓度的溶液,经加热滤过处理后再行稀释至所需浓度,此法有利于除去杂质。若原料质量好,也可采用稀配法。配制完成后,要进行半成品质量检查。

(四) 输液的过滤

输液剂的滤过方法、滤过装置与小容量注射剂(安瓿)基本相同。滤过材料一般用陶瓷滤棒、垂熔玻璃滤棒或板框式压滤机进行预滤,也可用微孔钛滤棒或滤片,还可用预滤膜,此膜系用超细玻璃纤维或超细聚丙烯纤维在特殊工艺条件下加工制成。在预滤时,滤棒上应先吸附一层活性炭,并在滤过初期,反复循环进行直至滤液澄明度合格为止。滤过时不要随便中断,以免冲动滤层,影响滤过质量。精滤目前多采用微孔滤膜,常用滤膜孔径为 0.65 μm 或 0.8 μm 并用加压三级(砂滤棒-G_3 垂熔玻璃滤球-微孔滤膜)滤过装置,也可用双层微孔滤膜过滤,上层为 3 μm 微孔滤膜,下层为 0.8 μm 微孔滤膜,这些装置可大大提高产品质量。

用加压过滤法效果较好。溶液的黏度可影响滤速,黏度愈大,滤速愈慢,因此对黏度高的输液可在温度较高的情况下过滤。例如葡萄糖浓溶液在 40~50℃时粗滤,右旋糖酐浓溶液则需要在 60～80℃时(甚至微沸的状态下)粗滤。

（五）输液的灌封

输液剂灌封包括药液灌注、加隔离膜、塞橡胶塞和轧铝盖 4 步操作。药厂大量生产多采用旋转式自动灌装机，自动翻塞机、自动落盖扎口机。铝盖应扎紧，以手用力扭旋瓶口铝盖而不能转动为度。如封口过松，灭菌时瓶塞易松动或漏气。

滤过和灌装均应在持续保温(50℃)条件下进行，防止细菌、微粒的污染。应特别注意隔离膜位置要放端正，否则失去隔离作用。

（六）输液的灭菌

灌封后的输液应立即灭菌，为了减少微生物污染繁殖的机会，输液剂从配制到灭菌，以不超过 4 h 为宜。输液通常采用热压灭菌 115℃，30 min。塑料袋装输液常采用 109℃，45 min 灭菌，且具有加压装置以免爆破。

（七）输液的包装、运输与贮存

输液剂经质量检验合格后，应立即贴上标签，标签上应印有品名、规格、批号、日期、使用事项、制造单位等项目，以免发生差错，并供使用者随时备查。贴好标签后装箱，封妥，送入仓库。包装箱上亦应印上品名、规格、生产厂家等项目。装箱时应注意装严装紧，便于运输。

（八）输液的质量检查

1. 可见异物与不溶性微粒检查　输液可见异物按《中国药典》规定的方法，用目检视，应符合有关规定。由于肉眼只能检出 50 μm 以上的粒子，为了提高输液产品质量，药典规定了注射液中不溶性微粒检查法，即除另有规定外，每毫升中含 10 μm 以上的微粒不得超过 2 粒，含 25 μm 以上的微粒不得超过 20 粒。检查方法：①将药物溶液用微孔滤膜过滤，然后在显微镜下测定微粒的大小和数目（具体方法参见《中国药典》）；②采用库尔特计数器。国产的 ZWY－4 型注射液微粒分析仪及 DWJ－1 型大输液微粒计数器也可用于此项检查。

2. 热原及无菌检查　输液剂热原和无菌检查非常重要，须按《中国药典》规定的方法进行检查并符合规定。

3. pH 值及含量测定　根据具体品种要求进行测定。

知识拓展

（一）输液主要存在的问题及解决方法

输液大生产中主要存在以下 3 个问题：可见异物和不溶性微粒、染菌和热原问题。

1. 可见异物和不溶性微粒问题　注射液中常出现的微粒有炭黑、碳酸钙、氧化锌、纤维素、纸屑、黏土、玻璃屑、细菌和结晶等。

2. 染菌　输液染菌后出现霉团、云雾状、浑浊、产气等现象，也有一些外观并无变化。如果使用这些输液，将会造成脓毒症、败血症、内毒素中毒，甚至死亡。最根本的办法就是尽量减少制备生产过程中的污染，严格灭菌条件，严密包装。

3. 热原反应　临床上时有发生，关于热原的污染途径参见注射用水项下。但使

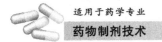
用过程中的污染占 84% 左右,必须引起注意。尽量使用全套或一次性的输液器,能为使用过程中避免热原污染创造有利条件。

(二)血浆代用液

血浆代用液是指用来代替来源受到限制的人血浆的胶体溶液制剂。静脉注射羧甲淀粉(代血浆)能暂时维持血压或增加血容量,但不能代替全血。对于血浆代用液的质量,除符合注射剂有关质量要求外,还应不影响人体组织与血液正常的生理功能,如羧甲淀粉应不影响血型试验,不妨碍红细胞的携氧功能,在血液循环系统内,可保留较长时间(半衰期在 5~7 h,无利尿作用),易被机体吸收,不得在脏器组织内蓄积等。

血浆代用液由高分子聚合物制成。目前,在临床上常用的有以下几类:①多糖类,包括右旋糖酐、淀粉衍生物、缩合葡萄糖等,其中常用的右旋糖酐按相对分子质量不同分为中相对分子质量(4.5 万~7 万)、低相对分子质量(2.5 万~4.5 万)和小相对分子质量(1 万~2.5 万)3 种。相对分子质量愈大,排泄愈慢,一般中分子右旋糖酐 24 h 排出 50% 左右,而低分子则排出 70%。低分子右旋糖酐有扩容作用,但维持时间短。它能使红细胞带负电荷,由于同性电荷相斥,故要防止红细胞相互黏着,同时也要防止红细胞与毛细管(负电荷)的黏附。因此,可避免血管内红细胞凝聚,减少血栓形成,改善微循环。中分子右旋糖酐与血浆有相似的胶体特性,可提高血浆渗透压,增加血容量,维持血压。②蛋白质类。包括变性明胶、氧化明胶、聚明胶等。③合成高分子聚合物类。包括聚维酮、氧乙烯-聚丙烯二醇缩合物等。

案例——做一做

葡萄糖输液

【处方】

	注射用葡萄糖	盐酸	注射用水加至
	50 g	适量	1 000 ml
	100 g	适量	1 000 ml
	250 g	适量	1 000 ml
	500 g	适量	1 000 ml

【问题】 葡萄糖注射液在临床上的作用是什么? 按上述处方如何制备成葡萄糖注射液?

【处方及工艺分析】

(1)葡萄糖注射液,具有补充体液、营养、强心、利尿、解毒作用,用于大量失水、血糖过低、高热、中毒等症;

(2)本处方制备过程中易发生澄明度不合格的质量问题:通常是由原料不纯或过滤操作不当所致。一般可采用浓配法,加适量盐酸并加热、煮沸使糊精水解,并中和胶粒电荷,使蛋白质凝聚。用活性炭吸附滤除。

【制备】 取处方量葡萄糖投入煮沸的注射用水中,使其成 50%~70% 浓溶液,用盐酸调节 pH 值至 3.8~4.0,同时加 0.1%(g/ml)的活性炭混匀,煮沸约 20 min,趁热过滤脱炭,滤液加注射用水至所需量。测 pH 值及含量,合格后滤至澄明,即可灌装封口,115℃,30 min 热压灭菌。

任务五　注射用无菌粉末

一、概述

注射用无菌粉末又称粉针,临用前用灭菌注射用水溶解后注射,是一种较常用的注射剂型。适用于在水中不稳定的药物,特别是对湿热敏感的抗生素及生物制品。

1. **注射用无菌粉末的分类**　依据生产工艺不同,可分为注射用无菌分装产品和注射用冷冻干燥制品。注射用无菌分装产品是将已经用灭菌溶剂法或喷雾干燥法精制而得的无菌药物粉末在避菌条件下分装而得,常见于抗生素药品,如青霉素;注射用冷冻干燥制品是将灌装了药液的安瓿进行冷冻干燥后封口而得,常见于生物制品,如辅酶类。

2. **注射用无菌粉末的质量要求**　除应符合《中国药典》对注射用原料药物的各项规定外,还应符合下列要求:①粉末无异物,配成溶液或混悬液后澄明度检查合格;②粉末细度或结晶度应适宜,便于分装;③无菌、无热原。

由于多数情况下,制成注射用无菌粉末的药物稳定性较差,因此,注射用无菌粉末的制造一般没有灭菌的过程,因而对无菌操作有较严格的要求,特别在灌封等关键工序,最好采用层流洁净措施,以保证操作环境的洁净度。

二、注射用无菌分装产品

注射用无菌分装产品是将符合注射要求的药物粉末,在无菌操作条件下直接分装于洁净灭菌的西林瓶或安瓿中,密封而成,生产工艺流程如图 4-26 所示。在制定合理的生产工艺之前,首先应对药物的理化性质进行了解,主要测定内容为:①物料的热稳定性,以确定产品最后能否进行灭菌处理。②物料的临界相对湿度。生产中分装室的相对湿度必须控制在临界相对湿度以下,以免吸潮变质。③物料的粉末晶型与松密度等,使之适于分装。无菌粉末的分装及其主要设备如下。

1. **原材料的准备**　无菌原料可用灭菌结晶法或喷雾干燥法制备,必要时需进行粉碎,过筛等操作,在无菌条件下制得符合注射用的无菌粉末。

2. **容器的处理**　安瓿或玻璃西林瓶以及胶塞的处理按注射剂的要求进行,但均需进行灭菌处理。安瓿和玻璃西林瓶经超声波清洗后,干热灭菌180℃,1.5 h;胶塞用注射用水洗净,干热灭菌125℃,2.5 h。灭菌空瓶的存放应有净化空气条件,且存放时间不超过期 24 h。

3. **分装**　分装必须在高度洁净的无菌室中按无菌操作法进行,分装后小瓶应立即加塞并用铝盖密封。药物的分装及安瓿的封口宜在局部层流下进行。目前分装的机械设备有插

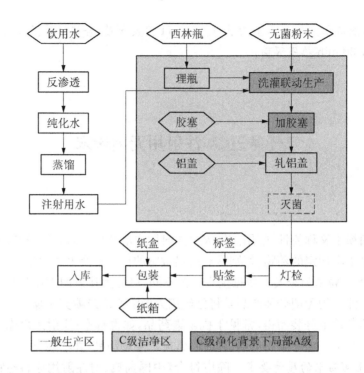

图4-26 注射用无菌分装粉末制品的生产工艺流程

管分装机、螺旋自动分装机、真空吸粉分装机等。此外,青霉素分装车间不得与其他抗生素分装车间轮换生产,以防止交叉污染。

4. 灭菌及异物检查 对于耐热的品种,如青霉素,一般可按照前述条件进行补充灭菌,以确保安全。对于不耐热品种,必须严格无菌操作。异物检查一般在传送带上,以目检视。

最后,印字、贴签与包装。

目前,生产上有将洗瓶、烘干、分装、加塞、轧盖、贴签(或印字)包装等工序全部采用生产流水线,不但缩短了生产周期,而且保证了产品的质量。

三、注射用冷冻干燥制品

(一) 注射用冷冻干燥制品的制备工艺

1. 流程 制备注射用冷冻干燥制品前药液的配制基本与水性注射剂相同,其冻干粉末的制备工艺流程如图4-27、4-28所示。

2. 制备工艺 由冷冻干燥原理可知,冻干粉末的制备工艺可以分为预冻、减压、升华、干燥等几个过程。此外,药液在冻干前需经过滤、灌装等处理过程。

(1) 预冻:预冻是恒压降温过程。药液随温度的下降冻结成固体,温度一般应降至产品共熔点以下10～20℃以保证冷冻完全。若预冻不完全,在减压过程中可能产生沸腾冲瓶的现象,使制品表面不平整。

(2) 升华干燥:升华干燥首先是恒温减压过程,然后是在抽气条件下,恒压升温,使固态水升华逸去。升华干燥法分为两种,一种是一次升华法,适用于共熔点为－10～－20℃的制

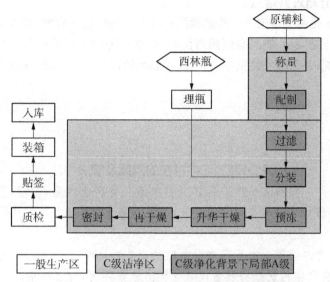

图 4-27　注射用冷冻干燥制品生产工艺流程

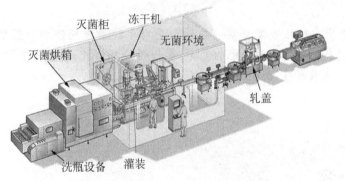

图 4-28　注射用冷冻干燥制品生产布局

品,且溶液黏度不大。它首先将预冻后的制品减压,待真空度达一定数值后,启动加热系统缓缓加热,使制品中的冰升华,升华温度约为 -20℃,药液中的水分可基本除尽。

另一种是反复冷冻升华法,该法的减压和加热升华过程与一次升华法相同,只是预冻过程须在共熔点与共熔点以下 20℃ 之间反复升降预冻,而不是一次降温完成。通过反复升温降温处理,制品晶体的结构被改变。由致密变为疏松,有利于水分的升华。因此,本法常用于结构较复杂、稠度大及熔点较低的制品,如蜂蜜、蜂王浆等。

(3)再干燥:升华完成后,温度继续升高至 0℃ 或室温,并保持一段时间,可使已升华的水蒸气或残留的水分被抽尽。再干燥可保证冻干制品含水量 $<1\%$,并有防止回潮作用。

(二) 冷冻干燥中存在的问题及处理方法

1. **含水量偏高**　装入容器的药液过厚,升华干燥过程中供热不足,冷凝器温度偏高或真空度不够,均可能导致含水量偏高。可采用旋转冷冻机及其他相应的方法解决。

2. **喷瓶**　如果供热太快,受热不匀或预冻不完全,则易在升华过程中使制品部分液化,在真空减压条件下产生喷瓶。为防止喷瓶,必须控制预冻温度在共熔点以下 $10\sim20\text{℃}$,同时加热升华,温度不宜超过共熔点。

3. 产品外形不饱满或萎缩　一些黏稠的药液由于结构过于致密,在冻干过程中内部水蒸气逸出不完全,冻干结束后,制品会因潮解而萎缩,遇这种情况通常可在处方中加入适量甘露醇、氯化钠等填充剂,并采取反复预冻法,以改善制品的通气性,产品外观即可得到改善。

知识拓展

无菌分装工艺中存在的问题及解决办法

1. 装量差异　物料流动性差是其主要原因。物料含水量,吸潮,药物的晶态、粒度、比容以及机械设备性能等均会影响流动性,以致影响装量,应根据具体情况分别采取措施。

2. 可见异物的问题　由于药物粉末经过一系列处理,污染机会增加,以至于澄明度不合要求。应严格控制原料质量及其处理方法和环境,防止污染。

3. 无菌度问题　由于产品系无菌操作制备,稍有不慎就有可能受到污染,而且微生物在固体粉末中的繁殖慢,不易被肉眼所见,危险性大。为解决此问题,一般都采用层流净化装置。

4. 吸潮变质　产品吸潮变质一般认为是由于胶塞透气性和铝盖松动所致。因此,一方面要进行橡胶塞密封性能的测定,选择性能好的胶塞;另一方面,铝盖压紧后瓶口应烫蜡,以防水气透入。

案例——做一做

注射用辅酶 A(注射用冷冻干燥制品)

【处方】　辅酶 A　56.1 单位　　水解明胶　5 mg　　甘露醇　10 mg

葡萄糖酸钙　1 mg　　半胱氨酸　0.5 mg

【问题】　处方中各成分的作用是什么?在制备过程中有哪些注意事项?

【案例分析】　本品为体内乙酰化反应的辅酶,有利于糖、脂肪以及蛋白质的代谢。用于白细胞减少症,原发性血小板减少性紫癜及功能性低热。

【处方及工艺分析】

(1) 辅酶 A 为白色或微黄色粉末,有吸湿性,易溶于水,不溶于丙酮、乙醚、乙醇,易被空气、过氧化氢、碘、高锰酸盐等氧化成无活性二硫化物,故在制剂中加入半胱氨酸作为稳定剂,用甘露醇、水解明胶等作为填充剂。

(2) 辅酶 A 在冻干工艺中易丢失效价,故投料量应酌情增加。

【制备】　将上述各成分用适量注射水溶解后,无菌过滤,分装于安瓿中,每支0.5 ml,冷冻干燥后封口,漏气检查即得。

任务六　眼用液体制剂

一、概述

凡是供洗眼、滴眼用以治疗或诊断眼部疾病的液体制剂，称为眼用液体制剂。它们多数为真溶液或胶体溶液，少数为混悬液或油溶液。眼部给药后，在眼球内外部发挥局部治疗作用。近年来，一些眼用新剂型，如眼用膜剂、眼胶以及接触眼镜等也已逐步应用于临床。

二、滴眼剂与洗眼剂

（一）滴眼剂的定义及质量要求

滴眼剂系指供滴眼用的澄明溶液或混悬液，常用做杀菌、消炎、收敛、缩瞳、麻醉或诊断之用，有的还可作滑润或代替泪液之用。

滴眼液虽然是外用剂型，但质量要求类似注射剂，对 pH 值、渗透压、无菌、澄明度等都有一定要求。

1. pH 值　pH 值对滴眼液有重要影响，由 pH 值不当而引起的刺激性，可增加泪液的分泌，导致药物迅速流失，甚至损伤角膜。正常眼可耐受的 pH 范围为 5.0～9.0。pH 值 6～8 时无不适感觉，小于 5.0 或大于 11.4 有明显的刺激性。滴眼剂的 pH 调节应兼顾药物的溶解度、稳定性、刺激性的要求，同时亦应考虑 pH 值对药物吸收及药效的影响。

2. 渗透压　眼球能适应的渗透压范围相当于 0.6%～1.5% 的氯化钠溶液，超过 2% 就有明显的不适。低渗溶液应该用合适的调节剂调成等渗，如氯化钠、硼酸、葡萄糖等。眼球对渗透压的感觉不如对 pH 敏感。

3. 无菌　眼部有无外伤是滴眼剂无菌要求严格程度的界限。用于眼外伤或术后的眼用制剂要求绝对无菌，多采用单剂量包装并不得加入抑菌剂。一般滴眼剂（即用于无眼外伤的滴眼剂）要求无致病菌（不得检出铜绿假单胞菌和金黄色葡萄球菌）。滴眼剂是一种多剂量剂型，病人在多次使用时，很易染菌，所以要加抑菌剂，使它在被污染后，于下次再用之前恢复无菌。因此一般滴眼剂的抑菌剂要求作用迅速（即在 1～2 h 内达到无菌）。

4. 澄明度　滴眼剂的澄明度要求比注射液稍低些。一般玻璃容器的滴眼剂按注射剂的澄明度检查方法检查，但有色玻璃或塑料容器的滴眼剂应在照度 3 000～5 000 lx 下用眼检视，特别不得有玻璃屑。混悬剂滴眼剂应进行药物颗粒细度检查，一般规定含 15 μm 以下的颗粒不得少于 90%，50 μm 的颗粒不得超过 10%。不应有玻璃，颗粒应易摇匀，不得结块。

5. 黏度　将滴眼剂的黏度适当增大可使药物在眼内停留时间延长，从而增强药物的作用。合适的黏度在 4.0～5.0 cPa·s 之间。

6. 稳定性　眼用溶液类似注射剂，应注意稳定性问题，如毒扁豆碱、后马托品、乙基吗啡等。

（二）洗眼剂

洗眼剂系将药物配成一定浓度的灭菌水溶液，供眼部冲洗、清洁用。如生理盐水，2% 硼酸溶液等。其质量要求与注射液同。

三、眼用液体型制剂的制备

（一）工艺流程

眼用液体制剂的工艺流程如图4-29所示。

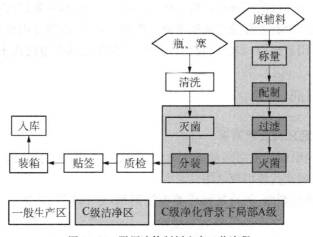

图4-29 眼用液体制剂生产工艺流程

此工艺适用于药物性质稳定者，对于不耐热的主药，需采用无菌法操作。而对用于眼部手术或眼外伤的制剂，应制成单剂量包装，如安瓿剂，并按安瓿生产工艺进行，保证完全无菌。洗眼液用输液瓶包装，按输液工艺处理。

（二）眼用液体制剂的制备

1. **容器及附件的处理** 滴眼瓶一般为中性玻璃瓶，配有滴管并封有铝盖；配以橡胶帽塞的滴眼瓶简单实用。玻璃质量要求与输液瓶同，遇光不稳定者可选用棕色瓶。塑料瓶包装价廉，不碎，轻便，亦常用。但应注意与药液之间存在物质交换，因此塑料瓶应通过试验后方能确定是否选用。洗涤方法与注射剂容器同，玻璃瓶可用干热灭菌，塑料瓶可用气体灭菌。

橡胶塞、帽与大输液不同的是它无隔离膜隔离，而直接与药液接触，亦有吸附药物与抑菌问题，常采用饱和吸附的办法解决。处理方法如下：先用0.5%～1.0%碳酸钠煮沸15 min，放冷，刷搓，常水洗净，再用0.3%盐酸煮沸15 min，放冷，刷搓，洗净重复两次，最后用过滤的蒸馏水洗净，煮沸灭菌后备用。

2. **配滤** 药物、附加剂用适量溶剂溶解，必要时加活性炭（0.05%～0.3%）处理，经滤棒、垂熔滤球或微孔滤膜过滤至澄明，加溶剂至足量，灭菌后做半成品检查。眼用混悬剂的配制，先将微粉化药物灭菌，另取表面活性剂、助悬剂加少量灭菌蒸馏水配成黏稠液，再与主药用乳匀机搅匀，添加无菌蒸馏水至全量。

3. **无菌灌装** 目前生产上均采用减压灌装。

4. **质量检查** 检查可见异物、主药含量，抽样检查铜绿假单胞菌及金黄色葡萄球菌。

5. **印字包装** 同注射剂。

案例——做一做

氯霉素滴眼液

【处方】　氯霉素　0.25 g　　　　氯化钠　0.9 g　　尼泊金甲酯　0.023 g

尼泊金丙酯　0.011 g　　蒸馏水加至　100 ml

【问题】　处方中各成分的作用是什么？制备过程中的注意事项有哪些？

【案例分析】　本品用于治疗砂眼、急慢性结膜炎、眼睑缘炎、角膜溃烂、睑腺炎（麦粒肿）、角膜炎等。

【处方及工艺分析】

（1）氯霉素对热稳定，配液时加热以加速溶解，用100℃流通蒸气灭菌。

（2）处方中可加硼砂、硼酸做缓冲剂，亦可调节渗透压，同时还可增加氯霉素的溶解度，但此处不如用生理盐水为溶剂者更稳定及刺激性小。

【制备】　取尼泊金甲酯、丙酯，加沸蒸馏水溶解，于60℃时溶入氯霉素和氯化钠，过滤，加蒸馏水至足量，灌装，100℃，30 min灭菌。

知识归纳

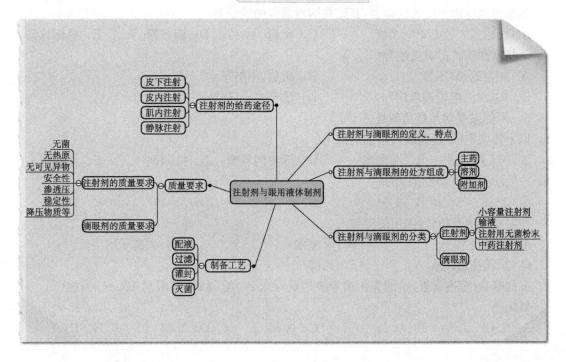

目标检测

一、名词解释

1. 注射剂　2. 热原　3. 等渗溶液　4. 氯化钠等渗当量

二、填空题

1. 输液的灌封应在＿＿＿＿＿级洁净区,安瓿剂的配液应在＿＿＿＿＿级洁净区。

2. 注射剂的给药途径主要有＿＿＿、＿＿＿＿、＿＿＿＿、＿＿＿＿和＿＿＿＿五种。

3. 常用的等渗调节剂有＿＿＿＿和＿＿＿＿。

4. 中性或弱酸性注射剂宜选用＿＿＿＿玻璃安瓿,弱碱性注射剂宜选用＿＿＿＿玻璃安瓿,具有腐蚀性的药液宜选用＿＿＿＿玻璃安瓿。

5. 注射剂中,调节等渗的方法有＿＿＿＿和＿＿＿＿。

三、单项选择题

1. 在制剂中常作为金属离子络合剂使用的有(　　　)

　　A. 碳酸氢钠　　　B. 焦亚硫酸钠　　C. 依地酸二钠　　D. 硫代硫酸钠　　E. 氢氧化钠

2. 给药过程中存在肝首过效应的给药途径是(　　　)

　　A. 口服给药　　　B. 静脉注射　　　C. 肌内注射　　　D. 脊椎注射　　　E. 都不是

3. 热原是微生物产生的内毒素,其致热活性最强的成分是(　　　)

　　A. 蛋白质　　　B. 多糖　　　　C. 磷脂　　　　D. 脂多糖　　　　E. 核糖核酸

4. 对热原性质的正确描述为(　　　)

　　A. 相对耐热,不挥发　　　　　　B. 耐热,不溶于水

　　C. 挥发性,但可被吸附　　　　　D. 溶于水,不耐热

　　E. 不能被强酸强碱所破坏

5. 以下各项中,不是滴眼剂附加剂的为(　　　)

　　A. pH 调节剂　　B. 润滑剂　　　C. 等渗调节剂　　D. 抑菌剂　　　E. 增稠剂

6. 一般注射液的 pH 值应为(　　　)

　　A. 3～8　　　B. 3～10　　　C. 4～9　　　D. 5～10　　　E. 4～11

7. 注射用青霉素粉针,临用前应加入(　　　)

　　A. 注射用水　　　　　B. 蒸馏水　　　　　　　C. 去离子水

　　D. 灭菌注射用水　　　E. 乙醇

8. 头孢噻吩(噻孢霉素)钠的氯化钠等渗当量为 0.24,配制 2% 滴眼剂 100 ml 需加(　　　)g 氯化钠

　　A. 0.42　　　B. 0.61　　　C. 0.36　　　D. 1.42　　　E. 1.36

四、简答题

1. 热原有哪些性质? 如何除掉热原?

2. 注射剂中常用的附加剂有哪些,各有何作用?

3. 下列处方欲制成等渗溶液需加多少克的 NaCl?

处方:硫酸阿托品 1.0 g,盐酸吗啡 4.5 g,NaCl 适量,注射用水加至 200 ml。

已知:1%(g/ml)下列水溶液的冰点下降值为:硫酸阿托品,0.08℃;盐酸吗啡,0.086℃;NaCl,0.58℃。

4. 指出下列处方中各成分的作用,并指出其灭菌方法。

处方:维生素 C 105 g,碳酸氢钠 49 g,焦亚硫酸钠 3 g,依地酸二钠 0.05 g,注射用水加至 1 000 ml。

5. 指出下列处方中各成分的作用,并计算需加多少克葡萄糖可调节成等渗?

处方:盐酸麻黄碱 5.0 g,三氯叔丁醇 1.25 g,葡萄糖 q.s,注射用水加至 250 ml。

已知:盐酸麻黄碱、三氯叔丁醇、葡萄糖的氯化钠等渗当量分别为 0.28,0.24,0.16。

项目五

散　剂

药·物·制·剂·技·术

学习目标

1. 能说出散剂的分类和特点。
2. 能描述散剂的生产工艺流程。
3. 能使用设备,生产出合格的散剂。
4. 能对制备出的散剂进行质量判断。

任务一　散剂的处方组成

一、固体制剂概述

常用的固体剂型包括散剂、颗粒剂、片剂、胶囊剂等,在临床使用的剂型中占有很大比例,一些新型给药系统,如缓释、控释给药系统也多是固体制剂。固体制剂的共同特点是药物的物理、化学稳定性比液体制剂好,生产制造成本较低,服用与携带方便;制备过程的前处理经历相同的单元操作,以保证药物的均匀混合与剂量准确;药物在体内首先溶解后才能透过生理膜被吸收入血液循环中。

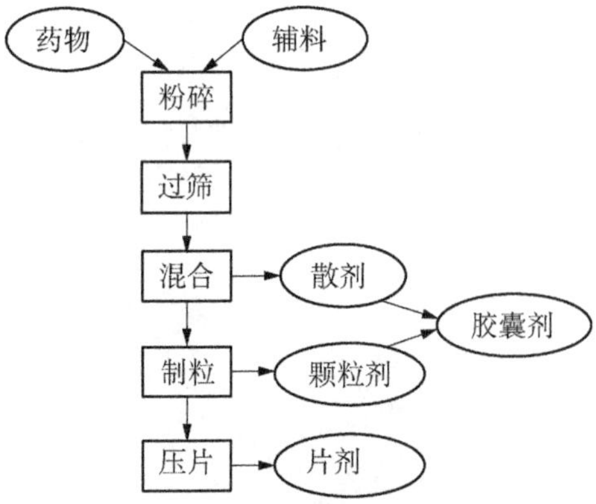

在固体制剂的制备过程中,首先要将药物进行粉碎与过筛操作后才能加工成各种剂型,如与其他组分均匀混合之后直接分装,可得到散剂;将混合均匀的物料进行制粒、干燥后分装,即可得到颗粒剂;将制备的颗粒加辅料压缩成型,可制备成片剂;将混合的粉末或颗粒灌装胶囊,可制备成胶囊剂等。各固体剂型的制备过程几乎都有粉碎、过筛、混合的操作单元,各剂型在制备过程中联系紧密(图5-1)。

固体制剂在体内的吸收途径是口服给药后,

图5-1　固体制剂的主要制备工艺

需经过药物的溶解过程,才能经过胃肠道上皮细胞膜吸收进入血液循环中而发挥其治疗作用。口服固体制剂在体内的吸收途径主要经过以下过程:固体制剂→崩解(或扩散)→溶出→(经过生物膜)吸收。由于各种口服固体制剂的处方和工艺各不相同,因此药物从固体制剂中溶出和机体吸收的速度各不相同。溶出的速率可以直接影响到药物在体内起效的快慢,特别是对一些难溶性药物来说,药物的溶出过程成为药物吸收的限速过程。若溶出速度小,吸收慢,则血药浓度难以达到治疗的有效浓度。对于固体制剂在体内的吸收,提高溶出速度的有效方法是增大药物的溶出表面积或提高药物的溶解度,具体措施包括:①通过粉碎或微粉化减小粒径,以增加表面积;②制成固体分散物或包合物,使药物高度分散在易溶性载体中;③处方中选用表面活性剂等润湿剂改善药物的表面特性;④一些疏水性、难溶性药物可加入适当的水溶性辅料共同研磨混合,利于药物粒子的分散,可使溶解速度加快,从而提升溶出效果。

二、散剂的含义和分类

散剂系指药物与适宜的辅料经粉碎、均匀混合而制成的干燥粉末状制剂。散剂是古老的传统剂型之一,尤其广泛应用于中药制剂中,可供内服和外用。除了直接应用外,散剂还可作为片剂、丸剂、胶囊剂等的原料,因此其制备技术在药剂生产中具有普遍的意义。

散剂一般可以按其用途、组成、性质及剂量分类。按医疗用途可分为内服散剂和外用散剂,内服散剂一般溶于或分散于水或酒中服用,如口服补盐液;外用散剂主要用于皮肤、口腔、眼、腔道等处,如冰硼散、脚气粉等。按剂量可分为分剂量散剂和非剂量散剂,分剂量散剂系将散剂按单次服用量单独包装,由患者按医嘱分包服用,如多数的内服散剂;非剂量散剂系以多次应用的总剂量形式发出,由患者按需要或医嘱自己分取药量,如脚气粉等。按药物性质不同,可分为含毒性成分的散剂,如硫酸阿托品散等;含液体成分的散剂,如蛇胆川贝散等。按药物组成可分为单散剂与复方散剂,单散剂系由一种药物组成,而复方散剂系由两种或两种以上药物组成,如复方枸橼酸钠等。

课堂讨论

请列举临床常用的单剂量散剂和多剂量散剂。

三、散剂的特点

散剂的应用历史悠久,具有以下特点:①散剂比表面积大,因而易分散、奏效快;②散剂外用时具有覆盖保护、吸收分泌物、促进凝血和收敛作用;③便于服用,对于吞咽困难的小儿尤其适用;④散剂制备工艺简便,剂量易于控制;⑤贮存、运输和携带都很方便。

同时,散剂也有一些明显的缺点:由于药物粉碎后比表面较大,其嗅味、刺激性、吸湿性

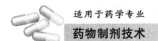
及化学活性等也相应增加,使部分药物容易发生变化,挥发性成分也易散失,因此一些腐蚀性强、不稳定或容易吸潮变质的药物,不宜制成散剂。

《中国药典》规定,散剂在生产和储存期间均应符合下列有关规定:①供制散剂的成分均应粉碎成细粉。除另有规定外,内服散剂应为细粉,其中能通过六号筛的粉末不少于95%,局部用散剂应为最细粉。②散剂应干燥、松散、混合均匀,色泽一致。制备含有毒性药、贵重药或药物剂量小的散剂时,应采用等量递增配研法混匀并过筛。③用于烧伤、深部组织创伤或损伤皮肤的散剂应无菌,在清洁避菌环境下配制。④散剂可含有或不含辅料,内服散剂需要时亦可加矫味剂、芳香剂、着色剂等。⑤散剂可单剂量包装也可多剂量包装,多剂量包装散剂应附分剂量的用具。含有毒性药的内服散剂应单剂量包装。⑥剂量型散剂的装量差异应符合药典规定。多剂量包装者应附分剂量的用具。

课堂讨论

请查阅资料,试说出一种散剂的组成、外观和用途。

知识拓展

（一）粉体粒子大小与形态

粉体学是研究微粉和组成微粉体的粒子的表面性质、力学性质、电学性质等理化性质的应用性学科。微粉是指固体细微粒子的集合体。一般将粒径小于 $100~\mu m$ 的粒子称作"粉",而微粉的粒子可小到 $0.1~\mu m$ 以下。当固体药物制成微粉后,其理化性质发生较大变化,从而影响到药物的筛分、混合、沉降、滤过、干燥等工艺过程以及剂型的制备成型,亦可影响药物的稳定性与疗效。

（二）粉体的比表面积

比表面积是指单位重量(或容量)的微粉所具有的表面积。它不仅包括粒子的外表面积,还包括由裂缝和空隙形成的内部表面积。微粒的比表面积大小与其某些理化性质有密切的关系,例如,活性炭因为有很大的比表面积,吸附能力较强,能吸附相当数量的物质。很多微粉中粉粒的表面十分粗糙,有的粉粒有裂缝和微孔,植物药材粉末更明显,有的药材粉末易飘散,亦是与其表面粗糙,比表面积大有关。

（三）粉体的密度与孔隙率

密度系指单位容积(或体积)物质的质量。对于液体或无孔隙的固体来说,准确地测定其密度并不困难,但对微粉来讲,测定其体积和密度就需要有一定的前提,测定方法不同,结果也不一样。

固体制剂的孔隙率对制剂的质量有很大影响。一般固体制剂,如片剂、丸剂等崩解的重要条件之一是保证本身有足够的孔隙,即提高制剂的孔隙率便可加快崩解。一

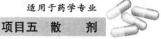

般来说,孔隙率大,崩解、溶出较快,较易吸收。当然,崩解度不仅与孔隙率有关,还与制剂组分的亲水性及崩解剂的性能等有关。

（四）粉体的流动性

流动性在药剂生产中十分重要,如散剂的分装,胶囊剂的填充等操作,都要求物料有良好的流动性。微粉的流动性与微粒之间的作用力(如范德华力、静电力等)、微粒的粒度分布、粒子形态、含水量及表面摩擦力等因素有关。一般微粒的粒径小于 $10~\mu m$ 时可以产生黏着性,如把小于 $10~\mu m$ 的微粒从微粉中除去或吸附到较大的微粒上时,其流动性就可以变好;若微粉的湿度大则其流动性也不好,可适当干燥来改善流动性。微粉流动性一般用休止角和流速等来表示。

1. 休止角　休止角系指粉体堆积层的自由斜面与水平面之间可以形成的最大角度。休止角是检验粉体流动性的常用方法之一。一般认为当粉粒休止角小于 30°时,其流动性良好,休止角大于 40°时流动性不好。此外,粒径增加,休止角减少;细粉所占百分比大,休止角亦大;在一定范围内休止角随水分含量的增加而变大。

2. 流速　流速系指微粉由一定孔径的管中流出的速度。流速是测定流动性的重要方法之一。微粉的流速快,则其流动性好。

（五）粉体的吸湿性

因微粉具有巨大的比表面积,蓄积着大量表面能。所以,微粉置于空气中可吸附其中的水分,而使其流动性变差,并可产生潮解、结块、变色、分解等理化变化。水溶性药物在干燥环境下一般吸湿很少,但当相对湿度增大到一定值时,吸湿量会急剧增加,此时的相对湿度,称为该药物的"临界相对湿度"(CRH)。临界相对湿度是药物的特征值,用来衡量粉末吸湿的难易,临界相对湿度越大则越不容易吸湿。水不溶性药物的吸湿性受相对湿度的影响非常小,没有临界点,但水不溶性药物的吸湿性具有相加性。因此,一般药物的生产和贮存环境的相对湿度均应控制在药物的临界相对湿度以下,以免影响生产操作和药物的稳定性。

（六）微粉的润湿性

微粉的润湿性是指液体在固体表面的铺展现象,是固体界面由固-气界面转变为固-液界面的现象。常用接触角 θ 评价粉体的润湿性,接触角 $\theta < 90°$ 易于润湿;$\theta > 90°$ 则不易润湿。

任务二　散剂的制备

一、工艺流程

散剂的制备是其他固体剂型制备的基础,其一般工艺流程如图 5-2 所示。

图 5-2　散剂的制备工艺流程

二、制备要点

（一）物料前处理

在制备之前,应将原辅料适当处理使其达到适合粉碎的洁净程度、干燥程度和粒度大小。通常将药物和辅料充分干燥以利于粉碎,如果是中药材,应依据质量要求进行鉴定、炮制、干燥、切割或粗碎等工序,为粉碎操作做好准备。

（二）粉碎与过筛

用于制备散剂的固体药物需进行适当粉碎,应根据医疗需要及药物性质的不同进行粉碎,并非越细越好,粉碎细度不仅关系到其物理性质(如均匀性、流动性等),还直接影响药效。一般散剂中的药物应为细粉,除另有规定外,内服散剂应通过 6 号筛;用于消化道溃疡病、儿科和外用的散剂应通过 7 号筛;眼用散剂则应通过 9 号筛。

内服散剂中易溶于水的药物不必粉碎得太细,如水杨酸钠;对于难溶性药物如磺胺等,为了加速其溶解和吸收,应粉碎得细些;不溶性药物,如氢氧化铝等用于治疗胃溃疡时,必须制成最细粉,以利于发挥其保护作用及药效;有不良臭味、刺激性、易分解的药物不宜粉碎太细,以免因增加表面积而加剧臭味和刺激性,如奎宁类、呋喃妥因等;在胃中不稳定的药物不宜过细,否则会加速其降解,降低其疗效。

外用散剂多用于皮肤黏膜和伤口,主要为不溶性成分,应粉碎为最细粉,以减轻对组织和黏膜的刺激性;用于创伤破损表面的外用散剂还应进行灭菌。

（三）混合

散剂混合的均匀性是保证药品安全、有效的前提,尤其对含有毒性药物、贵重药物的散剂更具有重要的意义。混合的均匀性受各组分的比例量、理化特性、堆密度、设备类型、混合时间等多种因素影响,应选择适宜的方法得到均匀的散剂。

在混合时要注意防止混合容器和器械的吸附性造成损失,应先取处方中量大的药物或辅料适量,加入容器先行搅拌研磨,以饱和表面能,减少吸附。混合摩擦而带电的粉末常阻碍均匀混合,可加少量表面活性剂克服,还可用润滑剂作抗静电剂。

性质相同、密度基本一致的两种药粉容易混匀。当密度差异较大时,应将密度小(质轻)者先放入混合容器中,再放入密度大(质重)者,利于组分混匀。

毒性药物或药理作用强的药物,因剂量小,为保证混匀需加一定比例的稀释剂制成稀释散或称倍散,稀释的倍数由剂量而定,常用的有五倍散、十倍散、百倍散和千倍散。稀释剂应为干燥惰性物质,常用的有乳糖、淀粉、糊精、葡萄糖、碳酸钙、白陶土等,以等量递增法混匀。有时可在开始混合时加入少量色素,以便观察混合是否均匀。

处方中若含有液体成分,如挥发油、酊剂、流浸膏等,若液体组分量小,可用处方中其他组分吸收该液体;若液体组分量多,可另加适量的吸收剂混合至不显潮湿为度,常用的吸收剂有磷酸钙、白陶土、蔗糖、葡萄糖等。处方中含有结晶水的药物,如硫酸钠或硫酸镁结晶,可用等摩尔的无水物代替;吸湿性强的药物,如氯化钾、胃蛋白酶等,应在低于其临界相对湿度(CRH)的干燥条件下迅速操作,并且密封防潮包装;若同一处方的药物混合后引起吸湿,则不应混合,可分别包装。

将两种或两种以上药物按一定比例混合时,在室温条件下,出现的润湿与液化现象,称做低共熔现象。有些散剂处方中含有低共熔组分,混合后熔点降低(熔点降低的程度取决于各药物的性质和质量百分组成),如水合氯醛、樟脑、冰片、麝香草酚等。此时应根据共熔后对药理作用的影响以及处方中其他固体组分的数量而采取相应措施:①若共熔后药理作用增强,如氯霉素与尿素、灰黄霉素与 PEG6000 等,则宜先行共熔并相应调整剂量,再用其他组分吸收共熔物。②组分共熔后,如药理作用无变化,且处方中固体成分较多时,可将共熔成分先共熔,再以其他组分吸收混合,使分散均匀。③若处方中含有挥发油或足以溶解共熔组分的其他液体时,可先将共熔组分溶解,再以喷雾或吸收的方式与其他固体组分混匀。④若共熔后药理作用减弱,应避免出现共熔现象,可先用其他组分或辅料分别稀释再混合。

(四) 分剂量技术

分剂量是将均匀混合的散剂,按需要的剂量进行分装的过程。分剂量常用技术有以下3种。

1. **目测法** 将一定重量的散剂,根据目测分成所需的若干等份。此法操作简便但误差大,常用于药房小量调配。

2. **重量法** 用天平逐份准确称取每个单剂量进行分装。此法的特点是分剂量准确但操作麻烦、效率低,常用于含有细料或剧毒药物的散剂分剂量。

3. **容量法** 将制得的散剂填入一定容积的容器中进行分剂量,容器的容积相当于一个剂量的散剂的体积。这种方法的优点是分剂量快捷,可以实现连续操作,常用于大生产,如散剂自动分量机、定量分包机都是采用此法,能够达到装量差异限度规定的要求。其缺点是分剂量的准确性会受到散剂的物理性质(如松密度、流动性等)、分剂量速度等的影响。

案例——想一想

1:1000 硫酸阿托品倍散

【处方】 硫酸阿托品 1.0 g 胭脂红乳糖(1%) 0.5 g 乳糖 998.5 g
【问题】 为何将硫酸阿托品制成倍散?该处方应按照怎样的工艺流程进行制备?

三、粉碎技术与设备

粉碎主要是借机械力将大块固体物料破碎成适宜大小的颗粒或细粉的操作过程。粉碎的目的包括:①增加药物的表面积,促进药物的溶解与吸收,提高难溶性药物的生物利用度;

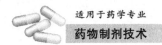
②便于各成分混合均匀,制备多种剂型,如散剂、混悬液、冲剂、胶囊剂、片剂等;③加速药材中有效成分的浸出和溶出;④便于新鲜药材的干燥和贮存。

物料被粉碎的程度可用粉碎度表示。粉碎度是固体药物粉碎后的细度,常以粉碎前药物的平均直径 d 与粉碎后药物的平均直径 d_1 的比值(n)来表示:

$$n = \frac{d}{d_1} \tag{5-1}$$

从式 5-4 可知,粉碎度越大,物料粉碎得越细。药物粉碎度的大小,应根据药物性质、剂型等来确定,过度的粉碎不一定有利。例如,一些具有刺激性、易于分解和有不良嗅味的药物,则不宜粉碎得过细,以免增加其吸湿、分解及产生异味。制备浸出制剂的药材宜捣碎或切成薄片便于浸出,但过细的粉末易于形成糊状而不利于药材有效成分的浸出。如药物粉碎粗细不匀,会使其制剂的剂量或含量不准确而影响疗效。

(一) 粉碎技术

1. 闭塞粉碎和自由粉碎 闭塞粉碎系指在粉碎过程中已达到粒度要求的粉体未能及时分离而继续和粗粒一起重复粉碎的操作。此法耗能比较大,常用于小量生产的间歇操作。自由粉碎系指在粉碎过程中及时将达到粒度要求的粉末分离出来,而粗粒进一步粉碎的操作。此法粉碎效率高,常用于大规模生产的连续操作。

2. 开路粉碎和循环粉碎 开路粉碎指物料只通过设备一次,在粉碎过程中不断把粉碎物料供给粉碎机的同时及时将已粉碎的细物料取出的操作。此法制得的颗粒粒度分布广,适合于粒度均匀度要求不高的物料的粉碎。循环粉碎指物料通过设备至少 2 次或以上,在粉碎过程中经粉碎机粉碎的物料通过筛分设备使粗颗粒分离重新回到粉碎机反复粉碎的操作。此法能耗低,粒度分布窄,适合于粒度要求比较高的物料的粉碎。

3. 干法粉碎和湿法粉碎 干法粉碎指将药物经过适当的干燥处理,使水分降低到一定限度再行粉碎的方法,这种方法是制剂生产中最常用的粉碎方法。湿法粉碎是在药物中加入适量的水或其他液体进行粉碎的方法,其目的是借液体分子对物料有一定穿透力,使水或其他液体分子渗入物料颗粒的裂隙,减少分子间的引力而利于粉碎。对于某些刺激性较强的或有毒药物,湿法粉碎可避免粉尘飞扬。冰片、樟脑、薄荷脑等药物常采用加液研磨法进行粉碎,即将药物放入乳钵或电动研钵中,加入少量的乙醇或水,用乳锤以较轻之力进行研磨使药物被研碎。

4. 单独粉碎和混合粉碎 单独粉碎是将处方中性质特殊的药物或按处方要求需要单独粉碎的药物单独进行粉碎处理。贵重药物、刺激性药物为了减少损耗和便于防护,应单独粉碎。易引起爆炸的氧化性药物(氯酸钾、碘等)与还原性药物(硫、甘油等)必须单独粉碎。混合粉碎系将两种以上的物料掺和在一起进行粉碎。若处方中某些药物的性质及硬度相似,或一些黏性药物单独粉碎困难时,可用混合粉碎。但在药物中含有共熔成分时,混合粉碎能产生潮湿或液化现象,此时能否采用混合粉碎则取决于制剂的具体要求。

5. 低温粉碎 低温粉碎指利用物料在低温时脆性增加,韧性与延伸性降低的性质,将物料进行冷却的粉碎操作。此法适用于软化点、熔点低的及热可塑性物料的粉碎,如树脂、树胶、干浸膏等,对于含水、含油较少的物料也能进行粉碎。低温粉碎能保留物料中的香气及挥发性有效成分,并可获得更细的粉末。

(二) 粉碎设备

目前常用的粉碎器械,粉碎过程中作用力的方式有截切力、挤压力、研磨力、撞击力、锉削力等。可根据被粉碎药物的物理特性选用适宜的粉碎作用力。特别坚硬的药物以撞击力和挤压力的效果好,对于韧性药物以研磨力较好,而对于脆性药以劈裂为宜,对于坚硬而贵重的药物以锉削为佳。但在药剂生产中多数粉碎过程往往是几种作用力综合作用的结果。

1. **乳钵** 乳钵又称研钵,有瓷、玻璃、金属、玛瑙等制品。其中以瓷制品最常用,内壁较粗糙,研磨的效能高,但易镶入药物而不易清洗,不适合粉碎小量药物。玻璃乳钵内壁较光滑,不易黏附药物,易清洗,宜用于粉碎毒性、贵重及量少的药物。研钵由钵和杵棒组成,杵棒与研钵内壁接触通过研磨、碰撞、挤压等方式使物料粉碎混合均匀。研磨时,杵棒应以乳钵中心为起点,按螺旋式逐渐向外旋转移动扩至四壁,然后再逐渐旋转返回中心,如此反复能提高研磨效率。此外,每次所加药料量不宜超过乳钵容积的1/4,以防药物溅出或影响粉碎效能。乳钵主要用于小剂量物料的粉碎和实验室小剂量制备使用。

2. **球磨机** 球磨机系在不锈钢或瓷制的可转动的圆柱形球筒内装入一定数量和大小的钢球或瓷球构成(图5-3)。球筒横卧在动力部分之上,由电动机通过减速器带动旋转。操作时将物料装入圆筒内密盖后,由电动机带动旋转,物料借圆球起落的撞击作用、圆球与筒壁及球与球之间的研磨作用而被粉碎。球磨机要求有适当的转速,使圆球沿筒壁运行至最高点而落下,这样可产生最大的撞击和研磨作用,粉碎效果最好。

图5-3 球磨机

球磨机能量消耗大,粉碎效率较低,粉碎时间较长,但其结构简单,系统密闭,粉尘少,常用于剧毒物料和贵重药料,还可用于无菌粉碎,必要时可充入惰性气体,适用范围较广。

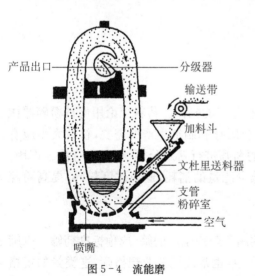

图5-4 流能磨

3. **流能磨** 流能磨又称为气流粉碎机,系将压缩空气、蒸汽或惰性气体经喷管加速后,利用高速弹性流体或过热空气的能量,使药物的颗粒之间及颗粒与室壁之间相互剧烈碰撞而发生撞击、冲击、研磨等而产生强烈的粉碎作用,同时在气流旋转离心力的作用下或与分级机联合使用,使粗细粉末分级而实现超微粉碎的机器(图5-4)。

流能磨在粉碎药物过程中,由于气流在膨胀时产生焦耳-汤姆逊冷却效应,可抵消粉碎产生的热量,故被粉碎物料的温度不会升高,因此特别适用于抗生素、酶类、低熔点或其他对热敏感的药物的粉碎,还可用于无菌粉末的粉碎。在粉碎的同时可对不同级物料进行分级,可得到均匀粉末。

4. **万能磨粉机** 万能磨粉机系一种应用较广泛的粉碎机,对物料粉碎的作用力是撞击、撕裂和研磨(图5-5)。

万能磨粉机可通过更换环装筛制得各种粉碎粒径的粉末,且粉碎与过筛同时进行。该机适宜粉碎各种干燥的非组织性或结晶性块状脆性物料及干浸膏颗粒等。但由于高速旋转,故粉碎过程中会发热,不宜用于含有大量挥发性成分的药物和具有黏性的药物。

5. 锤击式粉碎机　锤击式粉碎机系利用高速旋转的钢锤借撞击作用而粉碎物料的一种粉碎机,应用较为广泛(图5-6)。粉碎室内在高速旋转的圆盘上装有数个钢锤,下部装有筛网。操作时药物自加料斗加入,进入钢壳的粉碎室,粉碎室的锤击部分高速旋转,借离心作用使装于其上的活动钢锤伸直挺立,对物料进行强烈的锤击,物料因受离心抛射撞击及锤击而粉碎。达到一定细度的粉末自筛板分出,排入集粉袋中,不能筛过的粗粉则继续在室内粉碎。粉末细度与旋转速度及筛网孔径有关。本机适用于粉碎干燥、性脆易碎的药物或作粗粉碎之用,如结晶性物料、非组织性的块状脆性物料及干浸膏颗粒等。本设备不适于黏性药料,因容易堵塞筛板及黏附于室内。

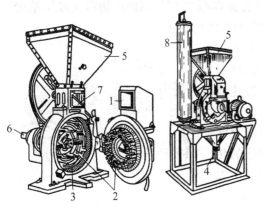

图5-5　万能磨粉机

1. 入料口;2. 钢齿;3. 环装筛板;4. 出粉口;
5. 加料斗;6. 水平轴;7. 抖动装置;8. 放气袋

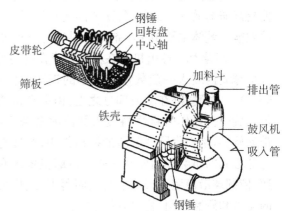

图5-6　锤击式粉碎机

四、筛分技术与设备

筛分是借助筛网孔径大小将粉碎后的物料进行分离的操作。药料无论用何种粉碎器械粉碎,所得药粉的粗、细程度总是不均匀的。为适应医疗和制剂生产的需要,粉粒大小应有一定的均匀程度,因此粉碎后的物料都需用适当的药筛进行粉末分等,筛分还有混合作用。此外,已达细度要求的物料也必须及时分出,以减少能量的消耗,避免过度粉碎,提高粉碎效率。

(一) 药筛的种类及规格

药筛是指按《中国药典》规定,全国统一规格的用于药剂生产的筛,或称标准药筛。以筛的平均内径表示筛号,共有9种筛号。在实际生产中,也常使用工业规格筛,这类筛的规格标准应与药筛标准相近,习惯以目数来表示筛子的规格及粉末的粗细,多以每英寸(2.54 cm)长度有多少孔来表示。例如,每英寸有100个孔的筛子称为100目筛,目数越大,筛孔越细。《中国药典》规定药筛的规格,是以筛孔内径大小(μm)为根据的,共规定了9种筛号,具体规定如表5-1所示。

表 5-1 《中国药典》筛号与工业用筛规格对照

筛 号	筛孔内径平均值(μm)	筛目(孔/英寸)	筛 号	筛孔内径平均值(μm)	筛目(孔/英寸)
一号筛	2 000±70	10	六号筛	150±6.6	100
二号筛	850±29	24	七号筛	125±5.8	120
三号筛	355±13	50	八号筛	90±4.6	150
四号筛	250±9.9	65	九号筛	75±4.1	200
五号筛	180±7.6	80			

　　制药工业所用筛面按制法不同,可分为编织筛和冲制筛两种。编织筛是由不锈钢丝、尼龙丝、绢丝等编织而成的。编织筛孔眼可以制得很细小,但在使用时筛线易于移位致筛孔变形,故常以金属丝作为部分筛线,并在交叉处压扁起固定作用。冲制筛系在金属板上冲压圆形或多角形的筛孔,这种筛坚固耐用,孔径不易变动,多用作高速粉碎过筛联动机械上的筛板或中药丸剂的筛选,较为适合筛分黏性比较强的物料。

　　(二) 粉末的分等

　　由于各种剂型制备需要不同细度的粉末,因此粉碎后的药物粉末必须经过筛分,才能得到粒度比较均匀的粉末。按照药剂生产实际要求,为了便于区别固体粒子的大小,《中国药典》现行版规定把固体粉末分为 6 级,规格如下:①最粗粉,指能全部通过一号筛,但混有能通过三号筛不超过 20％的粉末;②粗粉,指能全部通过二号筛,但混有能通过四号筛不超过 40％的粉末;③中粉,指能全部通过四号筛,但混有能通过五号筛不超过 60％的粉末;④细粉,指能全部通过五号筛,但混有能通过六号筛不超过 95％的扮末;⑤最细粉,指能全部通过六号筛,但混有能通过七号筛不超过 95％的粉末;⑥极细粉,指能全部通过八号筛,但混有能通过九号筛不超过 95％的粉末。

　　(三) 筛分的设备

　　筛分设备种类很多,应根据对粉末粒度的要求、粉末的性质和数量来确定。在药厂生产中常用粉碎、筛粉、集尘联动装置,以提高粉碎与过筛效率,保证产品质量。在小批量生产及科学试验中亦常用手摇筛、振动筛、悬挂式偏重筛粉机。

　　1. 手摇筛　手摇筛系由不锈钢丝、铜丝、尼龙丝等编织的筛网,固定在圆形或长方形的竹圈或金属圈上制成。按照筛号大小依次叠成套,称为套筛。最上层为筛盖,最下层为接收器,中间筛号由粗号依次到细号。应用时可取所需号数的筛套于接收器上,上面盖好盖子,物料以手摇过筛。手摇筛用于小量生产,也适用于毒性、刺激性或质轻药粉的筛分,可有效避免粉尘飞扬。

　　2. 振动筛粉机　振动筛粉机系一长方形筛子安装于木箱内,利用偏心轮对连杆所产生的往复运动带动药筛筛分药粉,并分别配有细粉和粗粒接收器。筛分时,将需要过筛的药粉由加料斗加入,落入筛子上,筛子斜置于木箱中可以移动,而木框则固定在轴上,借电动机带动皮带轮使偏心轮往复运动,而使筛子振动,对物料进行筛分。细粉落入细粉接收器中,粗粉由粗粉分离处落入粗粉接收器,以备进一步粉碎后过筛(图 5-7)。此振动筛适用于无黏性的药材粉末或化学药品的过筛。由于其密闭于箱内,也适宜于毒剧药、刺激性药及易风化或易潮解药物粉末的过筛。

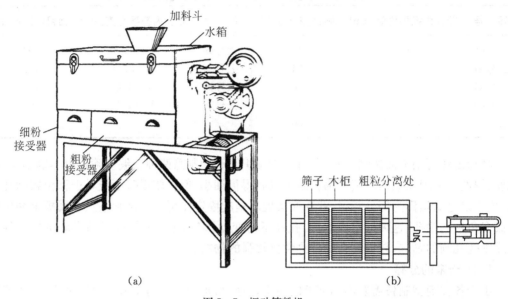

图5-7 振动筛粉机

（a）振动筛分机外观；（b）结构图

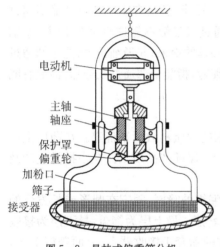

图5-8 悬挂式偏重筛分机

3. **悬挂式偏重筛粉机** 系利用偏重轮转动时不平衡惯性而产生簸动（图5-8）。操作时开动电动机，带动主轴，偏重轮即产生高速的旋转，由于偏重轮一侧有偏重铁，使两侧重量不平衡而产生振动，故细粉很快地通过筛网而落入接收器中。此种设备构造简单、效率高，适用于矿物药、化学药品或无显著黏性的药材粉末的过筛。

4. **旋振筛** 该设备是利用在旋转轴上配置不平衡重锤或配置有棱角形状的凸轮使筛产生振动。筛网的振动方向具有三维性质，对物料产生筛选作用。旋振筛可用于单层或多层分级使用，结构紧凑、操作维修方便、分离效率高，单位筛面处理能力大，适用性强，故被广泛应用。

五、混合技术与设备

混合是将两种以上物料组分均匀混合在一起的操作。混合的目的是保证各处方成分在制剂中含量均匀、剂量准确、色泽一致，确保用药安全有效。它是制备复方制剂的重要工艺过程，绝大多数的制剂产品的生产都要进行混合操作。

（一）混合原则

物料混合的同时往往伴随离析现象，使混合好的物料重新分层。混合操作是否恰当，直接关系到混合效果。药粉混合均匀度与微粒形状、比例量、密度、粉碎度、黏腻度及混合时间等均有关系。

1. 处方药物的混合比例　两种粉末物理状态,颗粒大小、数量、相对密变均相近时,一般容易混匀。但若两种组分的比例相差悬殊时,则不易混匀,这种情况下,应采用"等量递加法"(习称配研法)进行混合。等量递加法是先将量大的组分研细,饱和乳钵内壁后倒出,加入量小的组分研细,再加入等量的量大组分混匀,再取与混合物等量的量大组分混匀,如此倍量增加,直至全部混匀,色泽一致,过筛即得。此法特别适用于制备含毒性药物、贵重药物和小剂量药物的散剂,常制成倍散。

2. 组分的密度和粒度　若组分密度差异过大,混合过程中存在自然分离趋势,密度小者上浮、密度大者沉入底部,也能影响混合的均匀性。为避免粉料分离,一般将质轻者先放于混合容器内,再加质重者,即"先轻后重"。如各组分粒度相差较大时,先加粒径大的物料,后加粒径小的物料,较容易混匀,即"先大后小"。

3. 混合时间　一般来说,混合的时间适当延长各组分容易混匀,但时间不宜过长,否则会影响生产效率,或引起吸湿及聚集等,应视混合物料的性质、数量及使用器械的性能而确定合适的混合时间。

(二) 混合方法

常用的混合的方法主要有搅拌、研磨、过筛3种。

1. 搅拌混合　将处方中各成分共置于容器中,用适宜的器具搅拌使之混合均匀。此法不宜混合均匀,多作初步混合之用,大量生产时,常用混合机混合。

2. 研磨混合　将处方中各成分共置于研磨器具中,在研磨的同时进行混合。此法适用于小量生产,尤其适用于结晶性药物的混合,不适于引湿性及爆炸性成分的混合。

3. 过筛混合　将各组分经搅拌进行初步混合后,再过一次或数次通过适宜孔径的药筛使之混匀的操作。但由于物料的粒径、密度不同,较细和较重的粉末先通过筛网,故在过筛后,仍需适当搅拌,才能混合均匀。实际工作中,小量物料常用搅拌和研磨混合,大批量生产时多采用搅拌和过筛混合。

(三) 混合的设备

在生产过程中,混合过程一般在混合筒里完成。混合筒的形状和运动轨迹直接影响到药粉的混合均匀度。

1. 槽形混合机　该设备也成为"S"形混合机,主要结构为固定混合槽,槽上有盖,槽内轴上装有"∞"形与旋转方向成一定角度的搅拌桨,可以正反向旋转搅拌槽内的物料(图5-9)。混合槽可绕水平轴转动一定角度,以便卸料。混合时槽保持不动,物料在搅拌桨作用下不停运动,以达到混合均匀的目的。此设备除适于混合各种药粉外,还可用于丸剂、片剂、冲剂、软膏剂等软材的制备。该机操作简便,适于对均匀度要求不高的混合操作。但混合效率较低,混合时间长。

2. 混合筒　混合密度相近的粉末可采用混合筒混合。其形状有"V"形、双圆锥形、正立方体形及圆柱形等,由传动装置带动绕轴旋转(图5-10)。其中,以"V"形混合筒较为理想,在旋转混合时,可将药粉分成两部分,然后两部分药扮再汇合起来,这样循环反复地进行混合,一般在短时间内即可混合均匀。

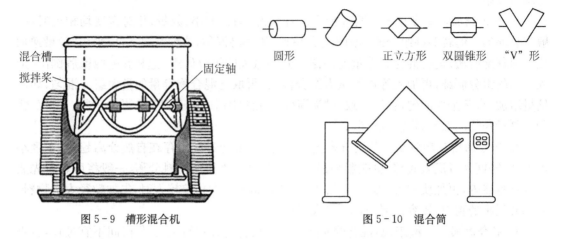

图 5-9　槽形混合机　　　　　　　　　　　图 5-10　混合筒

　　3. 双螺旋混合机　双螺旋混合机的混合容器为直立圆锥形,容器内靠器壁有螺旋推进器(图 5-11)。混合时,在马达带动下,左右两个螺旋推进器既自转,又绕锥形容器中心轴摆动旋转,带动物料从圆锥桶底部上升,并在全容器内产生旋涡和循环运动,使物料迅速混合均匀。该设备混合效率高,适合于润湿、黏性固体物料的混合。

　　4. 三维混合机　该设备由混合容器和机身组成(图 5-12)。混合容器为一两端呈锥形的圆桶,由两个可以旋转的万向节支撑于机身上。混合时,通过万向节旋转带动混合桶作三维空间多方向摆动和转动,使桶中物料沿着筒体做环向、径向和轴向复合运动,使物料相互流动、高度混合,能产生极佳的混合效果。本设备混合筒做平行方向运动,物料无离心力作用,各组分可有悬殊的重量比,适合于干燥粉末与颗粒的混合。

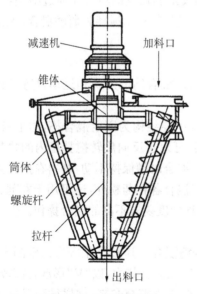

图 5-11　双螺旋混合机

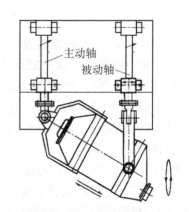

图 5-12　三维混合机

案例——做一做

痱 子 粉

【处方】 薄荷脑 6 g   樟脑 6 g   麝香草酚 6 g
薄荷油 6 ml   水杨酸 11 g   硼酸 85 g
升华硫 40 g   氧化锌 60 g   淀粉 100 g
滑石粉 加至 1 000 g

【问题】 本处方制备过程中处理樟脑、薄荷脑时应注意哪些事项?

【制法】 取樟脑、薄荷脑、麝香草酚研磨至全部液化,并与薄荷油混合。另将升华硫、水杨酸、硼酸、氧化锌、淀粉、滑石粉混合,研磨粉碎均匀,过七号筛。然后将共熔混合物与混合的细粉研磨混匀或将共熔混合物喷入细粉中混匀,过筛,即得。

【注意事项】 ①氧化锌、滑石粉等用前宜灭菌;②樟脑、薄荷脑、麝香草酚研磨时产生低共熔物。

任务三 散剂的质量控制及包装贮存

一、散剂的质量检查

现行版《中国药典》(2010 年版)收载了散剂的质量检查项目,主要包括以下几点。

1. **粒度**   除另有规定外,局部用散剂需进行粒度检查应符合规定。取供试品约 10 g,精密称定,置于七号筛,振摇至少 3 min,精密称定通过筛网的粉末重量,不应低于 95%。

2. **外观均匀度**   取供试品适量置光滑纸上平铺约 5 cm²,将其表面压平,在亮处观察,应有均匀的色泽,无花纹、色斑。对已知成分的散剂可从散剂不同部位取样,测定含量并与规定含量比较,以便较准确地考察混合均匀的程度。

3. **干燥失重**   除另有规定外,取供试品照干燥失重测定法测定。在 105℃干燥至恒重,减失重量不得超过 2.0%。

4. **装量差异**   单剂量,一日剂量包装的散剂,照下述方法检查,应符合规定。

取散剂 10 包(瓶),除去包装,分别精密称定每包(瓶)内容物的重量,求出内容物的装量与平均装量。每包与标示量相比应符合规定,超出装量差异限度的散剂不得多于 2 包(瓶),并不得有 1 包(瓶)超出装量差异限度 1 倍(表 5-2)。

凡规定检查含量均匀度的散剂,一般不再进行装量差异的检查。

5. **装量**   多剂量包装的散剂,照药典规定的最低装量检查法,应符合规定。

6. **微生物限度检查**   除另有规定外,照药典规定的微生物限度检查法检查,应符合规定。

表 5 - 2 散剂装量差异限度要求

标示装量(g)	装量差异限度(%)	标示装量(g)	装量差异限度(%)
0.10 或 0.10 以下	±15	1.50 以上至 6.0	±7
0.10 以上至 0.50	±10	6.0 以上	±5
0.50 以上至 1.50	±8		

7. 无菌检查　用于深部组织或损伤皮肤的散剂,照药典规定的无菌检查法检查,应符合规定。

二、散剂的包装与贮存

散剂的比表面积大,易于吸湿、风化和挥发。散剂吸湿后可发生潮解、结块、变色、分解、效价降低等变化,必须选用适宜的包装材料和贮存条件。

1. 包装　散剂一般采用密封包装和密闭贮藏。不同的包装材料透湿性不同,将影响散剂在贮存期的物理、化学和生物学稳定性,应根据包装材料吸湿性强弱选择不同的包装材料。分剂量散剂可用有光纸、蜡纸、塑料袋、纸袋等包装成五角包、四角包及长方包等,非单剂量的散剂可用塑料袋、纸盒、塑料瓶或玻璃瓶包装,包装应注意封口严密。玻璃瓶装时可加盖塑料内盖。用塑料袋包装,应热封严密。有时可在大包装间隙中装入干燥剂如硅胶等防潮。大包装复方散剂用瓶装时,瓶内药物应填满、压实,以免在运输过程中因震动而使药物分层,破坏其均匀性。

2. 贮存　散剂的贮存中,防潮是关键。外界的温度、湿度、微生物及光线照射等均对散剂的质量有不良影响,在贮存中要注意调控温湿度和避光。一般散剂应密闭贮存,含挥发物或可吸潮药物的散剂以及泡腾散剂应密封贮存。

知识归纳

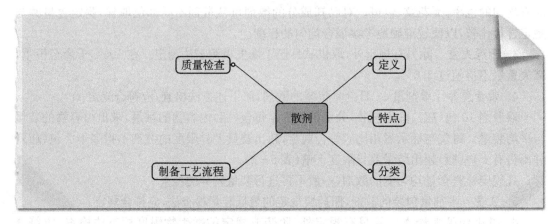

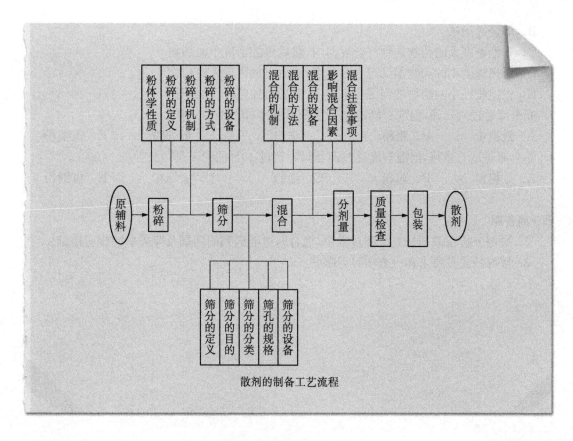

散剂的制备工艺流程

目标检测

一、名词解释

1. 散剂 **2.** 低共熔 **3.** 等量递加法

二、填空题

1. 散剂常用的混合方法包括_____、_____和_____。

2. 一般应制成倍散的是_____。

3. 我国工业标准筛号常用目表示,目系指_____。

三、单项选择题

1. 固体物料混合的目的是（   ）

   A．减小药物粒径　　　　　B．增加药物的表面积　　　　C．保证药物迅速吸收

   D．使处方中各成分均匀　　E．增加药物的溶解度

2. 在制备散剂时,密度不同的药物的混合方法是（   ）

   A．过筛混合

B．等量递加法

　　C．先把密度大的药物加到混合容器内,然后再加密度小的药物

　　D．先把密度小的药物加到混合容器内,然后再加密度大的药物

　　E．先把粒径小的药物加到混合容器内,然后再加粒径大的药物

3. 能全部通过六号筛,但混有能通过七号筛不超过 95% 的粉末是(　　)

　　A．最粗粉　　　　B．粗粉　　　　C．细粉　　　　　D．最细粉　　　　E．极细粉

4. 能全部通过二号筛,但混有能通过四号筛不超过 40% 的粉末是(　　)

　　A．最粗粉　　　　B．粗粉　　　　C．细粉　　　　　D．最细粉　　　　E．极细粉

四、简答题

　　1. 举例分析在散剂处方配制过程中,混合时可能遇到的问题及应采取的相应措施。

　　2. 散剂的质量要求和检查项目有哪些?

项目六

颗 粒 剂

药 · 物 · 制 · 剂 · 技 · 术

学习目标

1. 能说出颗粒剂的处方成分的不同作用。
2. 能描述颗粒剂的生产工艺流程。
3. 能使用设备,生产出合格的颗粒。
4. 能对制备出颗粒进行质量判断。
5. 能找出不合格产品与设备的关系。

任务一 颗粒剂的处方组成

一、颗粒剂的含义和分类

颗粒剂系指药物与适宜的辅料制成具有一定粒度的干燥颗粒状制剂。《中国药典》规定的粒度范围是不能通过1号筛(2 000 μm)的粗粒和能通过4号筛(250 μm)的细粒的总和不能超过8.0%。

颗粒剂既可直接吞服,又可分散或溶解于水中或其他适宜液体中饮服。根据颗粒剂在水中的溶解情况,可分为可溶性颗粒剂、混悬性颗粒剂及泡腾性颗粒剂。此外,还有缓释颗粒剂、肠溶颗粒剂和控释颗粒剂等。

颗粒剂除了作为口服固体制剂用于治疗疾病外,还可用来制备其他剂型,如作为胶囊剂的内容物,作为片剂压制的原料等,可以改善物料的流动性、主药的均匀性、减少粉尘等。

二、颗粒剂的特点

颗粒剂是目前应用最广泛的剂型之一,具有以下特点:①相对于散剂,颗粒剂的飞散性、附着性、聚集性、吸湿性等均较小,性质稳定,易于贮存运输与携带;②服用方便,适当加入芳香剂、矫味剂、着色剂,可制成色、香、味俱全的药剂;③由于其可溶解或混悬于水中,有利于

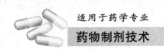

药物在体内的吸收,起效较快,必要时可包衣或制成缓释制剂;④生产工艺简单,易于进行机械化生产。

颗粒剂的缺点也很明显:由于粒子大小不一,在用容量法分剂量时不易准确,且几种密度不同、数量不同的颗粒相混合是容易发生分层现象。

三、颗粒剂的处方组成

制备颗粒剂时,处方中不仅含有具有疗效的主药,还会加入一定量的辅料。加入辅料的目的在于确保颗粒的流动性、润滑性、可压性及其成品的崩解性等。辅料选用不当或用量不适,不但可能影响制备过程,而且对颗粒剂的质量、稳定性及其疗效的发挥有一定甚至重要影响。颗粒剂的辅料必须具有较高的物理和化学稳定性,不与主药及其他辅料起反应,不影响主药的释放、吸收和含量测定,对人体无害,且价廉易得。

颗粒剂的常用辅料按其用途分为填充剂(稀释剂和吸收剂)、湿润剂和黏合剂。

(一) 填充剂

填充剂包括稀释剂与吸收剂,稀释剂主要作用是增加片剂的重量和体积,吸收剂主要作用是吸收处方中的液体。稀释剂和吸收剂统称为填充剂。前者适用于主药剂量小于 0.1 g,或含浸膏量多,或浸膏黏性太大而制片困难者。后者适用于原料药中含有较多挥发油、脂肪油或其他液体而需制片者。常用有以下品种,有些兼有黏合和崩解作用。

1. **淀粉及可压性淀粉** 淀粉价廉易得,是片剂最常用的稀释剂、吸收剂和崩解剂。可压性淀粉又称预胶化淀粉,有良好的可压性、流动性和自身润滑性,制成的片剂硬度、崩解性均较好,尤适于粉末直接压片。

2. **糊精** 糊精常与淀粉配合用作填充剂,兼有黏合作用。糊精黏性较大,用量较多时宜选用乙醇为润湿剂,以免颗粒过硬。应注意糊精对某些药物的含量测定有干扰,也不宜用作速溶片的填充剂。

3. **糖粉** 糖粉为片剂优良的稀释剂,兼有矫味和黏合作用,常与淀粉、糊精合用,多用于口含片、咀嚼片及纤维性中药或质地疏松的药物制片。糖粉易溶于水,具引湿性,用量过多会使制粒、压片困难,久贮使片剂硬度增加;酸性或强碱性药物能促使蔗糖转化,增加其引湿性,故不宜配伍使用。

4. **乳糖** 乳糖具良好的流动性、可压性;易溶于水,无引湿性;性质稳定,可与大多数药物配伍。乳糖是优良的填充剂,制成的片剂光洁、美观,硬度适宜,释放药物较快,较少影响主药的含量测定,久贮不延长片剂的崩解时限,尤其适用于引湿性药物。

5. **甘露醇** 甘露醇为白色结晶性粉末,清凉味甜,易溶于水;无引湿性,是咀嚼片、口含片的主要稀释剂和矫味剂。同类产品山梨醇可压性好,亦可作为咀嚼片的填充剂和黏合剂。

6. **硫酸钙二水物** 硫酸钙二水物为白色或微黄色粉末,不溶于水,无引湿性,性质稳定,可与大多数药物配伍。对油类有较强的吸收能力,并能降低药物的引湿性,常作为稀释剂和挥发油的吸收剂。硫酸钙半水物遇水易固化硬结,不宜选用。使用硫酸钙二水物以湿颗粒法制片时,湿粒干燥温度应控制在 70℃ 以下,以免温度过高失去 1 分子以上的结晶水后,遇水硬结。据报道,本品可干扰槲皮素的吸收。

7. **磷酸氢钙** 磷酸氢钙为白色细微粉末或晶体,呈微酸性,具良好的稳定性和流动性。

磷酸钙与其性状相似,两者均为中药浸出物、油类及含油浸膏的良好吸收剂,并有减轻药物引湿性的作用。

8. 其他 氧化镁、碳酸钙、碳酸镁均可作为吸收剂,尤适于含挥发油和脂肪油较多的中药制片。其用量应视药料中含油量而定,一般为 10% 左右。因碱性较强,固酸性药物不适用。

(二)润湿剂和黏合剂

润湿剂和黏合剂在制片中具有使固体粉末黏结成型的作用。本身无黏性,但能润湿并诱发药粉黏性的液体,称为润湿剂。适用于具有一定黏性的药料制粒压片。本身具有黏性,能增加药粉间的黏合作用,以利于制粒和压片的辅料,称为黏合剂。适用于没有黏性或黏性不足的药料制粒压片。

黏合剂有固体和液体型两类,一般液体型的黏合作用较大,固体型(也称"干燥黏合剂")往往兼有稀释剂的作用。润湿剂和黏合剂的合理选用及其用量的恰当控制关系到片剂的成型,影响到有效成分的溶出及片剂的生物利用度。常用的润湿剂与黏合剂有以下品种。

1. 水 一般多用蒸馏水或去离子水。易溶于水或易水解的药物则不适用。

2. 乙醇 凡药物具有黏性,但遇水后黏性过强而不易制粒;或遇水受热易变质;或药物易溶于水难以制料;或干燥后颗粒过硬,影响片剂质量者,均宜采用不同浓度的乙醇作为润湿剂。中药浸膏粉、半浸膏粉等制粒常采用乙醇作润湿剂,用大量淀粉、糊精或糖粉作赋形剂者亦常用乙醇作润湿剂。

3. 淀粉浆(糊) 淀粉浆为最常用的黏合剂。使用浓度一般为 8%~15%,以 10% 最为常用。淀粉浆的制法有煮浆法和冲浆法两种。

4. 糊精 糊精主要作为干燥黏合剂,亦有配成 10% 糊精浆与 10% 淀粉浆合用。糊精浆黏性介于淀粉浆与糖浆之间,其主要使粉粒表面黏合,不很适用于纤维性大及弹性强的中药制片。

5. 糖浆 蔗糖为蔗糖的水溶液,其黏合力强,适用于纤维性强、弹性大及质地疏松的药物。使用浓度多为 50%~70%,常与淀粉浆或胶浆混合使用。不宜用于酸、碱性较强的药物,以免产生转化糖而增加引湿性,不利制片。

液状葡萄糖、饴糖、炼蜜都具有较强的黏性,适用的药物范围与糖浆类似,但均具一定引湿性,应控制用量。

6. 胶浆类 胶浆具有强黏合性,多用于可压性差的松散性药物或作为硬度要求大的口含片的黏合剂。使用时应注意浓度和用量,若浓度过高、用量过大会影响片剂的崩解和药物的溶出。此类中的阿拉伯胶浆和明胶浆主要用于口含片及轻质或易失去结晶水的药物。另一多功能黏合剂聚维酮 K36 胶浆,其水溶液适用于咀嚼片;其干粉为直接压片的干燥黏合剂,能增加疏水性药物的亲水性,有利片剂崩解;其无水乙醇溶液可用于泡腾片的制粒;而 5%~10% 聚维酮 K30 水溶液是喷雾干燥制粒时的良好黏合剂。

7. 微晶纤维素 微晶纤维素可作黏合剂、崩解剂、助流剂和稀释剂。因具吸湿性,故不适用于包衣片及某些对水敏感的药物。

8. 纤维素衍生物 羧甲基纤维素钠、羟丙基甲基纤维素和低取代羟丙基纤维素均可作黏合剂。都兼有崩解作用。

尼美舒利颗粒

【处方】 尼美舒利 20 g　　淀粉 28 g　　糖粉 12 g

10%淀粉浆　适量

【问题】 请分析尼美舒利颗粒的处方中各成分的作用？

《中国药典》规定,颗粒剂在生产和储存期间均应符合下列有关规定。

（1）药物与辅料应均匀混合;凡属挥发性药物或遇热不稳定的药物在制备过程中应注意控制适宜的温度条件,凡遇光不稳定的药物应遮光操作。挥发油应均匀喷入干燥颗粒中,密闭至规定时间。

（2）颗粒剂应干燥、色泽一致,无吸潮、结块、潮解等现象。

（3）根据需要可加入适宜的矫味剂、芳香剂、着色剂、分散剂和防腐剂等添加剂。

（4）颗粒剂的溶出度、释放度、含量均匀度、微生物限度等应符合要求。必要时,包衣颗粒剂应检查残留溶剂。

（5）除另有规定外,颗粒剂应密封,置干燥处储存,防止受潮。

（6）对化学药品,单剂量包装的颗粒剂在标签上要标明每个袋（瓶）中活性成分的名称及含量。多剂量包装的颗粒剂应有确切的分剂量方法外,在标签上要标明颗粒中活性成分的名称和重量。

（7）对中药颗粒剂,除另有规定外,药材应按各该品种项下规定的方法进行提取、纯化、浓缩至规定一定密度的清膏,采用适宜的方法干燥,并制成细粉,加适量的辅料或药材细粉,混匀并制成颗粒。

颗粒剂常用辅料中润湿剂和黏合剂有什么区别？应该如何选用？

任务二　颗粒剂的制备

一、工艺流程

颗粒剂制备的一般工艺流程如图 6-1 所示。

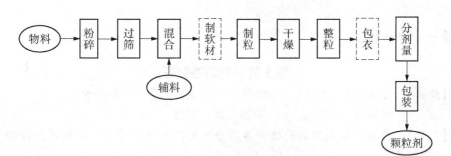

图 6-1　颗粒剂的制备工艺流程

二、制备要点

1. **物料粉碎与过筛**　原辅料混合前，一般均需经过粉碎与过筛，要求细度以能通过 5～6 号筛为宜。如原料药或辅料中有剧毒、贵重及颜色较深的成分，应粉碎得更细一些，以便于混匀，确保含量准确。

2. **制软材**　将药物与适当的稀释剂（如淀粉、蔗糖或乳糖等）、崩解剂（如淀粉、纤维素衍生物等）充分混匀，加入适量的水或其他黏合剂制成湿润混合物，称为软材，像这种大量固体粉末和少量液体的混合过程叫捏合。制软材是传统湿法制粒的关键技术，黏合剂的加入量可根据经验"手握成团，轻压即散"为准。由于淀粉和纤维素衍生物兼具黏合和崩解两种作用，所以常用做颗粒剂的黏合剂。

3. **制粒**　湿颗粒的制备常采用挤出制粒法。将软材用机械挤压通过具有一定大小孔眼的孔板或筛网，即可制得湿颗粒。这类制粒设备包括摇摆式制粒机、旋转式制粒机等。高效混合制粒机也可进行湿法制粒，该设备具有搅拌混合与制粒的双重功能，可在数分钟内制成大小均匀的颗粒。除了这种传统的过筛制粒方法以外，近年来开发了许多新的制粒方法和设备应用于生产实践，如流化（沸腾）制粒、喷雾干燥制粒等。

4. **颗粒的干燥**　湿颗粒应及时干燥以除去水分，防止粘连结块或受压变形。除了流化（或喷雾制粒法）制得的颗粒已被干燥以外，其他方法制得的颗粒必须再用适宜的方法加以干燥。可根据药物的性质，采用箱式干燥法、流化床干燥法等，在 60～80℃进行干燥。

5. **整粒与分级**　在干燥过程中，某些颗粒可能发生粘连，甚至结块。因此，要对干燥后的颗粒给予适当的整理，以使结块、粘连的颗粒散开，获得具有一定粒度的均匀颗粒，这就是整粒的过程。通常采用过筛的办法，一般使用一号筛，把大于筛孔的颗粒进行碎解，再用四号筛分离出细粉，完成颗粒的整粒和分级。

6. **包衣**　有些颗粒剂为了掩盖药物的不良嗅味，或者为达到稳定、防潮、肠溶、缓释等目的，需要对颗粒进行包衣，通常采用包薄膜衣的工艺。

7. **质量检查与分剂量**　将制得的颗粒进行含量检查与粒度测定等质检项目，合格后进行分装。常用铝塑复合材料制袋，按每次剂量的容积，以容量法进行分装后封口，一般使用制袋充填包装设备完成分剂量和包装流程。

案例——想一想

维生素C颗粒的制备

【处方】 维生素C 1.5g　　　糊精 15.0g　　　糖粉 13.5g

　　　　 酒石酸 0.15g　　 50%乙醇 适量

【问题】 维生素C颗粒的处方中各成分分别具有什么作用? 应按照怎样的工艺流程进行制备?

三、湿法制粒技术与设备

颗粒剂的生产中通常采用挤出制粒法制粒,传统的制粒设备为摇摆式颗粒机。近年来一些新的制粒方法已用于生产实践中,如流化喷雾制粒法、快速搅拌制粒法、滚转制粒法等。不同的制粒方法所制得的颗粒的粒度、形状、均匀性上具有差别,可根据产品的需要选择不同的制粒方法。

(一) 挤压制粒技术

挤压制粒技术是先将处方中原辅料混合均匀后加入黏合剂制软材,然后将软材用强制挤压的方式通过具有一定大小的筛孔而制粒的方法。常用的制粒设备有摇摆式制粒机、旋转挤压制粒机等(图6-2、6-3)。

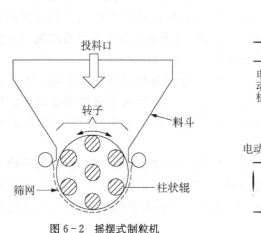

图6-2 摇摆式制粒机

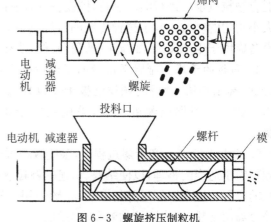

图6-3 螺旋挤压制粒机

制备软材是关键工序,软材质量直接影响颗粒质量,若软材太紧则制出颗粒太硬,影响药物溶解,若太松则颗粒不能成型。首先应根据物料的性质确定合适的黏合剂或润湿剂,并选择适合的浓度。黏合剂浓度越大、黏性越大,若干用量过多会使制备出的颗粒黏性大而紧,应以能制成软材的最小量作为用量的原则。其次应选择合适的混合时间,一般湿混的时间越长、揉混强度越大,颗粒越紧,如果时间短则颗粒松,但有可能混合不够均匀,还需根据原辅料的粒度、晶型、黏性等进行调整，以保证软材的质量。

挤压制粒最常用的设备是摇摆式制粒机，制备时将软材加于料斗中，借助滚筒正、反方向旋转时刮刀对物料的挤压与剪切作用，使物料通过筛网而成粒。颗粒的粒度可由筛网的孔径大小调节，一般使用16～18目的不锈钢筛网，粒度分布范围窄，可根据颗粒的性质和质量要求进行选择。颗粒的松软程度可用不同黏合剂及其加入量调节，以适应不同需要。摇摆式制粒机生产能力低，对筛网的摩擦力较大，筛网易破损，但其结构简单、操作容易，还可用于干颗粒的整粒，因此广泛应用干制药生产中。

（二）高速搅拌制粒技术

通过设备容器内制粒刀和搅拌浆的高速旋转，将物料搅拌均匀后，在黏合剂或润湿剂的作用下进行高速搅拌制粒，在一个容器内完成原辅料干混、制软材、制湿粒的操作方法，常使用的设备是高速混合制粒机（图6-4）。此方法与挤压制粒法相比，工序少、生产效率高、操作简单、物料混合的均匀性较好。本法适用于工艺成熟、产量较大的品种。

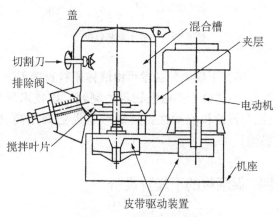

图6-4　高速搅拌制粒机

高速搅拌制粒操作流程为：①投料，确认产品的原辅料重量、质量符合要求后，依次加入制粒锅，盖好锅盖。②干混，开机进行混合，一般通过实验确定混合时间，通常2～10 min。③加黏合剂，取适量黏合剂，在搅拌状态下加入制备软材。④制湿颗粒，选择适合的混合时间，控制搅拌浆和制粒刀的速度，制备湿颗粒。到达时间后，停机开盖检查湿粒质量，使松紧合适。⑤出料，若湿颗粒已制备完成，打开出料阀放料，并准备干燥。

（三）流化床制粒技术

流化床制粒技术是将物料置于流化制粒设备的流化室内，通入滤过的加热空气，利用气流作用，使容器内物料粉末保持悬浮状态，再将经预热处理的润湿剂或黏合剂（或药材浸膏）以雾状间歇喷入，使粉末被润湿而凝结成颗粒，继续流化干燥至颗粒中含水量适宜，即得干颗粒。该技术将物料的混合、黏合成粒及干燥在同一设备内一次完成，又称"一步制粒法"，如图6-5所示。

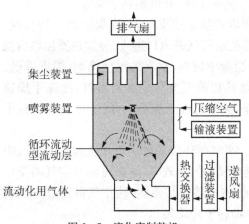

图6-5　流化床制粒机

流化制粒技术既简化了工序和设备，降低了劳动强度，同时制得的颗粒大小均匀，外观圆整，密度小，强度小，流动性和可压性好，是一种较为先进的制粒方法。该技术的缺点是动力消耗较大，另外处方中含有密度差别较大的多种组分时，可能会造成含量的不均匀。此外，捕尘袋的清洗困难、控制不当易产生污染。

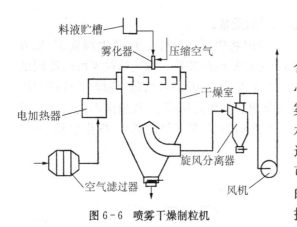

图 6-6　喷雾干燥制粒机

（四）喷雾干燥制粒技术

将待制粒的药物、辅料与黏合剂溶液混合，制成物料溶液或混悬液，用泵输送至离心式雾化器的高压喷嘴，受高压经喷嘴小孔雾化成大小适宜的液滴，热气流使雾滴中的水分迅速蒸发，将其迅速干燥而得到细小的近似球形的颗粒，落入干燥器底部。该技术可在数秒中完成药液的浓缩与干燥，原料液的含水量可达 70%，甚至 80% 以上，简化了操作，速度较快、效率较高。该技术所采用的设备为喷雾干燥设备（图 6-6）。

喷雾干燥制粒技术可由液体原料直接干燥得到粉状固体颗粒，干燥速度快，物料的受热时间短，适合于热敏性物料的制粒。该技术所得颗粒多为中空球状粒子，具有良好的溶解性、分散性和流动性。其缺点是设备费用高、能量消耗大、操作费用高、黏性大的料液易黏壁。

四、湿颗粒的干燥及设备

干燥是利用热能使湿物料中的湿分（水分或其他溶剂）汽化，并利用气流或真空带走气化了的湿分，从而获得干燥固体产品的操作。

物料中的湿分多数为水，带走湿分的气流一般为空气。在制剂生产中需要干燥的物料多数为湿法制粒物和中药浸膏等。干燥的温度应根据药物的性质而定，一般为 40～60℃，个别对热稳定的药物可适当放宽到 70～80℃，甚至可以提高到 80～100℃。干燥程度根据药物的稳定性质不同有不同要求，一般为 3% 左右，但阿司匹林片的干颗粒含水量应低于 0.3%～0.6%，而四环素片的颗粒则要求水分控制在 10%～14% 之间。

（一）干燥方法与设备

干燥方法的分类方式有多种。按操作方式分为间歇式、连续式；按操作压力分为常压式、真空式；按加热方式分为热传导干燥、对流干燥、辐射干燥、介电加热干燥等。

1. 厢式干燥器　如图 6-7(a)所示，在干燥厢内设置多层支架，在支架上放入物料盘，图 6-7(b)表示干燥器中空气的变化过程。干燥器的空气从进风口进入，经加热器加热后温度升高，在风扇的作用下，进入干燥室内小车上干燥盘中物料，空气的湿度增加，温度降低，排风口排出含有物料湿分的空气，依次类推反复加热以降低空气的相对湿度，提高干燥速率。为了使干燥均匀，干燥盘内的物料层不能太厚，必要时在干燥盘上开孔，或使用网状干燥盘以使空气透过物料层。

厢式干燥器多采用废气循环法和中间加热法。废气循环法系将从干燥室排出的废气中的一部分与新鲜空气混合重新进入干燥室，不仅提高设备的热效率，同时可调节空气的湿度以防止物料发生龟裂或变形。中间加热法系在干燥室内装有加热器，使空气每通过一次物料盘得到再次加热，以保证干燥室内上下层盘内的物料干燥均匀。

厢式干燥器为间歇式干燥器，其设备简单，适应性强，适用于小批量生产物料的干燥中。

（a）厢式干燥器外形

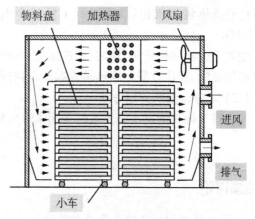

（b）厢式干燥器结构

图 6-7　厢式干燥器

缺点是劳动强度大、热量消耗大等。

2. 流化床干燥器　热空气以一定速度自下而上穿过松散的物料层，使物料形成悬浮流化状态的同时进行干燥的操作。物料的流态化类似液体沸腾，因此生产上也叫沸腾干燥器。流化床干燥器有立式和卧式，在制剂工业中常用卧式多室流化床干燥器（图 6-8）。

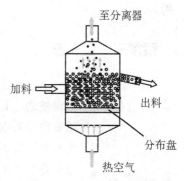

图 6-8　流化床干燥器

将湿物料由加料器送入干燥器内多孔气体分布板（筛板）之上，空气经预热器加热后吹入干燥器底部的气体分布板，当气体穿过物料层时物料呈悬浮状做上下翻动的过程中得到干燥，干燥后的产品由卸料口排出，废气由干燥器的顶部排出，经袋滤器或旋风分离器回收其中夹带的粉尘后排空。

流化床干燥器结构简单，操作方便，操作时颗粒与气流间的相对运动激烈，接触面积大，强化了传热、传质，提高了干燥速率；物料的停留时间可任意调节，适用于热敏物料的干燥。流化床干燥器不适宜于含水量高，易黏结成团的物料，要求粒度适宜。流化床干燥器在片剂颗粒的干燥中得到广泛的应用。

3. 喷雾干燥器　设备结构与操作如图 6-6 所示。喷雾干燥蒸发面积大、干燥时间非常短（数秒～数十秒），在干燥过程中雾滴的温度大致等于空气的湿球温度，一般为 50℃左右，适合于热敏物料及无菌操作的干燥。干燥制品多为松脆的空心颗粒，溶解性好。如在喷雾干燥器内送入灭菌料液及除菌热空气可获得无菌干品，如抗生素粉针的制备、奶粉的制备都可利用这种干燥方法。

4. 红外干燥器　红外干燥是利用红外辐射元件所发射的红外线对物料直接照射而加热的一种干燥方式。红外线是介于可见光和微波之间的一种电磁波，其波长范围在 0.72～1 000 μm 的广阔区域，波长在 0.72～5.6 μm 区域的叫近红外，5.6～1 000 μm 区域的称远红外。

红外线干燥时，由于物料表面和内部的分子同时吸收红外线，故受热均匀、干燥快、质量好。缺点是电能消耗大。

5. 微波干燥器　微波干燥器是在干燥器内设置一种高频交变电场，使湿物料中的水分子迅速获得热量而汽化,从而进行干燥的介电加热干燥器。使用的频率为 915 MHz 或 245 MHz。

微波干燥器加热迅速、均匀、干燥速度快、热效率高;对含水物料的干燥特别有利;微波操作控制灵敏、操作方便。缺点是成本高,对有些物料的稳定性有影响。

(二)水分含量的测定方法

把物料干燥后测定水分含量时常用干燥失重测定法。

课堂讨论

如果颗粒剂处方中主药成分是热敏性物料,受热易变质,该如何选择制粒方法?

案例——做一做

复方维生素 B 颗粒剂

【处方】 盐酸硫胺 1.20 g   核黄素 0.24 g   盐酸吡多辛 0.36 g

       烟酰胺 1.20 g   混旋泛酸钙 0.24 g   苯甲酸钠 4.00 g

       枸橼酸 2.00 g   橙皮酊 20 ml   蔗糖粉 986 g

【问题】 分析处方中各成分的作用? 按上述处方将复方维生素 B 颗粒剂制备出来?

【制备】

(1) 将称好的盐酸吡多辛、混旋泛酸钙、枸橼酸、橙皮酊溶于少量纯化水中作润湿剂,备用。

(2) 将称好的核黄素与蔗糖粉混合,粉碎 3 次,过 80 目筛,备用。

(3) 将称好的盐酸硫胺、烟酰胺、苯甲酸钠混匀,再与核黄素与蔗糖粉混匀,加润湿剂制粒,60~65℃干燥,整粒,分级即得。

【注意事项】

(1) 处方中的核黄素带有黄色,须与辅料充分混匀。

(2) 核黄素对光敏感,操作时应尽量避免直射光线。

任务三 颗粒剂的质量控制及包装贮存

一、颗粒剂的质量检查

颗粒剂的质量检查,除主药含量外,《中国药典》还规定了粒度、干燥失重、溶化性以及重量差异等检查项目。

1. 外观　颗粒应干燥、均匀、色泽一致,无吸潮、软化、结块、潮解等现象。

2. 粒度　除另有规定外,照粒度测定法检查。粗粒剂的粒度:不能通过一号筛与能通过五号筛的总和不得超过供试品量的 15.0%。细粒剂的粒度:不能通过五号筛与能通过九号筛的总和不得超过供试品量的 10.0%。

3. 干燥失重　取供试品照干燥失重测定法测定,除另有规定外,减失重量不得超过 2.0%。

4. 溶化性　取供试颗粒 10 g,加热水 200 ml,搅拌 5 min,可溶性颗粒剂应全部溶化或可允许有轻微浑浊,但不得有焦屑等异物。混悬型颗粒剂同法测定应能混悬均匀。泡腾性颗粒剂应取单剂量 6 包(瓶),分别置于 250 ml 烧杯中,烧杯中盛有 200 ml 水,水温为 15～25℃,应立即产生二氧化碳气体,呈泡腾状,5 min 内颗粒应完全分散或溶解在水中。凡规定检查溶出度或释放度的颗粒剂可不检查溶化性。

5. 装量差异

(1) 单剂量包装的颗粒剂:其装量差异限度应符合下表的规定(表 6 - 1)。依照《中国药典》规定,取供试品 10 包(瓶),除去包装,分别精密称定每包(瓶)内容物的重量,求出内容物的装量与平均装量。每包(瓶)装量与平均装量相比较(无含量测定的颗粒剂,每包(瓶)装量应与标示装量比较),超出装量差异限度的颗粒剂不得多于 2 包(瓶),并不得有 1 包(瓶)超出装量差异限度 1 倍。

表 6 - 1　单剂量包装颗粒剂装量差异限度要求

标示装量(g)	装量差异限度(%)
1.0 或 1.0 以下	±10.0
1.0 以上至 1.50	±8.0
1.50 以上至 6.0	±7.0
6.0 以上	±5.0

凡规定检查含量均匀度的颗粒剂,可不进行装量差异的检查。

(2) 多剂量包装的颗粒剂:依照《中国药典》最低装量检查法检查,应符合规定。

6. 微生物限度　应符合微生物限度检查要求,细菌数不得超过 1 000 个/克,霉菌、酵母菌数不得超过 100 个/克,并不得检出大肠埃希杆菌。

二、颗粒剂的包装贮存

除另有规定外,颗粒剂应密封并在干燥处贮存,其贮存要求与散剂基本相同,应使用防潮包装材料,还应注意防止多组分颗粒的分层,保持颗粒的均匀性。

知识归纳

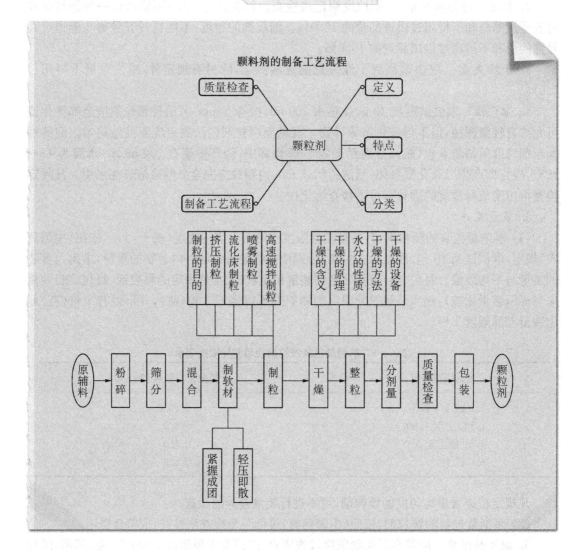

颗料剂的制备工艺流程

目标检测

一、名词解释

1. 颗粒剂 2. 软材

二、填空题

1. 泡腾颗粒剂遇水产生大量气泡,所放出的气体是_____。

2. 颗粒剂干燥失重检查中,减失重量不得超过_____。

3. 4 g/包的单剂量装颗粒剂的装量差异限度为_____。

4. 颗粒剂制备过程中,湿颗粒的干燥温度一般为_____。

三、单选题

1. 符合颗粒剂质量要求的是(　　)

　　A．无菌　　　　　　　　　B．均匀细腻　　　　　　　C．崩解时限合格

　　D．粒度符合要求　　　　　E．pH 值符合要求

2. 颗粒剂中,不能通过一号筛和能通过五号筛的总和不得超过供试量的(　　)

　　A．6%　　　　　　B．8%　　　　　　C．10%　　　　　　D．15%　　　　　　E．20%

3. 以下对颗粒剂表述错误的是(　　)

　　A．飞散性和附着性较小　　　　　B．吸湿性和聚集性较小

　　C．颗粒剂可包衣或制成缓释制剂　　D．可适当添加芳香剂、矫味剂等调节口感

　　E．颗粒剂的干燥失重不得超过 3%

4. 不属于颗粒剂的质量检查项目的是(　　)

　　A．外观　　　　B．粒度　　　　C．干燥失重　　　　D．溶化性　　　　E．融变时限

5. 8 g/包的颗粒剂的装量差异限度是(　　)

　　A．±15%　　　　B．±8%　　　　C．±10%　　　　D．±5%　　　　E．±20%

四、简答题

1. 颗粒剂有哪些特点?

2. 颗粒剂的质量检查项目有哪些?

項目七

片　剂

药·物·制·剂·技·术

学习目标

1. 能说出片剂处方的组成、片剂的特点及分类。
2. 能描述片剂的生产工艺流程。
3. 能描述片剂包衣的种类和包衣工艺流程。
4. 能对制备出的片剂进行质量判断。

任务一　片剂的处方组成

一、片剂的概念

片剂是指药物与辅料均匀混合后压制而成的片状固体制剂,其外观有圆形的,也有异形的(如椭圆形、三角形、棱形等)。它是现代药物制剂中应用最为广泛的剂型之一。

片剂发明于19世纪40年代,世界各国药典收载的制剂中以片剂为最多。近年来,随着科学技术的蓬勃发展,对片剂的成形理论也有了深入研究,随之出现了多种新型辅料、新型高效压片机等,推动了片剂品种的多样化、提高了片剂的质量、实现了连续化规模生产。

二、片剂的特点

片剂的优点:①剂量准确,含量均匀,以片数作为剂量单位;②化学稳定性较好,因为体积较小、致密,受外界空气、光线、水分等因素的影响较少,必要时通过包衣加以保护;③携带、运输、服用均较方便;④生产的机械化、自动化程度较高,产量大、成本及售价较低;⑤可以制成不同类型的各种片剂,如分散(速效)片、控释(长效)片、肠溶包衣片、咀嚼片和口含片等,以满足不同临床医疗的需要。

片剂的不足之处:①幼儿及昏迷病人不易吞服;②压片时加入的辅料,有时影响药物的溶出和生物利用度；③如含有挥发性成分，久贮含量有所下降。

三、片剂的分类

根据给药途径分为口服用片剂、口腔用片剂、皮下给药片剂、外用片剂等。

（一）口服用片剂

1. 普通片　药物与辅料混合、压制而成的未包衣常释片剂。

2. 包衣片　在普通片的外表面包上一层衣膜的片剂。根据包衣材料不同可分为：①糖衣片，以蔗糖为主要包衣材料进行包衣而制得的片剂；②薄膜衣片，用羟丙甲纤维素等高分子成膜材料进行包衣而制得的片剂；③肠溶衣片，用肠溶材料包衣而制得的片剂，此种片剂在胃液中不溶。

3. 泡腾片　含有泡腾崩解剂的片剂。所谓泡腾崩解剂是指碳酸氢钠与枸橼酸等有机酸成对构成的混合物，遇水时两者反应产生大量二氧化碳气体，从而使片剂迅速崩解。应用时将片剂放入水杯中加入温水迅速崩解后饮用，非常适用于儿童、老人及吞服药片有困难的病人。

4. 咀嚼片　在口中嚼碎后再咽下去的片剂。常加入蔗糖、薄荷、食用香料等以调整口味，适合于小儿服用，对于崩解困难的药物制成咀嚼片可有利于吸收。

5. 分散片　遇水迅速崩解并均匀分散的片剂（在 21℃±1℃ 下水中 3 min 即可崩解分散，并通过 180 μm 孔径的筛网），加水分散后饮用，也可咀嚼或含服。

6. 缓释片或控释片　能够控制药物释放速度，以延长药物作用时间的一类片剂。具有血药浓度平稳、服药次数少、治疗作用时间长等优点。

7. 多层片　由两层或多层构成的片剂。一般由两次或多次加压而制成，每层含有不同的药物或辅料，这样可以避免复方制剂中不同药物之间的配伍变化，或者达到缓释、控释的效果，如胃仙-U，即为双层片。

（二）口腔用片剂

1. 舌下片　将片剂置于舌下，药物经黏膜直接，且快速吸收而发挥全身作用的片剂。可避免肝脏对药物的首过作用，如硝酸甘油舌下片用于心绞痛的治疗。

2. 含片　含在口腔内缓缓溶解而发挥局部或全身治疗作用的片剂。常用于口腔及咽喉疾病的治疗，如复方草珊瑚含片等。

3. 口腔贴片　贴在口腔黏膜，药物直接由黏膜吸收，发挥全身作用的片剂。适用于肝脏首过作用较强的药物。

（三）外用片剂

1. 溶液片　临用前加水溶解成溶液的片剂。一般用于漱口、消毒、洗涤伤口等，如复方硼砂漱口片等。

2. 阴道片　供塞入阴道内产生局部作用的片剂。起消炎、杀菌、杀精子及收敛等作用。为加快崩解常制成泡腾片。

案例——想一想

请举例说明你所知道的片剂产品并分析产品属于哪种类型片剂？说明它们之间有何差异？

四、片剂的常用辅料

片剂由药物和辅料组成。辅料系指片剂内除药物以外的一切附加物料的总称,亦称赋形剂。不同辅料可提供不同功能,即填充、黏合、吸附、崩解和润滑作用等,根据需要还可加入着色剂、矫味剂等,以提高患者的顺应性。

片剂的辅料必须具备较高的化学稳定性,不与主药发生任何物理化学反应,对人体无毒、无害、无不良反应,不影响主药的疗效和含量测定。根据各种辅料所起的作用不同,将辅料分为五大类进行讨论。

(一)稀释剂

稀释剂的主要作用是用来增加片剂的重量或体积,亦称为填充剂。片剂的直径一般不小于 6 mm,片重多在 100 mg 以上。稀释剂的加入不仅保证一定的体积大小,而且减少主药成分的剂量偏差,改善药物的压缩成形性等。

1. 淀粉 淀粉有玉米淀粉、马铃薯淀粉、小麦淀粉,其中常用的是玉米淀粉。淀粉的性质稳定,可与大多数药物配伍,吸湿性小,外观色泽好,价格便宜,但可压性较差,因此常与可压性较好的糖粉、糊精、乳糖等混合使用。

2. 糖粉 糖粉系指结晶性蔗糖经低温干燥、粉碎而成的白色粉末。优点是黏合力强,可用来增加片剂的硬度,使片剂的表面光滑美观,缺点是吸湿性较强,长期贮存,会使片剂的硬度过大,崩解或溶出困难,除口含片或可溶性片剂外,一般不单独使用,常与糊精、淀粉配合使用。

3. 糊精 糊精是淀粉水解的中间产物,在冷水中溶解较慢,较易溶于热水,不溶于乙醇。具有较强的黏结性,使用不当会使片面出现麻点、水印及造成片剂崩解或溶出迟缓;如果在含量测定时粉碎与提取不充分,将会影响测定结果的准确性和重现性,所以,很少单独使用糊精,常与糖粉、淀粉配合使用。

4. 乳糖 是由等分子葡萄糖及半乳糖组成,白色结晶性粉末,带甜味,易溶于水。常用的乳糖是含有一分子结晶水(α-乳糖),无吸湿性,可压性好,压成的药片光洁美观,性质稳定,可与大多数药物配伍。由喷雾干燥法制得的乳糖为非结晶性、球形乳糖,其流动性、可压性良好,可供粉末直接压片。

5. 可压性淀粉 亦称为预胶化淀粉,又称 α-淀粉,是新型的药用辅料。国产的可压性淀粉是部分预胶化淀粉,与国外的 Starch RX1500 相当。本品具有良好的流动性、可压性、自身润滑性和干黏合性,并有较好的崩解作用。作为多功能辅料,常用于粉末直接压片。

6. 微晶纤维素 微晶纤维素(microcrystalline cellulose, MCC)是由纤维素部分水解而制得的结晶性粉末,具有较强的结合力与良好的可压性,亦有"干黏合剂"之称,可用做粉末直接压片。另外,片剂中含 20% 以上微晶纤维素时崩解较好。国外产品的商品名为 Avicel,并根据粒径不同分为若干规格,如 HP101,HP102,HP201,HP202,HP301,HP302 等。国产微晶纤维素已在国内得到广泛应用,但其产品种类与质量有待于进一步丰富与提高。

7. 无机盐类 常见的无机盐类包括一些无机钙盐,如硫酸钙、磷酸氢钙及碳酸钙等。其中二水硫酸钙较为常用,其性质稳定,无嗅无味,微溶于水,可与多种药物配伍,制成的片剂外观光洁,硬度、崩解均好,对药物也无吸附作用。但应注意硫酸钙对某些主药(四环素类药物)的含量测定有干扰时不宜使用。

8. 糖醇类 甘露醇、山梨醇呈颗粒或粉末状,具有一定的甜味,在口中溶解时吸热,有凉爽感。因此,较适于咀嚼片,但价格稍贵,常与蔗糖配合使用。近年来开发的赤藓糖溶解速度快、有较强的凉爽感、口服后不产生热能,在口腔内 pH 值不下降(有利于牙齿的保护)等,是制备口腔速溶片的最佳辅料,但价格昂贵。

(二) 润湿剂与黏合剂

1. 润湿剂 系指本身没有黏性,但能诱发待制粒物料的黏性,以利于制粒的液体。在制粒过程中常用的润湿剂有以下两种。

(1) 蒸馏水:蒸馏水是在制粒中最常用的润湿剂,无毒、无味、便宜,但干燥温度高、干燥时间长,对于水敏感的药物非常不利。在处方中水溶性成分较多时可能出现发黏、结块、湿润不均匀、干燥后颗粒发硬等现象,此时最好选择适当浓度的乙醇-水溶液,以克服上述不足。其溶液的混合比例根据物料性质与试验结果而定。

(2) 乙醇:乙醇可用于遇水易分解的药物或遇水黏性太大的药物。中药浸膏的制粒常用乙醇-水溶液做润湿剂,随着乙醇浓度的增大,润湿后所产生的黏性降低,常用浓度为 30%～70%。

2. 黏合剂 系指对无黏性或黏性不足的物料给予黏性,从而使物料聚结成粒的辅料。常用黏合剂有以下几种。

(1) 淀粉浆:是淀粉在水中受热后糊化而得的产品,玉米淀粉完全糊化的温度是 77℃。淀粉浆的常用浓度为 8%～15%。若物料的可压性较差,其浓度可提高到 20%。淀粉浆的制法主要有煮浆法和冲浆法两种,冲浆法是将淀粉混悬于少量(1～1.5 倍)水中,然后根据浓度要求冲入一定量的沸水,不断搅拌糊化而成;煮浆法是将淀粉混悬于全部量的水中,在夹层容器中加热并不断搅拌,直至糊化。由于淀粉价廉易得,且黏合性良好,因此是制粒中首选的黏合剂。

(2) 纤维素衍生物:将天然的纤维素经处理后制成的各种纤维素的衍生物。

1) 甲基纤维素(methylcellulose, MC):是纤维素的甲基醚化物,具有良好的水溶性,可形成黏稠的胶体溶液,应用于水溶性及水不溶性物料的制粒中,颗粒的压缩成形性好且不随时间变硬。

2) 羟丙基纤维素(hydroxypropylcellulose, HPC):是纤维素的羟丙基醚化物,易溶于冷水,加热至 50℃ 发生胶化或溶胀现象。可溶于甲醇、乙醇、异丙醇和丙二醇中。本品既可做湿法制粒的黏合剂,也可做粉末直接压片的干黏合剂。

3) 羟丙基甲纤维素(hydroxypropylmethyl cellulose, HPMC):是纤维素的羟丙甲基醚化物,易溶于冷水,不溶于热水,因此制备 HPMC 水溶液时,最好先将 HPMC 加入到总体积

1/5～1/3 的热水(80～90℃)中,充分分散与水化,然后降温,不断搅拌使溶解,加冷水至总体积。

4) 羧甲基纤维素钠(carboxymethylcellulose sodium,CMC—Na):是纤维素的羧甲基醚化物的钠盐,溶于水,不溶于乙醇。在水中,首先在粒子表面膨化,然后慢慢地浸透到内部,逐渐溶解而成为透明的溶液。如果在初步膨化和溶胀后加热至 60～70℃,可大大加快其溶解过程。应用于水溶性与水不溶性物料的制粒中,但片剂的崩解时间长,且随时间变硬,常用于可压性较差的药物。

5) 乙基纤维素(ethylcellulose,EC):是纤维素的乙基醚化物,不溶于水,溶于乙醇等有机溶剂中,可作对水敏感性药物的黏合剂。本品的黏性较强,且在胃肠液中不溶解,会对片剂的崩解及药物的释放产生阻滞作用。目前常用做缓、控释制剂的包衣材料。

3. 聚维酮 聚维酮(polyviny pyrrolidine,PVP)根据相对分子质量不同分为多种规格,其中最常用的型号是 K30(相对分子质量 6 万)。聚维酮的最大优点是既溶于水,又溶于乙醇,因此可用于水溶性或水不溶性物料以及对水敏感性药物的制粒,还可用做直接压片的干黏合剂。常用于泡腾片及咀嚼片的制粒中。最大缺点是吸湿性强。

4. 明胶 溶于水形成胶浆,其黏性较大,制粒时明胶溶液应保持较高温度,以防止胶凝,缺点是制粒物随放置时间变硬。适用于松散且不易制粒的药物以及在水中不需崩解或延长作用时间的口含片等。

5. 聚乙二醇(polyethylene glycol,PEG) 根据相对分子质量不同有多种规格,其中PEG4000,PEG6000 常用于黏合剂。PEG 溶于水和乙醇中,制得的颗粒压缩成形性好,片剂不变硬,适用于水溶性与水不溶性物料的制粒。

6. 其他黏合剂 其他黏合剂如 50%～70%的蔗糖溶液,海藻酸钠溶液等。

制粒时主要根据物料的性质以及实践经验选择适宜的黏合剂、浓度及其用量等,以确保颗粒与片剂的质量。部分黏合剂的常用剂量归纳如表 7-1 所示。

表 7-1　常用的黏合剂与参考用量

黏合剂	溶剂中质量浓度(w/V,%)	制粒用溶剂
淀粉	5～10	水
预胶化淀粉	2～10	水
明胶	2～10	水
蔗糖、葡萄糖	2～50	水
聚维酮	2～20	水或乙醇
甲基纤维素	2～10	水
羟丙基甲基纤维素	2～10	水或乙醇溶液
羧甲基纤维素钠(低黏度)	2～10	水
乙基纤维素	2～10	乙醇
聚乙二醇(4000,6000)	10～50	水或乙醇
聚乙烯醇	5～20	水

(三) 崩解剂

崩解剂是促使片剂在胃肠液中迅速碎裂成细小颗粒的辅料。由于片剂是高压下压制而成,因此空隙率小,结合力强,很难迅速溶解。因为片剂的崩解是药物溶出的第 1 步,所以崩解时限为检查片剂质量的主要内容之一。除了缓控释片、口含片、咀嚼片、舌下片、植入片等有特殊要求的片剂外,一般均需加入崩解剂。特别是难溶性药物的溶出便成为药物在体内吸收的限速阶段,其片剂的快速崩解更具实际意义。常用崩解剂有以下几种。

1. 干淀粉 是一种经典的崩解剂,在 100～105℃下干燥 1 h,含水量在 8% 以下。干淀粉的吸水性较强,其吸水膨胀率为 186% 左右。干淀粉适用于水不溶性或微溶性药物的片剂,而对易溶性药物的崩解作用较差。

2. 羧甲基淀粉钠(carboxymethyl starch sodium,CMS—Na) 吸水膨胀作用非常显著,其吸水后膨胀率为原体积的 300 倍,是一种性能优良的崩解剂,国外产品的商品名为 "Primojel"。

3. 低取代羟丙基纤维素(L-HPC) 是近年来国内应用较多的一种崩解剂。具有很大的表面积和孔隙率,有很好的吸水速度和吸水量,其吸水膨胀率为 500%～700%。

4. 交联羧甲基纤维素钠(croscarmellose sodium,CCNa) CCNa 由于交联键的存在不溶于水,能吸收数倍于本身重量的水而膨胀,所以具有较好的崩解作用;当与羧甲基淀粉钠合用时,崩解效果更好,但与干淀粉合用时崩解作用会降低。

5. 交联聚维酮(亦称交联 PVPP) 是流动性良好的白色粉末;在水、有机溶剂及强酸强碱溶液中均不溶解,但在水中迅速溶胀,无粘性,因而其崩解性能十分优越。

6. 泡腾崩解剂 是专用于泡腾片的特殊崩解剂,最常用的是由碳酸氢钠与枸橼酸组成的混合物。遇水时产生二氧化碳气体,使片剂在几分钟之内迅速崩解。含有这种崩解剂的片剂,应妥善包装,避免受潮造成崩解剂失效。

表 7-2 表示常用崩解剂的用量,近年来开发应用的高分子崩解剂一般比淀粉的用量少且明显缩短崩解时间,这些性质有利于水不溶性药物的片剂。

表 7-2 常用崩解剂及其用量

传统崩解剂	质量分数(w/w,%)	最新崩解剂	质量分数(w/w,%)
干淀粉(玉米,马铃薯)	5～20	羧甲基淀粉钠	1～8
微晶纤维素	5～20	交联羧甲基纤维素钠	5～10
海藻酸	5～10	交联聚维酮	0.5～5
海藻酸钠	2～5	羧甲基纤维素钙	1～8
泡腾酸-碱系统	3～20	低取代羟丙基纤维素	2～5

(四) 润滑剂

目前常用的润滑剂有以下几种。

1. 硬脂酸镁 为优良的润滑剂,易与颗粒混匀,减少颗粒与冲模之间的摩擦力,压片后片面光洁美观。用量一般为 0.1%～1%,用量过大时,由于其疏水性,会使片剂的崩解(或溶出)迟缓。另外,镁离子影响某些药物的稳定性。

2. 微粉硅胶 为优良的助流剂,可用做粉末直接压片的助流剂。其性状为轻质白色无水粉末,无臭无味,比表面积大,常用量为 0.1%～0.3%。

3. 滑石粉 为优良的助流剂,常用量一般为 0.1%～3%,最多不要超过 5%。

4. 氢化植物油　本品以喷雾干燥法制得,是一种良好的润滑剂。应用时,将其溶于轻质液状石蜡或己烷中,然后将此溶液边喷于干颗粒表面上边混合以利于均匀分布。

5. 聚乙二醇类　如 PEG4000,PEG6000 等具有良好的润滑效果,片剂的崩解与溶出不受影响。

6. 月桂硫酸钠(镁)　本品是水溶性表面活性剂,具有良好的润滑效果,不仅能增强片剂的强度,而且促进片剂的崩解和药物的溶出。

(五) 色、香、味等附加剂

片剂中还加入一些着色剂、矫味剂等辅料以改善口味和外观,但无论加入何种辅料,都应符合药用规格。口服制剂所用色素必须是药用级或食用级,色素的最大用量一般不超过0.05%。注意色素与药物的反应以及干燥中颜色的迁移等。如把色素先吸附于硫酸钙、三磷酸钙、淀粉等主要辅料中可有效地防止颜色的迁移。香精的常用加入方法是将香精溶解于乙醇中,均匀喷洒在已经干燥的颗粒上。近年来开发的微囊化固体香精可直接混合于已干燥的颗粒中压片,得到较好的效果。

课堂讨论

1. 在片剂产品的处方中每种辅料都必须具备吗?
2. 黏合剂淀粉浆和羟丙基甲基纤维素溶液是如何制备的?

知识拓展

(一) 崩解剂的作用机制

崩解剂的主要作用是消除因黏合剂或高度压缩而产生的结合力,从而使片剂在水中瓦解。片剂的崩解过程经历润湿、虹吸、破碎,崩解剂的作用机制有如下几种。

1. 毛细管作用　崩解剂在片剂中形成易于润湿的毛细管通道,当片剂置于水中时,水能迅速地随毛细管进入片剂内部,使整个片剂润湿而瓦解。淀粉及其衍生物、纤维素衍生物属于此类崩解剂。

2. 膨胀作用　自身具有很强的吸水膨胀性,从而瓦解片剂的结合力。膨胀率是表示崩解剂的体积膨胀能力大小的重要指标,膨胀率越大,崩解效果越显著。

3. 润湿热　有些药物在水中溶解时产生热,使片剂内部残存的空气膨胀,促使片剂崩解。

4. 产气作用　由于化学反应产生气体的崩解剂。如在泡腾片中加入的枸橼酸或酒石酸与碳酸钠或碳酸氢钠遇水产生二氧化碳气体,借助气体的膨胀而使片剂崩解。不同崩解剂有不同的作用机理。

（二）崩解剂的加入方法

崩解剂的加入方法有外加法、内加法和内外加法。即，①外加法是将崩解剂加入于压片之前的干颗粒中，片剂的崩解将发生在颗粒之间；②内加法是将崩解剂加入于制粒过程中，片剂的崩解将发生在颗粒内部；③内外加法是内加一部分，外加一部分，可使片剂的崩解既发生在颗粒内部又发生在颗粒之间，从而达到良好的崩解效果。通常内加崩解剂量占崩解剂总量的 50%～75%，外加崩解剂量占崩解剂总量的 25%～50%，（崩解剂总量一般为片重的 5%～20%），根据崩解剂的性能加入量有所不同。

（三）广义润滑剂含义

广义的润滑剂包括 3 种辅料，即助流剂、抗粘剂和润滑剂（狭义）。

1. 助流剂 降低颗粒之间摩擦力，从而改善粉体流动性，减少重量差异。

2. 抗黏剂 防止压片时物料黏着于冲头与冲模表面，以保证压片操作的顺利进行以及片剂表面光洁。

3. 润滑剂 降低压片和推出片时药片与冲模壁之间的摩擦力，以保证压片时应力分布均匀，防止裂片等。润滑性的好坏可用压力传递率（上冲压力与下冲压力的比值）评价。

（四）润滑剂的加入方法

润滑剂的加入方法常用的有 3 种：①直接加到待压的干颗粒中，此法不能保证分散混合均匀；②用 60 目筛筛出颗粒中部分细粉，与润滑剂充分混匀后再加入到干颗粒中；③将润滑剂溶于适宜的溶剂中或制成混悬液或乳浊液，喷入颗粒中混匀后将溶剂挥发，液体润滑剂常用此法。

案例——做一做

金刚烷胺片

【处方】 金刚烷胺盐酸盐 10.0 kg 淀粉 7.3 kg 糊精 2.0 kg
糖粉 1.5 kg 淀粉浆（10%） 适量 硬硬脂酸镁 0.02 kg

【问题】 分析上述处方中所用的辅料在本处方中的作用。

案例——试一试

维生素 B_1 咀嚼片

【处方】 维生素 B_1 10.0 kg 微晶纤维素 8.4 kg 无水乳糖 14.2 kg
硬脂酸镁 0.7 kg 微粉硅胶 0.2 kg

【问题】 分析上述处方中所用的辅料在本处方中的作用。

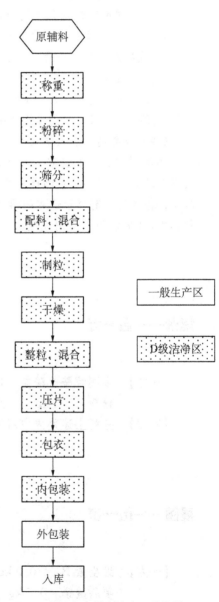

图7-1 片剂生产工艺流程

任务二 片剂的制备

压片过程的三大要素是：①流动性好。使流动、充填等粉体操作顺利进行,可减小片重差异。②压缩成形性好。不出现裂片、松片等不良现象。③润滑性好。片剂不黏冲,可得到完整、光洁的片剂。片剂的处方筛选和制备工艺的选择首先考虑能否压出片。

片剂的制备方法按制备工艺分类为两大类或四小类(表7-3),其生产工艺流程如图7-1。

表7-3 片剂的制备方法

分 类	制备方法
制粒压片法	1. 湿法制粒压片法 2. 干法制粒压片法
直接压片法	1. 直接粉末(结晶)压片法 2. 半干式颗粒(空白颗粒)压片法

一、粉碎

详见项目五任务二。

二、筛分

详见项目五任务二。

三、混合

详见项目五任务二。

四、制粒

(一)湿法制粒压片法

湿法制粒压片法是将湿法制粒的颗粒经干燥后压片的工艺,其工艺流程如图7-2所示。

湿法制粒是将药物和辅料的粉末混合均匀后加入液体黏合剂制备颗粒的方法。该方法靠黏合剂的作用使粉末粒子间产生结合力。由于湿法制粒的颗粒具有外形美观、流动性好、耐磨性较强、压缩成形性好等优点,是在医药工业中应用最为广泛的方法,但对于热敏性、湿敏性、极易溶性等物料可采用其他方法制粒。

（二）干法制粒压片法

干法制粒压片法是将干法制粒的颗粒进行压片的方法，其工艺流程如图7-3所示。

干法制粒是将药物和辅料的粉末混合均匀、压缩成大片状或板状后，粉碎成所需大小颗粒的方法。该法靠压缩力使粒子间产生结合力，其制备方法有压片法和滚压法。

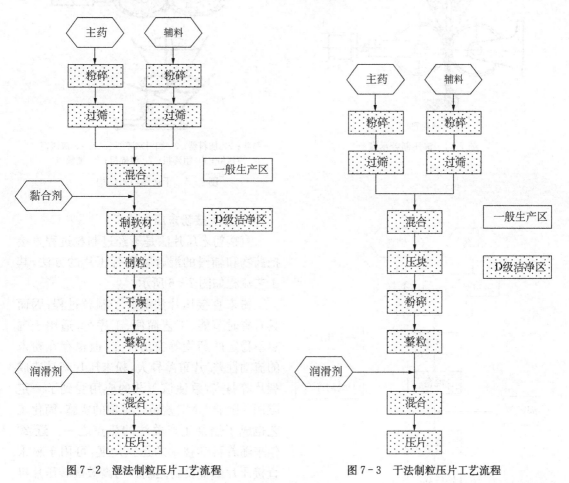

图7-2 湿法制粒压片工艺流程　　　　图7-3 干法制粒压片工艺流程

压片法系利用重型压片机将物料粉末压制成直径约为20～25 mm的胚片，然后破碎成一定大小颗粒的方法。

滚压法系利用转速相同的两个滚动圆筒之间的缝隙，将药物粉末滚压成板状物（图7-4），然后破碎成一定大小颗粒的方法。

图7-5表示干法制粒机结构与其操作流程。将药物粉末投入料斗1中，用加料器2将粉末送至液压轮4进行压缩，由压轮压出的固体胚片落入料斗，被粗碎机6破碎成块状物，然后进入具有较小凹槽的滚碎机7进一步破碎制成粒度适宜的颗粒，最后进入整粒机8进行整粒。

干法制粒压片法常用于热敏性物料、遇水易分解的药物，方法简单、省工省时。但采用干法制粒时，应注意由于高压引起的晶型转变及活性降低等问题。

滚压制粒机

图 7-4　滚压制粒示意

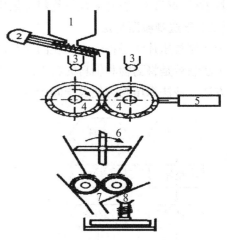

1. 料斗；2. 加料器；3. 润滑剂喷雾装置；4. 滚压筒
5. 滚压缸；6. 粗碎机；7. 滚碎机；8. 整粒机

图 7-5　干法制粒机结构

（三）直接粉末压片法

直接粉末压片法是不经过制粒过程直接把药物和辅料的混合物进行压片的方法,其工艺流程如图 7-6 所示。

粉末直接压片法避开了制粒过程,因而具有省时节能、工艺简便、工序少、适用于湿热不稳定的药物等突出优点,但也存在粉末的流动性差、片重差异大,粉末压片容易造成裂片等弱点,致使该工艺的应用受到了一定限制。随着 GMP 规范化管理的实施,简化工艺也成了制剂生产关注的热点之一。近 20 年来随着科学技术的迅猛发展,可用于粉末直接压片的优良药用辅料与高效旋转压片机的研制获得成功,促进了粉末直接压片的发展。目前,各国的直接压片品种不断上升,有些国家高达 40% 以上。

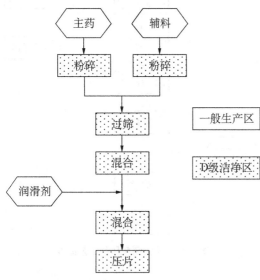

图 7-6　直接粉末压片工艺流程

可用于粉末直接压片的优良辅料有:各种型号的微晶纤维素、可压性淀粉、喷雾干燥乳糖、磷酸氢钙二水合物、微粉硅胶等。这些辅料的特点是流动性、压缩成形性好。

（四）半干式颗粒压片法

半干式颗粒压片法是将药物粉末和预先制好的辅料颗粒(空白颗粒)混合进行压片的方法,其工艺流程如图 7-7 所示。

该法适合于对湿热敏感不宜制粒,而且压缩成形性差的药物,也可用于含药较少物料,这些药可借助辅料的优良压缩特性顺利制备片剂。

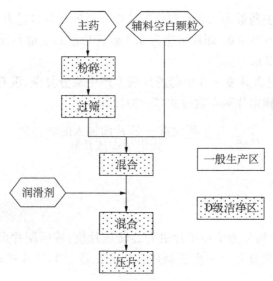

图 7 - 7 半干式颗粒压片工艺流程

五、干燥

干燥是利用热能使湿物料中的湿分(水分或其他溶剂)汽化,并利用气流或负压带走汽化了的湿分,从而获得干燥固体产品的操作。物料中的湿分多数为水,带走湿分的气流一般为空气。在制剂生产中需要干燥的物料多数为湿法制粒物和中药浸膏等。干燥的温度应根据药物的性质而定,一般为 40~60℃,个别对热稳定的药物可适当放宽到 70~80℃,甚至可以提高到 80~100℃。干燥程度根据药物的稳定性质不同有不同要求,一般为 3% 左右,但阿司匹林片的干颗粒含水量应低于 0.3%~0.6%,而四环素片则要求水分控制在 10%~14% 之间。

六、整粒与混合

在上述的干燥过程中,某些颗粒可能发生粘连,甚至结块。整粒的目的是使干燥过程中结块、粘连的颗粒分散开,以得到大小均匀的颗粒。一般采用过筛的方法进行整粒,所用筛孔要比制粒时的筛孔稍小一些。整粒后,向颗粒中加入润滑剂和外加的崩解剂,进行"总混"。如果处方中有挥发油类物质或处方中主药的剂量很小或对湿、热很不稳定,则可将药物溶解于乙醇后喷洒在干燥颗粒中,密封贮放数小时后室温干燥。

七、片重的计算

1. **按主药含量计算片重** 由于药物在压片前经历了一系列的操作,其含量有所变化,所以应对颗粒中主药的实际含量进行测定,然后按照的下式计算片重:

$$片重 = \frac{每片含主药量(标示量)}{颗粒中主药的百分含量(实测值)} \tag{7-1}$$

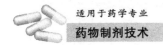

例如,某片剂中含主药量为0.2 g,测得颗粒中主药的百分含量为50%,则每片所需颗粒的重量应为:0.2/0.5 = 0.4 g,即片重应为0.4 g,若片重的重量差异限度为5%,本品的片重上下限为0.38~0.42 g。

2. 按干颗粒总重计算片重 在中药的片剂生产中成分复杂,没有准确的含量测定方法时,根据实际投料量与预定片剂个数按式(7-2)计算:

$$片重 = \frac{干颗粒重 + 压片前加入的辅料量}{预定的应压片数} \qquad (7-2)$$

八、压片技术

常用压片机按其结构分为单冲压片机和旋转压片机;按压制片形分为圆形片压片机和异形片压片机;按压缩次数分为一次压制压片机和二次压制压片机;按片层分为双层压片机、有芯片压片机等。

1. 压片机 图7-8表示单冲压片机的主要结构示意图,其主要组成如下:①加料器,加料斗、饲粉器;②压缩部件,一副上、下冲和模圈;③各种调节器,压力调节器、片重调节器、推片调节器。压力调节器连在上冲杆上,用以调节上冲下降的深度,下降越深,上、下冲间的距离越近,压力越大,反之则小;片重调节器连在下冲杆上,用以调节下冲下降的深度,从而调节模孔的容积而控制片重;推片调节器连在下冲,用以调节下冲推片时抬起的高度,使恰与模圈的上缘相平,由饲粉器推开

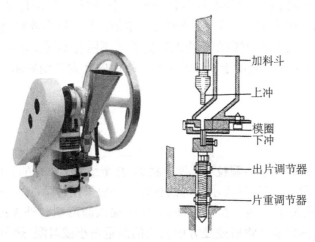

加料斗
上冲
模圈
下冲
出片调节器
片重调节器

图7-8 单冲压片机主要构造

单冲压片机的压片过程如图7-9所示:①上冲抬起,饲粉器移动到模孔之上;②下冲下降到适宜深度,饲粉器在模上摆动,颗粒填满模孔;③饲粉器由模孔上移开,使模孔中的颗粒与模孔的上缘相平;④上冲下降并将颗粒压缩成片,此时下冲不移动;⑤上冲抬起,下冲随之抬起到与模孔上缘相平,将药片由模孔中推出。如此反复进行。

2. 旋转式压片机 外形与结构示意图如图7-10所示。旋转式压片机的主要工作部分有:机台、压轮、片重调节器、压力调节器、加料斗、饲粉器、吸尘器、保护装置等。机台分为3

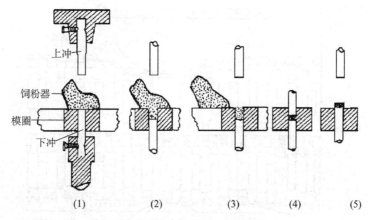

图 7-9 单冲压片机的压片过程

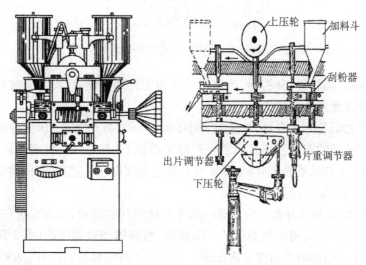

图 7-10 旋转压片机的外形与结构示意

层,机台的上层装有若干上冲,在中层的对应位置上装着模圈,在下层的对应位置装着下冲。上冲与下冲各自随机台转动并沿着固定的轨道有规律地上、下运动,当上冲与下冲随机台转动,分别经过上、下压轮时,上冲向下、下冲向上运动,并对模孔中的物料加压;机台中层的固定位置上装有刮粉器,片重调节器装于下冲轨道的刮粉器所对应的位置,用以调节下冲经过刮粉器时的高度,以调节模孔的容积;用上下压轮的上下移动位置调节压缩压力。

旋转压片机的压片过程可参见图 7-11:①填充。当下冲转到饲粉器之下时,其位置最低,颗粒填入模孔中;当下冲行至片重调节器之上时略有上升,经刮粉器将多余的颗粒刮去。②压片。当上冲和下冲行至上、下压轮之间时,两个冲之间的距离最近,将颗粒压缩成片。③推片。上冲和下冲抬起,下冲将片剂抬到恰与模孔上缘相平,药片被刮粉器推开,如此反复进行。

旋转压片机有多种型号,按冲数分有 16 冲、19 冲、27 冲、33 冲、55 冲、75 冲等。按流程分单流程和双流程两种。单流程仅有 1 套上、下压轮,旋转 1 周每个模孔仅压出 1 个药片;

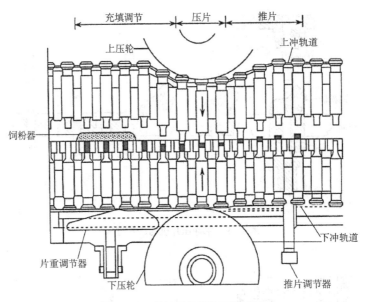

图 7 - 11　旋转压片机的压片过程

双流程有两套压轮、饲粉器、刮粉器、片重调节器和压力调节器等,均装于对称位置,中盘转动一周。每副冲压制两个药片。

旋转压片机的饲粉方式合理、片重差异小;由上、下冲同时加压,压力分布均匀;生产效率高等优点,如 55 冲的双流程压片机的生产能力高达 50 万片/h。目前压片机的最大产量可达 80 万片/h。全自动旋转压片机,除能将片重差异控制在一定范围外,对缺角、松裂片等不良片剂也能自动鉴别并剔除。

3. 二次(三次)压缩压片机　为了适应粉末直接压片的需要,已有二次(三次)压片机应用于工业生产。二次压片机结构如图 7 - 12 所示,粉粒体经过初压轮(第 1 压轮)适宜的压力压缩后,到达第 2 压轮时进行第 2 次压缩。整个受压时间延长,片剂内部密度分布比较均

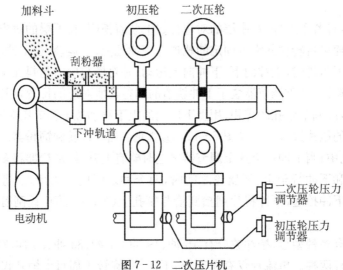

图 7 - 12　二次压片机

匀,更易于成型。为了减少复方制剂的配伍变化或制备缓控释制剂,可利用此机制成双层片,例如复方氨茶碱片。此外,根据不同特殊要求,尚有多层压片机和压缩包衣机等供制备缓释片和包衣片。

近年来,压片机已改进成为有自动程序控制的封闭式高速压片机,产量更大并可在压制过程中自动调节片重、厚度、剔除不合格的药片,装有能自动取样、计数、计量、调节片重和记录的程序式自动装置,在材质、结构、功能等方面,符合GMP的要求。

知识拓展

（一）片剂制备中可能发生的问题及原因分析

1. 裂片 片剂发生裂开的现象叫做裂片,如果裂开的位置发生在药片的上部或中部,习惯上分别称为顶裂或腰裂(图7-13),它们是裂片的常见形式。产生裂片的处方因素有:①物料中细粉太多,压缩时空气不能排出,解除压力后,空气体积膨胀而导致裂片;②易脆碎的物料和易弹性变形的物料塑性差,结合力弱,易于裂片等。其工艺因素有:①单冲压片机比旋转压片机易出现裂片;②快速压片比慢速压片易裂片;③凸面片剂比平面片剂易裂片;④一次压缩比多次压缩(一般二次或三次)易出现裂片等。

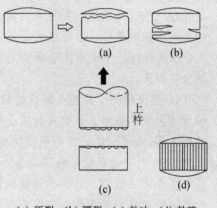

(a) 顶裂;(b) 腰裂;(c) 粘冲;(d) 粘壁

图7-13 片剂的不良现象

总之,物料的压缩成形性差、压片机的使用不适当等造成片剂内部压力分布不均匀,在应力集中处易于裂片(图7-14)。

解决裂片的主要措施是选用弹性小、塑性大的辅料,选用适宜制粒方法,选用适宜压的片机和操作参数等整体上提高物料的压缩成形性,降低弹性复原率。

2. 松片 片剂硬度不够,稍加触动即散碎的现象称为松片。主要原因是黏性力差,压缩压力不足等。

3. 黏冲 片剂的表面被冲头黏去一薄层或一小部分,造成片面粗糙不平或有凹痕的现象称为黏冲(图7-15);若片剂的边缘粗糙或有缺痕,则可相应地称为黏壁

图7-14 裂片

图7-15 黏冲

(见图7-13d)。造成黏冲或黏壁的主要原因有:颗粒不够干燥、物料较易吸湿、润滑剂选用不当或用量不足、冲头表面锈蚀、粗糙不光或刻字等,应根据实际情况,查找原因予以解决。

4. 片重差异超限　片重差异超过规定范围,即为片重差异超限。产生片重差异超限的主要原因是:①颗粒流动性不好;②颗粒内的细粉太多或颗粒的大小相差悬殊;③加料斗内的颗粒时多时少;④冲头与模孔吻合性不好等。应根据不同情况加以解决。

5. 崩解迟缓　一般的口服片剂都应在胃肠道内迅速崩解。若片剂超过了规定的崩解时限,即称为崩解超限或崩解迟缓。

水分的透入是片剂崩解的首要条件,而水分透入的快慢与片剂内部的孔隙状态和物料的润湿性有关。尽管片剂的外观为一压实的片状物,但却是一个多孔体,水分正是通过这些孔隙而进入到片剂内部。因此影响片剂崩解的主要因素是:①压缩力,影响片剂内部的孔隙;②可溶性成分与润湿剂,影响片剂亲水性(润湿性)及水分的渗入;③物料的压缩成形性与黏合剂,影响片剂结合力的瓦解;④崩解剂,使体积膨胀的主要因素。

6. 溶出超限　片剂在规定的时间内未能溶解出规定量的药物,即为溶出超限或称为溶出度不合格。影响药物溶出度的主要原因是:片剂不崩解;颗粒过硬;药物的溶解度差等,应根据实际情况予以解决。

7. 片剂中的药物含量不均匀　所有造成片重差异过大的因素,皆可造成片剂中药物含量的不均匀。对于小剂量的药物来说,除了混合不均匀以外,可溶性成分在颗粒之间的迁移是其含量均匀度不合格的一个重要原因。

在干燥过程中,物料内部的水分向物料的外表面扩散时,可溶性成分也被转移到颗粒的外表面,这就是所谓的可溶性成分的迁移;在干燥结束时,水溶性成分在颗粒的外表面沉积,导致颗粒外表面的可溶性成分的含量高于颗粒内部,即颗粒内外的可溶性成分的含量不均匀。如果在颗粒之间发生可溶性成分迁移,将大大影响片剂的含量均匀度;尤其是采用箱式干燥时,这种迁移现象最为明显。因此,采用箱式干燥时,应经常翻动物料层,以减少可溶性成分在颗粒间的迁移。采用流化(床)干燥法时,由于湿颗粒各自处于流化运动状态,并不相互紧密接触,所以一般不会发生颗粒间的可溶性成分迁移,有利于提高片剂的含量均匀度。

(二) 压片生产中的强迫加料

强迫加料系统是近年来广泛应用在亚高速和高速旋转式压片机上的一种加料系统。如图7-16所示,强迫加料系统主要由3部分组成:①料斗。主要起存放物料的作用,其下部与强迫加料器相连。②加料电机。是强迫加料器的动力源,变频调速。③强迫加料器。又可分为齿轮箱和加料器两部分,齿轮箱将加料电机的动力传递到加料器的两个拨料叶轮上,两叶轮逆向旋转,将物料强制充填到中模孔中。

强迫加料系统的压片过程同月形栅式加料系统基本相同,也是分为充填→刮平→压片→推片4个步骤。不同的是月形栅式加料系统是靠药粉颗粒的自重充填入模孔

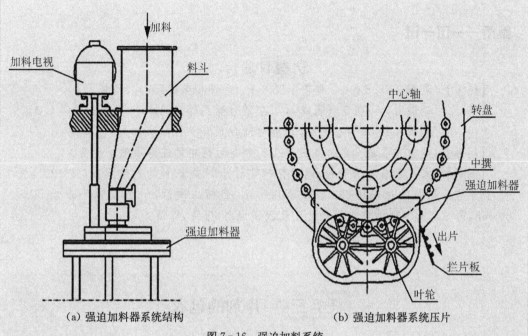

（a）强迫加料器系统结构 　　　　（b）强迫加料器系统压片

图 7-16 强迫加料系统

中,而强迫加料系统是靠叶轮的转动将药粉强制充填入模孔中,而且叶轮的转速可以根据实际加料情况调整。

案例——做一做

复方磺胺甲基异噁唑片（复方新诺明片）

【处方】　磺胺甲基异噁唑（SMZ）　40.0 kg　　　三甲氧苄啶（TMP）　8 kg
　　　　　淀粉　4.0 kg　　10%淀粉浆　2.4 kg　　　干淀粉　2.3 kg（4%左右）
　　　　　硬脂酸镁　3.0 kg（0.5%左右）　　　制成　10万片（每片含SMZ0.4 g）

【问题】　处方中各成分的作用是什么? 制备过程中的注意事项是什么?

【制备】　将 SMZ,TMP 过 80 目筛,与淀粉混匀,加淀粉浆制成软材,以 14 目筛制粒后,置 70~80℃干燥后于 12 目筛整粒,加入干淀粉及硬脂酸镁混匀后,压片,即得。

【制备注解】　这是最一般的湿法制粒压片的实例,处方中 SMZ 为主药,TMP 为抗菌增效剂,常与磺胺类药物联合应用以使药物对革兰阴性杆菌(如痢疾杆菌、大肠埃希菌等)有更强的抑菌作用。淀粉主要作为填充剂,同时也兼有内加崩解剂的作用;干淀粉为外加崩解剂;淀粉浆为黏合剂;硬脂酸镁为润滑剂。

案例——试一试

硝酸甘油片

【处方】 乳糖　88.8 g　　糖粉　38.0 g　　淀粉浆(17%)　适量

硝酸甘油　0.6 g(制成10%硝酸甘油乙醇溶液)　　硬脂酸镁　1.0 g

制成　1 000 片(每片含硝酸甘油 0.5 mg)

【问题】 处方中各成分的作用是什么？制备过程中的注意事项是什么？

【制备】 首先制备空白颗粒,然后将硝酸甘油制成10%的乙醇溶液(按120%投料)拌于空白颗粒的细粉中(30目以下),过10目筛二次后,于40℃以下干燥50～60 min,再与事先制成的空白颗粒及硬脂酸镁混匀,压片,即得。

任务三　片剂的包衣

一、包衣的概念

包衣技术在制药工业中越来越占有重要的地位。包衣的目的有以下几方面：①避光、防潮,以提高药物的稳定性；②遮盖药物的不良气味,增加患者的顺应性；③隔离配伍禁忌成分；④采用不同颜色包衣,增加药物的识别能力,增加用药的安全性；⑤包衣后表面光洁,提高流动性；⑥提高美观度；⑦改变药物释放的位置及速度,如胃溶、肠溶、缓控释等。

包衣的基本类型有：①糖包衣；②薄膜包衣；③压制包衣等方式。常用的包衣方式为前两种。过去以糖包衣为主,但糖包衣具有包衣时间长,所需辅料量多,防吸潮性差,片面上不能刻字,受操作熟练程度的影响较大等缺点,逐步被薄膜包衣所代替。

包衣过程的影响因素较多,操作人员之间的差异、批与批之间的差异经常发生,包衣技术与其说是技术莫不如说是一种艺术,包衣产品可谓是一种工艺品。目前随着包衣装置的不断改善和发展,包衣操作由人工控制发展到自动化控制,使包衣过程更可靠、重现性更好。

二、糖包衣工艺与材料

糖包衣的生产工艺主要有以下几个步骤(图7-17)。

为了达到各个步骤的目的,所用的材料亦不同,现将包衣材料与工艺过程结合起来介绍。

1. 隔离层　首先在素片上包不透水的隔离层,以防止在后面的包衣过程中水分浸入片芯。可用于隔离层的材料有：10%的玉米朊乙醇

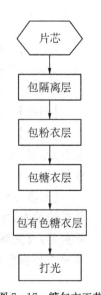

图7-17　糖包衣工艺流程

溶液、15%~20%的虫胶乙醇溶液、10%的邻苯二甲酸醋酸纤维素(CAP)乙醇溶液以及10%~15%的明胶浆。

其中最常用的是玉米朊包制的隔离层。CAP为肠溶性高分子材料,使用时注意包衣厚度以防止在胃中不溶解。因为包隔离层使用有机溶剂,所以应注意防爆防火,采用低温干燥(40~50℃),每层干燥时间约30 min,一般包3~5层。

2. 粉衣层 为消除片剂的棱角,在隔离层的外面包上一层较厚的粉衣层,主要材料是糖浆和滑石粉。常用糖浆浓度为65%~75%(g/g),滑石粉为过100目筛的粉。操作时洒一次浆、撒一次粉,然后热风干燥20~30 min(40~55℃),重复以上操作15~18次,直到片剂的棱角消失。为了增加糖浆的黏度,也可在糖浆中加入10%的明胶或阿拉伯胶。

3. 糖衣层 粉衣层的片子表面比较粗糙、疏松,因此再包糖衣层使其表面光滑平整、细腻坚实。操作要点是加入稍稀的糖浆,逐次减少用量(湿润片面即可),在低温(40℃)下缓缓吹风干燥,一般约包制10~15层。

4. 有色糖衣层 包有色糖衣层与上述包糖衣层的工艺完全相同,只是糖浆中添加了食用色素,主要目的是为了便于识别与美观。一般需包制8~15层。

5. 打光 其目的是为了增加片剂的光泽和表面的疏水性。一般用四川产的川蜡;用前需精制,即加热至80~100℃熔化后过100目筛,去除杂质,并掺入2%的硅油混匀,冷却,粉碎,取过80目筛的细粉待用。

三、薄膜包衣工艺与材料

包薄膜衣的生产工艺主要如下(图7-18)。具体操作过程为:①在包衣锅内装入适当形状的挡板,以利于片芯的转动与翻动。②将片芯放入锅内,喷入一定量的薄膜衣材料的溶液,使片芯表面均匀湿润。③吹入缓和的热风使溶剂蒸发(温度最好不超过40℃,以免干燥过快,出现"皱皮"或"起泡"现象;也不能干燥过慢,否则会出现"粘连"或"剥落"现象)。如此重复上述操作若干次,直至达到一定的厚度为止。④大多数的薄膜衣需要一个固化期,一般是在室温或略高于室温下自然放置6~8 h使之固化完全。⑤为使残余的有机溶剂完全除尽,一般还要在50℃下干燥12~24 h。

薄膜包衣材料通常由高分子材料、增塑剂、速度调节剂、增光剂、固体物料、色料和溶剂等组成。

1. 高分子包衣材料 按衣层的作用分为普通型、缓释型和肠溶型三大类。

(1)普通型薄膜包衣材料:主要用于改善吸潮和防止粉尘污染等,如羟丙基甲基纤维素、甲基纤维素、羟乙基纤维素、羟丙基纤维素等。

(2)缓释型包衣材料:常用中性的甲基丙烯酸酯共聚物和乙基纤维素,在整个生理pH范围内不溶。甲基丙烯酸酯共聚物具有溶胀性,对水及水溶性物质有通透性,因此可作为调节释放速度的包衣材料。乙基纤维素通常与HPMC或PEG混合使用,产生致孔作用,使药

图7-18 薄膜包衣工艺流程

物溶液容易扩散。

（3）肠溶包衣材料：肠溶聚合物有耐酸性，而在肠液中溶解，常用醋酸纤维素酞酸酯（CAP）、聚乙烯醇酞酸酯（PVAP）、甲基丙烯酸共聚物、醋酸纤维素苯三酸酯（CAT）、羟丙基纤维素酞酸酯（HPMCP）、丙烯酸树脂（EuS100，EuL100）等。

2. 增塑剂　增塑剂改变高分子薄膜的物理机械性质，使其更具柔顺性。聚合物与增塑剂之间要具有化学相似性，例如甘油、丙二醇、PEG 等带有一—OH，可作某些纤维素衣材的增塑剂；精制椰子油、蓖麻油、玉米油、液状石蜡、甘油单醋酸酯、甘油三醋酸酯、二丁基癸二酸酯和邻苯二甲酸二丁酯（二乙酯）等可用做脂肪族非极性聚合物的增塑剂。

3. 释放速度调节剂　又称释放速度促进剂或致孔剂。在薄膜衣材料中加有蔗糖、氯化钠、表面活性剂、PEG 等水溶性物质时，一旦遇到水，水溶性材料迅速溶解，留下一个多孔膜作为扩散屏障。薄膜的材料不同，调节剂的选择也不同，如吐温、司盘、HPMC 作为乙基纤维素薄膜衣的致孔剂；黄原胶作为甲基丙烯酸酯薄膜衣的致孔剂。

4. 固体物料及色料　在包衣过程中有些聚合物的黏性过大时，适当加入固体粉末以防止颗粒或片剂的黏连，如聚丙烯酸酯中加入滑石粉、硬脂酸镁；乙基纤维素中加入胶态二氧化硅等。

色淀的应用主要是为了便于鉴别、防止假冒，并且满足产品美观的要求，也有遮光作用，但色淀的加入有时存在降低薄膜的拉伸强度，增加弹性模量和减弱薄膜柔性的作用。

四、包衣的方法与设备

（一）包衣方法

包衣方法有滚转包衣法、流化包衣法、压制包衣法。片剂包衣最常用的方法为滚转包衣法。包衣装置可分为倾斜包衣锅和埋管包衣锅、高效包衣锅、转动包衣装置等：

（二）包衣设备

1. 倾斜包衣锅和埋管包衣锅　倾斜包衣锅为传统的包衣机（图 7-19）。包衣锅的轴与水平面的夹角为 30～50℃，在适宜转速下，使物料既能随锅的转动方向滚动，又能沿轴的方向运动，作均匀而有效的翻转，使混合作用更好。但锅内空气交换效率低，干燥慢；气路不能密闭，有机溶剂污染环境等不利因素影响其广泛应用。其改良方式为在物料层内插进喷头和空气入口，称埋管包衣锅（图 7-20）。这种包衣方法使包衣液的喷雾在物料层内进行，热气通过物料层，不仅能防止喷液的飞扬，而且加快物料的运动速度和干燥速度。

倾斜包衣锅和埋管包衣锅可用于糖包衣、薄膜包衣及肠溶包衣等。

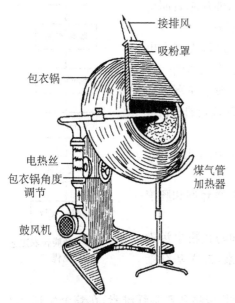

接排风
吸粉罩
包衣锅
电热丝
包衣锅角度调节
鼓风机
煤气管加热器

图 7-19　倾斜包衣锅

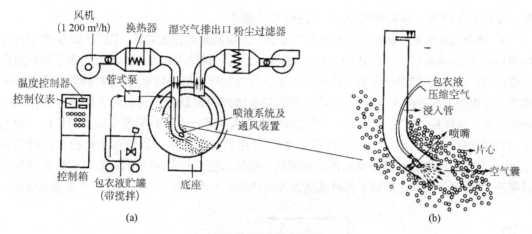

图 7-20　埋管包衣锅

（a）埋管锅包衣机工作原理；（b）埋管喷头喷液系统

2. 高效包衣锅　为改善传统的倾斜型包衣锅的干燥能力差的缺点而开发的新型包衣锅，如图 7-21、7-22 所示。其干燥速度快，包衣效果好，已成为包衣装置的主流。

加入锅内的片剂随转筒运动被带动上升到一定高度后由于重力作用在物料层斜面上边旋转边滑下。在转动锅壁上装有带动颗粒向上运动的挡板，喷雾器安装于颗粒层斜面上部，向物料层表面喷洒包衣溶液，干燥空气从转锅前面的空气入口进入，透过颗粒层从锅的夹层排出。这种装置适合于薄膜包衣和糖包衣。

特点：①粒子运动不依赖空气流的运动，因此适合于片剂和较大颗粒的包衣；②在运行过程中可随意停止送入空气；③粒子的运动比较稳定，适合易磨损的脆弱粒子的包衣；④装置可密闭、卫生、安全、可

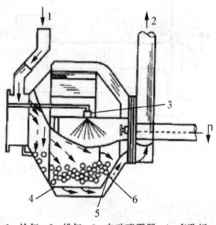

1. 给气；2. 排气；3. 自动喷雾器；4. 多孔板；
5. 空气夹套；6. 药片

图 7-21　高效包衣锅

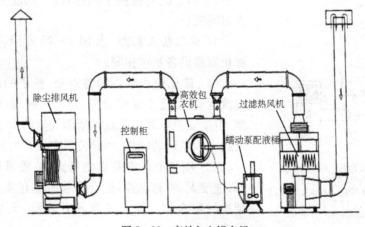

图 7-22　高效包衣锅布局

靠。缺点是干燥能力相对较低,小粒子的包衣易黏连。

3. **转动包衣装置** 是在转动造粒机的基础上发展起来的包衣装置。图7-23为典型的操作原理示意图,将物料加于旋转的圆盘上,圆盘旋转时物料受离心力与旋转力的作用而在圆盘上做圆周旋转运动,同时受圆盘外缘缝隙中上升气流的作用沿壁面垂直上升,颗粒层上部粒子靠重力作用往下滑动落入圆盘中心,落下的颗粒在圆盘中重新受到离心力和旋转力的作用向外侧转动。这样粒子层在旋转过程中形成麻绳样旋涡状环流。喷雾装置安装于颗粒层斜面上部,将包衣液或黏合剂向粒子层表面定量喷雾,并由自动粉末撒布器撒布主药粉末或辅料粉末,由于颗粒群的激烈运动实现液体的表面均匀润湿和粉末的表面均匀黏附,从而防止颗粒间的黏连,保证多层包衣。需要干燥时从圆盘外周缝隙送入热空气。图7-24为多层包衣断面。

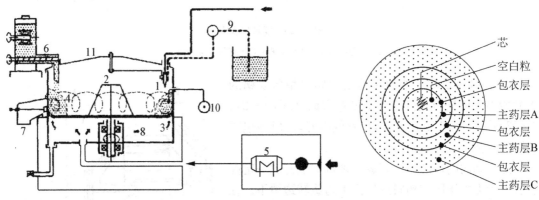

1. 喷嘴;2. 转子;3. 进气;4. 粒子层;5. 热交换器;6. 粉末加料器;
7. 出料口;8. 气室;9. 计量泵;10. 湿分计;11. 容器盘

图7-23 转动包衣机

图7-24 多层包衣断面

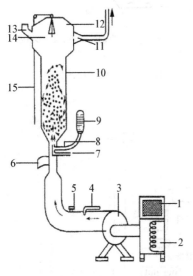

1.空气过滤器;2.预热器;3.鼓风机;
4.温度计;5.风量调节器;6.出料口;
7.压缩空气进口;8.喷嘴;9.包衣溶液筒;
10.包衣室;11.栅网;12.扩大室;
13.进料口;14.启动塞;15.启动绳

图7-25 流化包衣装置

转动包衣装置的特点是:①粒子的运动主要靠圆盘的机械运动,不需用强气流,防止粉尘飞扬;②由于粒子的运动激烈,小粒子包衣时可减少颗粒间黏连;③在操作过程中可开启装置的上盖,因此可以直接观察颗粒的运动与包衣情况。④缺点是由于粒子运动激烈,易磨损颗粒,不适合脆弱粒料子的包衣;干燥能力相对较低,包衣时间较长。

4. **流化包衣装置** 如图7-25所示,构造及操作与流化制粒设备基本相同。

(1)流化包衣装置的特点是:粒子的运动主要依靠气流运动,因此干燥能力强,包衣时间短;装置为密闭容器,卫生安全可靠。缺点是依靠气流的粒子运动较缓慢,因此大颗粒运动较难,小颗粒包衣易产生黏连。

(2)喷流型包衣装置的特点是:喷雾区域粒子浓度低,速度大,不易黏连,适合小粒子的包衣;可制成均匀、圆滑的包衣膜。缺点是容积效率低,大型机的放大有困难。

（3）流化转动型包衣装置的特点是：粒子运动激烈,不易黏连;干燥能力强,包衣时间短,适合比表面积大的小颗粒的包衣。缺点是设备构造较复杂,价格高;粒子运动过于激烈易磨损脆弱粒子。

5. **压制包衣法** 一般采用两台压片机联合起来实施压制包衣,两台压片机以特制的传动器连接配套使用。一台压片机专门用于压制片芯,然后由传动器将压成的片芯输送至包衣转台的模孔中(此模孔内已填入包衣材料作为底层),随着转台的转动,片芯的上面又被加入约等量的包衣材料,然后加压,使片芯压入包衣材料中间而形成压制的包衣片剂(图7-26)。本方法的优点在于:可以避免水分、高温对药物的不良影响,生产流程短、自动化程度高、劳动条件好,但对压片机械的精度要求较高,目前国内尚未广泛使用。

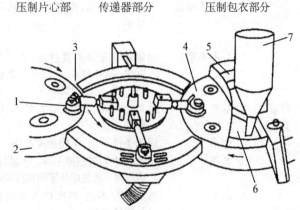

压制片心部　　　传递器部分　　　压制包衣部分

1.输送杯;2.转盘;3.杆起片芯;
4.置入片芯;5.衣料的上部填充;
6.衣料的底层填充;7.衣料料斗

图7-26 压制包衣结构

五、包衣过程中可能发生的问题和解决方法

包衣的好坏直接影响产品的外观和内在质量,如果包衣片芯的质量(如形状、水分、硬度等)未达要求、所用包衣物料或配方组成不合适、包衣工艺和操作方法不当等原因,均可致使包衣片在生产和贮存过程中发生问题。包衣片在生产和贮存过程中可能发生的问题和解决方法如表7-4所示。

表7-4 包衣片在生产和贮存过程中可能发生的问题和解决方法

类 别	发生的问题	原 因	解决方法
糖衣片	1. 糖浆不粘锅	锅壁上蜡未除尽	洗净锅壁,或锅上再涂1层热糖浆,撒个层滑石粉
	2. 粘锅壁	加糖浆过多,黏性大,搅拌不匀	糖浆的含量应恒定,一次用量不宜过多,锅温不宜过低
	3. 龟裂或爆裂(糖衣裂开呈龟板状)	糖浆与滑石粉用量不当,芯片太松,温度太高,干燥过快,析出粗糖晶使片面留有裂缝	控制糖浆和滑石粉用量,注意干燥时的温度和速度,更换片芯
	4. 脱壳(衣层部分或全部脱落)	片芯层未充分干燥或糖衣层未层层干燥,崩解剂用量过多	片芯含水分应符合要求,糖衣层注意要层层干燥,控制胶浆或糖浆的用量
	5. 色泽不匀	片面粗糙不平,有色糖浆用量过少且末搅匀;温度太高,干燥过快,糖浆在片面上析出过快,衣层未干就加蜡打光	针对原因予以解决,如可用浅色糖浆,增加所包层数"勤加少上"控制温度,情况严重时,可洗去蜡料层或部分糖衣层,重新包衣

类　别	发生的问题	原　因	解决方法
	6. 露边或麻面	衣料用量不当,温度过高或吹风过早	注意糖浆和滑石粉用量,糖浆以均匀润湿片芯为度,粉料以能在片面均匀黏附一层为宜,片面不见水分和产生生亮时,再吹风
	7. 片面不平	加浆液及干燥温度过高,水分蒸发快,撒粉太多,衣层未干就包第二层,锅壁粗糙不平	改进操作方法,做到低温干燥,勤加料,多搅拌,适当掌握加浆及干燥时温度及速度,保持锅壁光滑
薄膜衣片	1. 皱皮	选择衣料不当或用量太多,干燥条件不当	更换衣料或控制用量,改善成膜温度
	2. 起泡	固化条件不当,干燥速度过快	掌握成膜条件,控制干燥温度和速度
	3. 花斑	增塑剂,色素等选择不当。干燥时,溶剂将可溶性成分带到衣膜表面	改变包衣处方、调节空气温度和流量,减慢干燥速度
	4. 剥落	选择衣料不当,两次包衣间的加料间隔过短	更换衣料,调节间隔时间,调节干燥温度和适当降低包衣液的浓度
	5. 色泽不匀	喷雾设备未调节好,喷雾不均匀,色素在包衣浆中分布不匀	薄膜材料配成稀溶液,少量多次,多喷几次,或色素与包衣材料在球磨机中研磨均匀再喷入
	6. 片面粗糙	干燥温度高,溶剂蒸发快,或包衣液混入杂质等	降低干燥温度,使用合适的包衣膜材料
	7. 衣膜表面有液滴或呈油状	包衣液的配方不适当,组成间有配伍禁忌	需改变配方;选择衣料,重新调整包衣处方
	8. 肠溶片不能安全通过胃部	选择衣料不当或衣层太薄(胃内崩解或溶解)	重新选择衣料或改变处方,调整工艺,针对原因,合理解决
	9. 肠溶片肠内不溶解	选择衣料不当或衣层太厚(肠内不溶解),贮存时变质	重新选择衣料或改变处方,调整工艺,针对原因,合理解决

案例——做一做

抗坏血酸薄膜衣片

【处方】　抗坏血酸片压制片　2 kg(硬度≥4 kg/mm^2,脆碎度<0.2%,水分<3.0%)

　　　　　水性薄膜包衣粉　180 g(上海卡乐康公司)　　　纯化水　820 g

【问题】　为什么要将抗坏血酸片制成薄膜衣片?

【制法】　①水性薄膜包衣粉加入纯化水中,搅拌约50 min,经黏度计测试黏度为150～250 Pa·s之间,②将片芯加入包衣锅中吹热风将片芯预热至40℃,调整好喷枪角度和流速使包衣液均匀喷散到片芯表面,控制包衣锅的转速并打开喷枪开始包衣,初始喷雾速度小以免水分渗入片芯,当片芯表面有薄膜形成后增加喷雾速度,若发现片芯较潮,应停止喷雾,干燥数分钟再进行喷雾包衣,③整个包衣过程持续1 h,包衣液用量约600 ml,片芯增重约3%。

任务四 片剂的过程质量控制与包装贮存

一、片剂的质量检查

1. **外观性状** 片剂表面应色泽均匀、光洁,无杂斑,无异物,并在规定的有效期内保持不变,良好的外观可增强病人对药物的信任,故应严格控制。

2. **重量差异** 应符合《中国药典》对重量差异限度的要求(表7-5)。

表7-5 《中国药典》(2010年版)规定的重量差异限度

片剂的平均重量(g)	片剂差异限度(%)
<0.30	±7.5
≥0.30	±5.0

片重差异过大,意味着每片中主药含量不一,对治疗可能产生不利影响,具体的检查方法如下:取20片,精密称定每片的片重并求得平均片重,然后以每片片重与平均片重比较,超出上表中差异限度的药片不得多于2片,并不得有1片超出限度1倍。

糖衣片、薄膜衣片(包括肠衣片)应在包衣前检查片芯的重量差异,符合上表规定后方可包衣;包衣后不再检查片重差异。另外,凡已规定检查含量均匀度的片剂,不必进行片重差异检查。

3. **硬度和脆碎度** 反映药物的压缩成形性,对片剂的生产、运输和贮存带来直接影响,而且对片剂的崩解,主药的溶出度都有直接影响,在生产中检查硬度的常用方法是:将片剂置于中指与食指之间,以拇指轻压,根据片剂的抗压能力,判断它的硬度。用适当的仪器测定片剂的硬度可以得到定量的结果,一般能承受30~40 N的压力即认为合格。常用的仪器有:孟山都(Monsanto)硬度计、片剂四用测定仪、罗许(Roche)脆碎仪等,具体测定方法详见附录或《中国药典》2010年版。

4. **崩解时限** 除药典规定进行"溶出度或释放度"检查的片剂及某些特殊的片剂(如缓控释片剂、口含片、咀嚼片等)以外,一般的口服片剂需做崩解时限检查,其具体要求如表7-6所示。检查方法参见附录或《中国药典》(2010年版)。

表7-6 中国药典规定的片剂的崩解时限

分 类	崩解时限(min)
普通片	15
含片	10
糖衣片	60
薄膜衣片	30
肠溶衣片	人工胃液中2 h不得有裂缝、崩解或软化等,人工肠液中60 min全部溶或崩解并通过筛网

5. **溶出度或释放度** 对于难溶性药物而言,虽然崩解度合格却并不一定能保证药物快速而完全溶解出来。因此,《中国药典》(2015年版)对许多药物规定必须进行溶出度检查或

释放度检查(溶出度检查用于一般的片剂,而释放度检查用于缓控释制剂)。

崩解时限检查并不能完全正确地反映主药的溶出速度和溶出程度以及体内的吸收情况,考察其生物利用度,耗时长、费用大、比较复杂,实际上也不可能直接作为片剂质量控制的常规检查方法,所以通常采用溶出度或释放度试验代替体内试验。但溶出度或释放度的检查结果只有在体内吸收与体外溶出存在着相关的或平行的关系时,才能真实地反映体内的吸收情况,并达到控制片剂质量的目的。目前溶出度试验的品种和数量不断增加,大有取代崩解时限检查的趋势,其具体检查方法详见《中国药典》。

6. 含量均匀度   含量均匀度系指小剂量药物在每个片剂中的含量是否偏离标示量以及偏离的程度,必须由检查的结果才能得出正确的结论。一般片剂的含量测定是将10~20个药片研碎混匀后取样测定,所以得到的只是平均含量,易掩盖小剂量药物由于混合不匀而造成的每片含量差异。为此,中外药典皆规定了含量均匀度的检查方法及其判断标准,详见《中国药典》(2010年版)规定或附录。与美国等发达国家的药典相比,本方法更科学、更合理、更具有先进性,因为它应用了数理统计学的原理,将传统的计数法发展为计量法。

二、片剂的包装

片剂的包装与贮存应当做到密封、防潮以及使用方便等,以保证制剂到达患者手中时,依然保持着药物的稳定性与药物的活性。

(一) 多剂量包装

几十片甚至几百片装入一个容器的叫多剂量包装。容器多为玻璃瓶和塑料瓶,也有用软性薄膜、纸塑复合膜、金属箔复合膜等制成的药袋。

1. 玻璃瓶   是应用最多的包装容器。其优点是密封性好,不透水汽和空气,化学惰性,不易变质,价格低廉,有色玻璃瓶有一定的避光作用。其缺点是重量较大、易于破损。

2. 塑料瓶   塑料瓶的优点是质地轻、不易破碎、容易制成各种形状、外观精美等,其缺点是密封隔离性能不如玻璃制品,在高温及高湿下可能会发生变形等。常用的各种塑料性能如表7-7所示。

表7-7   常用包装材料的性能比较

性　能	聚氯乙烯(PVC)	聚乙烯(高密度)	聚苯乙烯
抗湿防潮性	好	好	差
抗空气透过性	好	差	差
抗酸碱性	差	好	一般
耐热性	好	好	很差

(二) 单剂量包装

单剂量包装主要分为泡罩式(亦称水泡眼)包装和窄条式包装两种形式,均将片剂单个包装,使每个药片均处于密封状态,提高对产品的保护作用,也可杜绝交叉污染。

泡罩式包装的底层材料(背衬材料)为无毒铝箔与聚氯乙烯的复合薄膜,形成水泡眼的材料为硬质PVC;硬质PVC经红外加热器加热后在成型滚筒上形成水泡眼,片剂进入水泡眼后,即可热封成泡罩式的包装。

窄条式包装是由两层膜片(铝塑复合膜、双纸塑料复合膜)经黏合或热压而形成的带状包装,与泡罩式包装比较,成本较低、工序简便。

采用上述方法包装的片剂可贮存较长时间,但应注意有些片剂久贮后,使片剂的硬度变大,以致影响崩解度或溶出度。另外由于受热、光照、受潮、发霉等原因,仍可能使某些片剂发生有效成分的降解,以致影响片剂的实际含量。

案例——做一做

美洛昔康片

【处方】 美洛昔康　15 g　　　　微晶纤维素　140 g　　交联聚维酮　80 g
　　　　 2%PVP 乙醇溶液　适量　微粉硅胶　适量　　　硬脂酸镁　适量
　　　　 制成 2 000 片

【问题】 上述处方中可制成什么类型的片剂?处方中各成分的作用是什么?

知识归纳

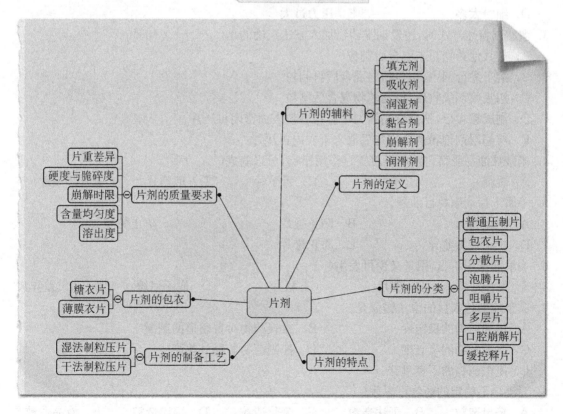

目标检测

一、名词解释

1. 分散片　**2.** 口含片　**3.** 裂片　**4.** 松片　**5.** 溶出超限

二、填空题

1. 片剂的辅料包括_____、_____、_____、_____四大类。

2. 片剂包衣分为_____、_____。

3. 常用的包衣方法_____、_____和_____法。

4. 湿法制粒压片中,崩解剂可采用方法加入_____、_____、_____。

5. 微晶纤维素是粉末直接压片的多功能辅料,可用做_____、_____和助流剂。

6. 润滑剂在制备片剂过程中能起到_____、_____和_____作用。

三、单项选择题

1. 不宜与阿司匹林药物配伍的润滑剂为(　　)

    A. 硬脂酸镁　　B. 滑石粉　　　　C. 液状石蜡　　　D. 硼酸　　　　E. 微粉硅胶

2. 下列不是产生裂片的原因(　　)

    A. 冲头与模圈不符　　　　B. 黏合剂用量不足　　　　C. 干颗粒太潮

    D. 细粉太多　　　　E. 压力过大

3. 湿法制粒压片法时,挥发油类药物加入方法正确的是(　　)

    A. 与其他药物粉末混合后制粒

    B. 溶于黏合剂中,再与药物混合后再制粒

    C. 用吸收剂吸收后,再与药物混合后制粒

    D. 制成颗粒后,把挥发油均匀喷雾在颗粒表面密闭再压片

    E. 与润滑剂细粉混合均匀后混入干粒内再压片

4. 硝酸甘油易受消化液和肝脏首过作用影响,可以制成(　　)

    A. 缓释片　　B. 咀嚼片　　C. 舌下片　　　D. 泡腾片　　　E. 溶液片

5. 不属于片剂制粒目的是(　　)

    A. 防止卷边　　　　B. 防止裂片　　　　　C. 防止黏冲

    D. 减少片重差异　　E. 防止松片

6. 崩解剂选用不当,用量又少可发生(　　)

    A. 黏冲　　　　B. 裂片　　　　C. 松片　　　　D. 崩解迟缓　　　E. 片重差异大

7. 关于片剂包衣目的说法错误是(　　)

    A. 增加药物的稳定性　　　　B. 减轻药物对胃肠道的刺激

    C. 改变药物的半衰期　　　　D. 控制药物的释放速度

    E. 掩盖药物的不良臭味

8. 对湿热不稳定的药物可采用(　　)

    A. 挤出造粒　　B. 干法造粒　　C. 流化造粒　　D. 摇摆造粒　　E. 液晶造粒

四、简答题

1. 请写出湿法制粒压片的生产工艺流程。

2. 片剂的薄膜衣与糖衣比较,有何优点?

3. 简述糖衣片的包制步骤。

4. 片剂压片中常见的问题及原因是什么?

5. 包衣片在生产和贮存过程中可能出现的问题有哪些?

胶 囊 剂

药·物·制·剂·技·术

任务一 胶囊剂的处方组成

一、胶囊剂的概念和特点

胶囊剂系指将药物(或加有辅料)填装于空心胶囊中或密封于软质囊材中而制成的固体制剂。上述空心胶囊或软质囊壳的材料(以下简称囊材)都由明胶、甘油、水及其他的药用材料组成,但各成分的比例不尽相同,制备方法也不同。

胶囊剂具有如下一些特点:①能掩盖药物的不良嗅味、提高药物稳定性。因药物装在胶囊壳中与外界隔离,避开了水分、空气、光线的影响,对具不良嗅味、不稳定的药物有一定程度上的遮蔽、保护与稳定作用。②药物在体内的起效快。胶囊剂中的药物是以粉末或颗粒状态直接填装于囊壳中,不受压力等因素的影响,所以在胃肠道中迅速分散、溶出和吸收,一般情况下其起效将高于丸剂、片剂等剂型。③液态药物固体剂型化。含油量高的药物或液态药物难以制成丸剂、片剂等,但可制成软胶囊剂,将液态药物以个数计量,服药方便。④可延缓药物的释放和定位释药。可将药物按需要制成缓释颗粒装入胶囊中,以达到缓释延效作用,康泰克胶囊即属此种类型;制成肠溶胶囊剂即可将药物定位释放于小肠;亦可制成直肠给药或阴道给药的胶囊剂,使定位在这些腔道释药;对在结肠段吸收较好的蛋白类、多肽类药物,可制成结肠靶向胶囊剂。

由于空心胶囊的主要囊材是水溶性明胶,因此,填充的药物不能是水溶液、稀乙醇溶液和乳剂,以防囊壁溶化;若填充易风化的药物,可使囊壁软化;若填充易潮解的药物,可使囊壁脆裂,因此,具有这些性质的药物一般不宜制成胶囊剂。空心胶囊在体内溶化后,局部药量很大,因此易溶性药物如溴化物、碘化物、氯化物等及刺激性较强的药物也不宜制成胶囊剂。

二、胶囊剂的分类

通常根据囊材的差别,将胶囊剂分为硬胶囊和软胶囊(亦称胶丸)两大类。

1. **硬胶囊** 将一定量的药物及适当的辅料(也可不加辅料)制成均匀的粉末、颗粒、小片或微丸,填装于空心胶囊中而制成。

2. **软胶囊** 将一定量的药物(或药材提取物)溶于适当液体辅料中,再用压制法(或滴制法)使之密封于球形或椭圆形的软质胶囊中。

其他还有根据特殊用途命名的肠溶胶囊和结肠靶向胶囊。这些胶囊剂是将内容物用pH依赖性(肠溶或结肠溶)高分子处理后装入普通胶囊壳中,使内容物在适宜 pH 的肠液中溶解释放药物;或将胶囊壳用适当高分子处理,使胶囊剂整体进入适当肠部位之后溶化并释放药物,以达到一种靶向给药的效果。目前采用前者的方法更为普遍。

三、空心胶囊

1. **空心胶囊的组成** 明胶是空心胶囊的主要成囊材料,是由骨、皮水解而制得的(由酸水解制得的明胶称为 A 型明胶,等电点 pH7～9;由碱水解制得的明胶称为 B 型明胶,等电点 pH4.7～5.2)。以骨骼为原料制得的骨明胶,质地坚硬,性脆且透明度差;以猪皮为原料制得的猪皮明胶,富有可塑性,透明度好。为兼顾囊壳的强度和塑性,采用骨、皮混合胶较为理想。还有其他胶囊,如淀粉胶囊、甲基纤维素胶囊、羟丙基甲基纤维素胶囊等,但均未广泛使用。为增加韧性与可塑性,一般加入增塑剂,如甘油、山梨醇、CMC—Na、HPC、油酸酰胺磺酸钠等;为减小流动性、增加胶冻力,可加入增稠剂琼脂等;对光敏感药物,可加遮光剂二氧化钛(2%～3%);为美观和便于识别,加食用色素等着色剂;为防止霉变,可加防腐剂尼泊金等。以上组分并不是任一种空胶囊都必须具备,而应根据具体情况加以选择。

2. **空心胶囊制备工艺** 空心胶囊系由囊体和囊帽组成,其主要制备流程如下:溶胶→蘸胶(制坯)→干燥→拔壳→切割→整理。一般由自动化生产线完成,生产环境洁净度应达 D 级,温度 10～25℃,相对湿度 35%～45%。为便于识别,空胶囊壳上还可用食用油墨印字。

3. **空心胶囊的规格** 空心胶囊的质量与规格均有明确规定,空心胶囊共有 8 种规格,但常用的为 0～5 号,随着号数由小到大,容积由大到小(表 8-1)。

表 8-1 空心胶囊的号数与容积

空胶囊号数	容积(ml)	空胶囊号数	容积(ml)
0	0.75	3	0.30
1	0.55	4	0.25
2	0.40	5	0.15

4. 空心胶囊的质量检查

(1) 外观:应色泽均匀、囊壳光洁无异物,无纹痕、变形和破损,无砂眼、气泡,切口平整圆滑,无毛缺。

(2) 松紧度:取空心胶囊 10 粒,用拇指与食指轻捏胶囊的两端,旋转拔开,不得有黏结、变形或破裂,然后装满滑石粉,将帽、体套合、锁合,逐粒于 1 m 高度处直坠于厚度 2 cm 的木板上,应不漏粉,如有少量漏粉,不得超过 1 粒,如超过,应另取 10 粒复试,均应符合规定。

(3) 脆碎度:取空心胶囊 50 粒,置 25℃±1℃恒温 24 h,按《中国药典》(2010 年版)所载方法操作,破碎数不能超过 5 颗。

(4) 崩解时限:取空心胶囊 6 粒,装满滑石粉,照崩解时限检查法[《中国药典》(2010 年版)二部附录]胶囊剂项下的方法,加挡板进行检查,各粒均应在 10 min 内全部溶化或崩解,如有 1 粒不能全部溶化或崩解,应另取 6 粒复试,均应符合规定。

(5) 干燥失重:取空心胶囊 1.0 g,将帽体分开,在 105℃干燥 6 h,减失重量应为 12.5%~17.5%之间。

(6) 炽灼残渣:透明空心胶囊残留残渣不得超过 2.0%;半透明空心胶囊应在 3.0%以下,不透明空心胶囊应在 5.0%以下。

(7) 铬:含铬不得过 $2/10^6$。

(8) 重金属:取炽灼残渣项下遗留的残渣,依法检查[《中国药典》(2010 年版)二部附录 H 第二法],含重金属不得过 $40/10^6$。

(9) 黏度:取空心胶囊 4.5 g,置已称定重量的 100 ml 烧杯中,加温水 20 ml,置 60℃水浴中搅拌,使溶化。取出烧杯,擦干外壁,加水使胶液总重量达到式 8-1 的重量(含干燥品 15.0%),将胶液搅匀后倒入干燥的具塞锥形瓶中,密塞,置 40℃±0.1℃水浴中测定,空心胶囊运动黏度不得低于 60 mm^2/s。

(10) 氯乙醇和环氧乙烷:此项适用于环氧乙烷灭菌的工艺。可参照《中国药典》(2010 年版)中气相色谱法的检查方法进行。

课堂讨论

请说说你用过或见过的胶囊产品名称,说出它们之间的差异?

任务二 胶囊剂的制备

根据通常将胶囊剂分为硬胶囊和软胶囊(亦称胶丸)两大类,制备方法上也有所不同。

一、硬胶囊的制备

硬胶囊的制备一般分为空心胶囊的准备和填充物料的制备、填充、封口、抛光等工艺过程,现简介如下。

(一)空心胶囊的准备

根据生产产品的处方,挑选合格适宜的空心胶囊备用,具体要求可参见上一个任务中的空心胶囊相关内容。

空心胶囊为圆筒状空囊,由可套合和琐合的帽和体两节组成,质硬且有弹性,目前市售的空心胶囊有平口型(普通型)和锁口型两种形状,锁口型又分为单锁口型和双锁口型。如图8-1所示,空心胶囊由囊帽和囊体两部分组成。锁口型的囊帽囊体有闭合用槽圈,套合后不易分开。

应根据药物的填充量选择空胶囊的规格,首先按药物的规定剂量所占容积来选择最小空胶囊,可根据经验试装后决定,但常用的方法是先测定待填充物料的堆密度,然后根据应装剂量计算该物料容

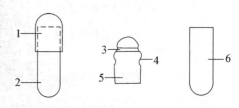

(a)平口型(普通型)　　(b)单锁口型

1.囊帽;2.囊体;3.内凹槽;
4.内压点;5.囊帽;6.囊体

图8-1　空心胶囊形状

积,以决定应选胶囊的号数。将药物填充于囊体后,即可套合胶囊帽。目前多使用锁口式胶囊,密闭性良好,不必封口;使用非锁口式胶囊(平口套合)时需封口,封口材料常用不同浓度的明胶液,如明胶20%、水40%、乙醇40%的混合液等。

(二)填充物料的制备

若纯药物粉碎至适宜粒度就能满足硬胶囊剂的填充要求,即可直接填充,但多数药物由于流动性差等方面的原因,均需加一定的稀释剂、润滑剂等辅料才能满足填充(或临床用药)的要求。一般可加入蔗糖、乳糖、微晶纤维素、改性淀粉、二氧化硅、硬脂酸镁、滑石粉、HPC等改善物料的流动性或避免分层。也可加入辅料制成颗粒后进行填充。

1. **药物为粉末**　当主药的剂量小于所选胶囊容积的1/2时,常常加入稀释剂淀粉或PVP。当主药为粉末、针状结晶、引湿性药物时,其流动性较差,需加入助流剂滑石粉、微粉硅胶等以改善其流动性,再进行填充。

2. **药物为颗粒**　许多药物由于主药有引湿性、风化性等,常制成颗粒后填充,有引湿性或黏液质多或含糖较高的药物,可加入无水乳糖、微晶纤维素或预糊化淀粉以改善药物的性能。

3. **药物为小丸**　小丸是指由药物和辅料组成的直径小于2.5 mm的圆球状实体,又称为微丸。主要是为了起到速释、肠溶或缓控释的释药效果。

4. **药物为液体或半固体**　液体、半固体也可填入胶囊,但需要加入增稠剂硅酸衍生物来增加填充物的黏度和稠度,解决填充物泄露问题。

(三)硬胶囊剂的填充

硬胶囊剂大量生产时多采用自动充填机充填物料。充填机的式样型号很多,图8-2为全自动胶囊充填机,其工作流程如图8-3所示。

胶囊剂填充方式可归为4种类型(图8-4):A型是由螺旋钻压进物料;B型是用柱塞上下往复压进物料;C型是自由流入物料;D型是在填充管内,先将药物压成单位量药粉块,再填充于胶囊中。从填充原理看,A,B型填充机对物料要求不高,只要物料不易分层即可;C型填充机要求物料具有良好的流动性,常需制粒才能达到;D型适于流动性差但混合均匀的

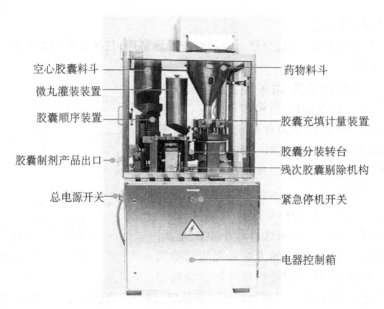

图8-2 全自动胶囊充填机结构

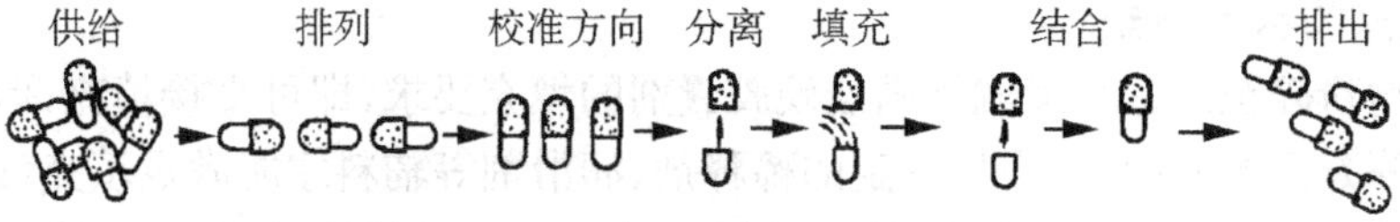

图8-3 全自动胶囊充填机工作流程

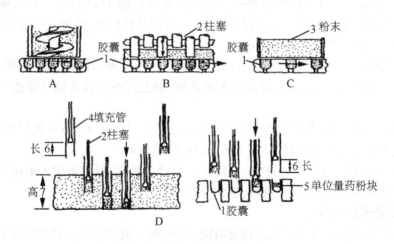

图8-4 硬胶囊剂的填充方式

物料,如针状结晶药物、易吸湿药物等。

(四) 硬胶囊的抛光

填充后的硬胶囊表面往往粘有药粉,可使用胶囊抛光机予以清洁与抛光(图8-5)。

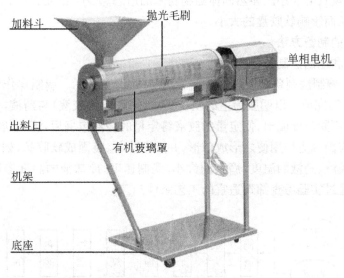

加料斗　抛光毛刷　单相电机　出料口　有机玻璃罩　机架　底座

图8-5　抛光机结构

二、软胶囊的制备

(一)影响软胶囊成形的因素

软胶囊是软质囊材包裹液态物料而成,因此有必要了解囊壁和囊芯液对软胶囊成形的影响。

1. **囊壁组成的影响**　囊壁具有可塑性与弹性是软胶囊剂的特点,也是软胶囊剂成形的基础,它由明胶、增塑剂、水三者所构成,其重量比例通常是,干明胶：干增塑剂：水＝1：0.4～0.6：1。若增塑剂用量过低(或过高),则囊壁会过硬(或过软);由于在软胶囊的制备中以及在放置过程中仅仅是水分的损失,因此,明胶与增塑剂的比例对软胶囊剂的制备及质量有着十分重要的影响。常用的增塑剂有甘油、山梨醇或两者的混合物。

2. **药物性质与液体介质的影响**　由于软质囊材以明胶为主,因此对蛋白质性质无影响的药物和附加剂才能填充,而且填充物多为液体,如各种油类和液体药物、药物溶液、混悬液,少数为固体物。值得注意的是：液体药物若含5％水或为水溶性、挥发性、小分子有机物,如乙醇、酮、酸、酯等,能使囊材软化或溶解;醛可使明胶变性等,这些均不宜制成软胶囊。液态药物 pH 值以 2.5～7.5 为宜,否则易使明胶水解或变性,导致泄漏或影响崩解和溶出,可选用磷酸盐、乳酸盐等缓冲液调整。

3. **药物为混悬液时对胶囊大小的影响**　软胶囊剂常用固体药物粉末混悬在油性或非油性(PEG400 等)液体介质中包制而成,圆形和卵形者可包制 5.5～7.8 ml。为便于成形,一般要求尽可能小一些。为求得适宜的软胶囊大小,可用"基质吸附率"来计算,即 1 g 固体药物制成的混悬液时所需液体基质的克数,可按式 8-1 计算：

$$基质吸附率 ＝ 基质重量 / 固体药物重量 \qquad (8-1)$$

根据基质吸附率,称取基质与固体药物,混合匀化,测定其堆密度,便可决定制备一定剂量的混悬液所需模具的大小。显然固体药物粉末的形态、大小、密度、含水量等,均会对基质吸附率有影响,从而影响软胶囊的大小。

(二)软胶囊的制备方法

常用滴制法和压制法制备软胶囊。

1. **滴制法** 滴制法制备软胶囊的工艺流程如图8-6所示。滴制操作常由具双层滴头的滴丸机(图8-7)完成。以明胶为主的软质囊材(一般称为胶液)与药液,分别在双层滴头的外层与内层以不同速度流出,使定量的胶液将定量的药液包裹后,滴入与胶液不相混溶的冷却液中,由于表面张力作用使之形成球形,并逐渐冷却、凝固成软胶囊,如常见的鱼肝油胶丸等。滴制中,胶液、药液的温度、滴头的大小、滴制速度、冷却液的温度等因素均会影响软胶囊的质量,应通过实验考查筛选适宜的工艺条件。

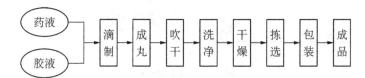

图8-6 滴制法制软胶囊生产工艺流程

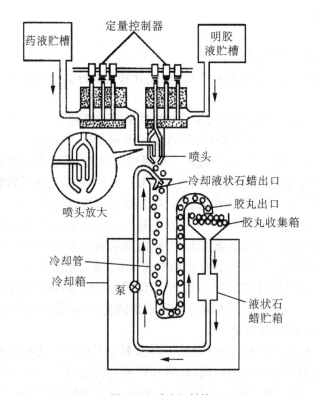

图8-7 滴丸机结构

2. **压制法** 压制法是将胶液制成厚薄均匀的胶片,再将药液置于两个胶片之间,用钢板模或旋转模压制软胶囊的一种方法。目前生产上主要采用旋转模压法,其制囊机及模压过程如图8-8所示(模具的形状可为椭圆形、球形或其他形状)。

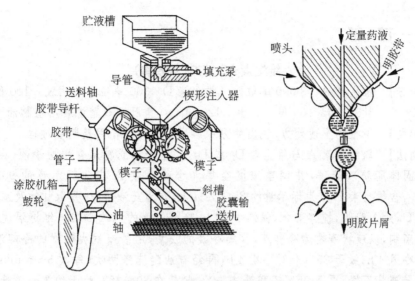

图8-8 自动旋转制囊机模压图示

知识拓展

肠溶胶囊的制备

肠溶胶囊的制备有两种方法,一种是明胶与甲醛作用生成甲醛明胶,使明胶无游离氨基存在,失去与酸结合能力,只能在肠液中溶解。但此种处理法受甲醛浓度、处理时间、成品贮存时间等因素影响较大,使其肠溶性极不稳定。另一类方法是在明胶壳表面包被肠溶衣料,如用PVP作底衣层,然后用蜂蜡等作外层包衣,也可用丙烯酸Ⅱ号、CAP等溶液包衣等,其肠溶性较为稳定。

案例——做一做

阿昔洛韦胶囊

【处方】 阿昔洛韦 200 g   十二烷基硫酸钠 适量   淀粉 60 g

4%PVP 适量   乳糖 40 g   硬脂酸镁 适量

共制成 硬胶囊剂 1 000 粒

【问题】 请根据上述处方,说出处方中各成分的处方作用及制备过程。

案例——试一试

维生素 AD 胶丸(软胶囊)

【处方】 维生素 A　3 000 单位　　维生素 D　300 单位　　明胶　100 份

甘油　55~66 份　　水　120 份　　鱼肝油或精炼食用植物油　适量

【问题】 请根据上述处方,说出处方中各成分的处方作用及制备过程。

【制法】 取维生素 A 与维生素 D₂ 或 D₃,加鱼肝油或精炼食用植物油(在 0℃左右脱去固体脂肪),溶解,并调整浓度至每丸含维生素 A 应为标示量的 90.0%~120.0%,含维生素 D 应为标示量的 85.0% 以上,作为药液待用;另取甘油及水加热至 70~80℃,加入明胶,搅拌溶化,保温 1~2 h,除去上浮的泡沫,滤过(维持温度),加入滴丸机滴制,以液状石蜡为冷却液,收集冷凝的胶丸,用纱布拭去黏附的冷却液,在室温下吹冷风 4 h,放于 25~35℃下烘 4 h,再经石油醚洗涤两次(每次 3~5 min),除去胶丸外层液状石蜡,再用 95% 乙醇洗涤一次,最后在 30~35℃烘干约 2 h,筛选,质检,包装,即得。

任务三　胶囊剂的过程质量控制和包装贮存

一、质量检查

胶囊剂的质量应符合《中国药典》(2010 年版)制剂通则项下对胶囊剂的要求。

1. 外观　胶囊外观应整洁,不得有黏结、变形或破裂现象,并应无异臭。硬胶囊剂的内容物应干燥、松紧适度、混合均匀。

2. 水分　硬胶囊内容物的水分,除另有规定外,不得超过 9.0%。

3. 装量差异　取供试品 20 粒,分别精密称定重量,倾出内容物(不得损失囊壳),硬胶囊剂囊壳用小刷或其他适宜的用具拭净(软胶囊剂囊壳用乙醚等溶剂洗净,置通风处使溶剂挥散尽),再分别精密称定囊壳重量,求出每粒胶囊内容物的装量与 20 粒的平均装量。每粒装量与平均装量相比较,超出装量差异限度的不得多于 2 粒,并不得有 1 粒超出限度 1 倍(平均装量为 0.3 g 以下,装量差异限度为 ±10.0%;0.3 g 或 0.3 g 以上,装量差异限度为 ±7.5%)。

4. 崩解时限与溶出度　胶囊剂作为一种固体制剂,通常应作崩解时限、溶出度或释放度检查,除另有规定外,应符合规定。凡规定检查溶出度或释放度的胶囊不再检查崩解度。

5. 微生物限度　按《中国药典》(2010 年版)规定的方法检查,必须符合相关规定要求。

二、包装与储存

由胶囊剂的囊材性质所决定,包装材料与储存环境如湿度、温度和贮藏时间对胶囊剂的质量都有明显的影响。有实验表明,氯霉素胶囊在相对湿度 49% 的环境中,放置 32 周,溶出度变化不明显,而在相对湿度 80% 的环境中,放置 4 周,溶出度则变得很差。一般来说,高温、高湿(相对湿度＞60%)对胶囊剂可产生不良的影响,不仅会使胶囊吸湿、软化、变粘、膨胀、内容物结团,而且会造成微生物滋生。因此,必须选择适当的包装容器与贮藏条件。一般应选用密闭性能良好的玻璃容器、透湿系数小的塑料容器和泡罩式包装,在小于 25℃、相对湿度不超过 45% 的干燥阴凉处,密闭贮藏。

知识归纳

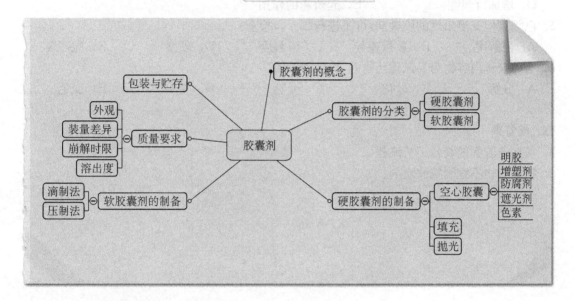

目标检测

一、名词解释

1. 胶囊剂　　**2.** 软胶囊

二、填空题

1.《中国药典》规定,硬胶囊剂应在_____min 内全部崩解;软胶囊剂应在_____min 内全部崩解。

2. 市售硬胶囊一般有_____种规格,其中_____号最大。

3. 软胶囊的制备方法有_____、_____。

4. 空心胶囊的主要原料是_____,按其水解方法不同,可分为_____和_____。

三、单项选择题

1. 宜制成胶囊剂的药物是(　　　)

A. 对光敏感的药物 　　　　B. 水溶性的药物 　　　　　C. 易溶性的药物

D. 稀乙醇溶液的药物 　　　E. 吸湿的药物

2. 胶囊剂不需要检查的项目是(　　)

A. 装量差异 　　B. 崩解时限 　　C. 硬度 　　　　D. 水分 　　　　E. 外观

3. 下列可作为软胶囊内容物的是(　　)

A. 药物的油溶液 　　　　　B. 药物的水溶液 　　　　　C. 药物的水混悬液

D. O/W 型乳剂 　　　　　　E. 药物的稀醇溶液

4. 制备空心胶囊时,加入甘油的作用是(　　)

A. 延缓明胶溶解 　　　　　B. 制成肠溶胶囊 　　　　　C. 作为防腐剂

D. 增加可塑性 　　　　　　E. 起矫味的作用

5. 已规定检查溶出度的胶囊剂,可不进行(　　)检查

A. 崩解度 　　B. 重量差异 　　C. 溶解度 　　D. 硬度 　　　E. 脆碎度

6. 当硬胶囊内容物为易风化药物时,将使硬胶囊(　　)

A. 分解 　　　B. 软化 　　　　C. 变脆 　　　D. 变质 　　　　E. 变色

四、简答题

1. 简述硬胶囊的制备工艺流程。

2. 哪些药物不宜制成胶囊剂?

滴 丸 和 膜 剂

药·物·制·剂·技·术

任务一 滴 丸

一、滴丸的概念

　　滴丸系指固体或液体药物与适当物质(一般称为基质)加热熔化混匀后,滴入不相混溶的冷凝液中、收缩冷凝而制成的小丸状制剂,主要供口服使用。

　　1933 年,丹麦制药厂率先使用滴制法制备了维生素 A,D 丸。1958 年,我国开始生产滴丸剂并在《中国药典》(1977 年版)收载了滴丸剂剂型,《中国药典》(1995 年版)收载的滴丸剂已达 9 种。近年来,合成、半合成基质及固体分散技术的应用使滴丸剂有了迅速的发展,复方丹参滴丸已经开始走向国际医药市场(美国 FDA 已批准其进行临床试验)。从滴丸剂的组成、制法看,它具有如下一些特点:①设备简单、操作方便、利于劳动保护,工艺周期短、生产率高;②工艺条件易于控制,质量稳定,剂量准确,受热时间短,易氧化及具挥发性的药物溶于基质后,可增加其稳定性;③基质容纳液态药物的量大,故可使液态药物固形化,如芸香油滴丸含油可达 83.5%;④用固体分散技术制备的滴丸具有吸收迅速、生物利用度高的特点,如灰黄霉素滴丸有效剂量是细粉(粒径 254 μm 以下)的 1/4、微粉(粒径 5 μm 以下)的1/2;⑤发展了耳、眼科用药的新剂型,五官科制剂多为液态或半固态剂型,作用时间不持久,作成滴丸剂可起到延效作用。

二、滴丸剂常用的基质

　　滴丸所用的基质一般分为两大类:第 1 类为水溶性基质,常用的有 PEG 类,如

PEG6000、PEG4000、PEG9300,肥皂类,硬脂酸钠及甘油明胶等;第 2 类为脂溶性基质,常用的有硬脂酸、单硬脂酸甘油酯、氢化植物油、虫蜡等。滴丸基质应具备下列条件。

（1）不与主药发生化学反应,不影响主药的疗效和检测。

（2）熔点较低或加一定量的热水（60～100℃）能溶化成液体,而遇骤冷后又能凝固成固体,在室温下仍保持固体状态。与药物混合后仍能保持上述物理性质。

（3）对人体无害。常用的水溶性基质有聚乙二醇 4000、聚乙二醇 6000、硬脂酸钠、甘油明胶等。滴丸基质包括水溶性基质和非水溶性基质,常用的有聚乙二醇类（如聚乙二醇 6000、聚乙二醇 4000 等）、泊洛沙姆、硬脂酸聚烃氧（40）酯、明胶、硬脂酸、单硬脂酸甘油酯、氢化植物油等。滴丸冷凝液必须安全无害,且与主药不发生作用,常用的有液状石蜡、植物油、甲基硅油和水等。

三、滴丸冷凝液的要求与选择

用来冷却滴出的液滴,使之冷凝成固体丸剂的液体称为冷却剂。应根据基质的性质来选择冷却剂。对冷却剂的要求如下。

（1）冷却剂应不与主药、基质相混溶,也不与主药、基质发生化学反应。

（2）有适宜的相对密度,即与液滴的相对密度相近,使滴丸在冷却剂中逐渐下沉或上浮,充分凝固,丸形圆整。

（3）有适当的黏度,使液滴与冷却剂间的黏附力小于液滴的内聚力而利于收缩成丸。常用的冷却剂有脂肪性基质可用水或不同浓度的乙醇等。水溶性基质可用液状石蜡、植物油、甲基硅油、煤油或它们的混合物为冷却剂。

但目前可供选用的滴丸基质和冷却剂品种较少。滴丸含药量低（多数滴丸重量都小于 100 mg）,服用粒数多,有待进一步研究、改进。

四、滴丸的制备方法

1. **工艺流程与设备** 滴制法是指将药物均匀分散在熔融的基质中,再滴入不相混溶的冷凝液里,冷凝收缩成丸的方法。一般工艺流程为:药物＋基质→混悬或熔融→滴制→冷却→洗丸→干燥→选丸→质检→分装。

常用冷凝液有液状石蜡、植物油、二甲硅油和水等,应根据基质的性质选用。还应根据滴丸与冷凝液相对密度差异,可选用不同的滴制设备（图 9 - 1）,（a）用于滴丸密度小于冷凝液者,（b）则相反。工业上可用有 20 个滴头的滴丸机,其生产能力类似 33 冲压片机。

2. **制备要点** 在制备过程中保证滴丸圆整成形、丸重差异合格的关键是:选择适宜基质;确定合适的滴管内外口径;滴制过程中保持恒温,滴制液液压恒定,及时冷凝等。

滴丸剂亦规定了重量差异与溶散时限检查,检查方法与中药丸剂略有差异,溶散时限的要求是:普通滴丸应在 30 min 内全部溶散,包衣滴丸应在 1 h 内全部溶散。

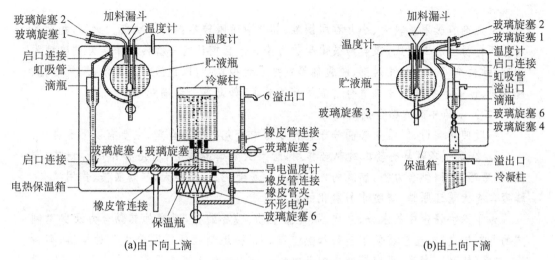

(a)由下向上滴　　　　　　　　　　　　　(b)由上向下滴

图 9-1　滴丸设备示意

知识拓展

（一）丸剂概念与特点

丸剂系指药物与适宜的辅料均匀混合，以适当方法制成的球状或类球状固体制剂。丸剂包括滴丸、糖丸、小丸等。

1. 糖丸　系指以适宜大小的糖粒或基丸为核心，用糖粉和其他辅料的混合物作为撒粉材料，选用适宜的黏合剂或润湿剂制丸，并将主药以适宜的方法分次包裹在糖丸中。糖丸一般作为儿童免疫用药的制剂形式。

2. 小丸　系指将药物与适宜的辅料均匀混合，选用适宜的黏合剂或润湿剂以适当方法制成球状或类球状固体制剂。小丸粒径应为 0.5～2.5 mm，一般作为其他制剂的成型前体，如缓释小丸与速释小丸合并装入硬胶囊制备具有速释、缓释作用的胶囊剂。

3. 中药丸剂　指药材细粉或者药材提取物与适宜的黏合剂或辅料均匀混合，以适当方法制成的球状或类球状固体制剂。按赋形剂的不同可分为水丸、蜜丸、水蜜丸、浓缩丸、糊丸、蜡丸等。中药丸剂主要供内服，是我国传统剂型之一，目前仍是传统中成药的主要剂型之一。

丸剂服后在胃肠道中溶散缓慢，逐渐释放药物而作用缓和持久，适用于慢性病的治疗和调理气血。同时，一些有毒性、刺激性药物加入赋形剂制成丸剂，可延缓其吸收，减少毒性和不良反应。丸剂不仅能容纳固体、半固体药物，还可以较多地容纳黏稠性和液体药物，并且通过包衣可掩盖药物的不良嗅味。此外，丸剂生产设备简单，制作也简单，适于药厂生产及医疗单位自制。

但丸剂有服用量较大、小儿吞服困难、其溶散时限较难控制等缺点。此外,丸剂多用原药材粉碎加工制成,很容易被微生物污染。 目前已有一些传统中药丸剂改制为片剂、颗粒剂、滴丸剂、注射剂、胶囊剂等剂型或新型丸剂,以适应使用方便、质量易控、起效快、提高生物利用度或适合急症用药的要求,如复方丹参滴丸等。

(二)中药丸剂的黏合剂

一般使用淀粉、纤维素等高分子材料作为中药丸剂的黏合剂,主要有以下 5 种。

1. 蜂蜜 蜂蜜具有较好的黏合作用,含有大量营养成分,有滋补作用及镇咳、润燥、解毒等作用;黏合力强,制成的丸剂表面不易硬化、可塑性大,崩解缓慢,作用持久。蜂蜜含有大量还原糖,能防止易氧化的药物变质。

为了除去蜂蜜中的水分、杂质、杀死微生物、破坏酶类,以增加其黏合力及保障制成的丸剂能久贮,生蜜在使用前需加热炼制。根据炼制程度不同分成 3 种规格,即嫩蜜、中蜜(炼蜜)、老蜜,可根据处方中药物性质选用。常压炼蜜系在蜂蜜中加入沸水适量使溶化,通过三~四号筛网以滤除杂质,滤液继续加热,并不断搅拌除沫,炼至所需规格。

嫩蜜为蜂蜜加热至 105~115℃,色泽无明显变化,含水量为 17%~20%,相对密度为 1.35 左右,稍有黏性。适合含油脂、黏液质、胶质、糖、淀粉等成分多的药物制丸用。

中蜜(炼蜜)为嫩蜜继续加热,达到 116~118℃,颜色浅黄,产生有光泽的均匀细泡,含水量在 14%~16%,相对密度为 1.37 左右,黏性中等,用手捻有黏性,两手指分开时有白丝出现,拉长即断。适合黏性中等的药物制丸。

老蜜是由中蜜继续加热,达 119~220℃,含水量在 10% 以下,相对密度在 1.40 左右,变成红棕色,锅内出现红棕色光泽的较大气泡,黏性很强,手捻之甚黏,两手指分开出现长白丝,滴入水中成珠状。适合纤维多、干燥疏松、黏性小的药物制丸用。

也可采用减压炼制蜂蜜,即将蜂蜜经稀释滤过后引入减压罐炼制至需要程度。

2. 米糊或面糊 以米、糯米、小麦、神曲等的细粉加水加热制成糊,或蒸煮成糊。其中以糯米糊和面糊最常用。糊粉的用量可为药材细粉总量的 5%~50%。制糊的方法有冲糊法、煮糊法、蒸糊法等。糊丸较为坚硬,崩解迟缓。

3. 蜂蜡 又称黄蜡,呈浅黄色,将其熔化后与药材细粉混合,可按塑制法或泛制法制成蜡丸。因其释药缓慢,可制成缓释、控释制剂。

4. 清膏与浸膏 含纤维较多或体积较大的药材,可经提取、浓缩制成清膏或浸膏,并进一步加工制成浓缩丸。

5. 饴糖及蔗糖水溶液 味甜,有还原性和吸湿性,黏性中等。

(三)中药丸剂的制备方法

1. 泛制法 是在转动的容器中将药材细粉与赋形剂交替润湿、撒布,不断翻滚,逐渐增大的一种制丸方法。以泛制法制备的丸剂又称泛制丸。泛制丸的工艺流程为:原辅料准备→起模→成型→盖面→干燥→选丸→(包衣)→质检→包装。

(1)原料的准备:按要求将药物粉碎成细粉,过六号筛或五号筛;处方中的个别药材若需制取药汁则按规定制备。

(2)起模:又称起母,是制备丸粒基础母核的操作,它是制备水丸的关键。目前药厂大多以机械起模,糖衣锅泛丸。起模的方法可分为粉末直接起膜法和湿法制粒起模法。粉末直接起模法即在泛丸锅中,喷刷少量水使湿润,撒布少量药粉,转动泛丸锅并刷下附着的粉末,再喷水湿润、撒粉,反复多次,同时配合揉、撞、翻等泛丸操作,使丸模逐渐增大至直径为 0.5~1.0 mm 较均匀的圆球形小颗粒,筛选后即得丸模;湿粉制粒起模法系将起模用的药粉喷入润湿剂制成软材,再用 8~10 目筛制成小颗粒,并在泛丸锅内旋转、摩擦,撞去棱角使成丸模。

(3)成型:操作方法与起模相似。将模子置包衣锅或者流化床内喷水或其他赋形剂,使其表面湿润后,再与药粉接触,使药粉均匀黏附在丸模上,如此反复操作至大小符合要求为止。在成型过程中,应定时进行分选,将个头较小的丸粒分开,单独泛大后再并入共同成型。

(4)盖面:为使丸粒色泽一致,表面致密、圆整光洁,在成丸之前加入过八号筛的粉末;或者用极细粉末配成的浆液;或用清水湿润,再不断滚动磨光,形成致密表层。这种操作称为盖面。

目前,水丸也可使用自动制丸机,按塑制法制备(图 9-2)。

(5)干燥:制成的丸剂要及时干燥,将含水量控制在 9.0% 以内。除另有规定外,水丸、水蜜丸或浓缩丸一般在 80℃以下干燥,含芳香挥发性成分或多量淀粉成分的丸剂(包括糊丸),干燥温度 60℃以下。不宜烘干的丸粒,则应阴干或用其他适当的方法干燥。

(6)包衣:水丸、浓缩丸等需要包衣时,可在润湿的丸粒上撒上极细的药粉(如朱砂、滑石粉等)或其他包衣材料(如薄膜衣料、肠溶衣料),使丸粒不断滚动,干燥,如此反复至全部细粉包衣完成,撒入川蜡粉,继续转动至光亮为止。

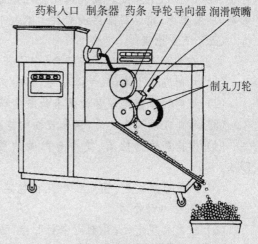

图 9-2 中药制丸药机

2. 塑制法 是在药材细粉中加入适量的黏合剂,混合均匀,制成软硬适宜、可塑性较大的团块,再制丸条、分粒、搓圆而成丸粒的一种制丸方法。塑制法可用于微丸、蜜丸、糊丸、浓缩丸、蜡丸等的制备。以塑制法制备的丸剂又称塑制丸,是目前丸剂使用最广泛方法之一。一般工艺流程为:原辅料准备→制丸块→制丸条→分粒及搓圆→干燥→整丸→质检→包装。

(1)原辅料的准备:按处方将药物及赋形剂粉碎过 100 目筛,混合均匀备用。

(2)制丸块:又称合药或合坨,系将定量原辅料充分捏和均匀,制成软硬适宜,可塑性的团块。良好的团块应黏度适中,不黏手,不黏附器壁,不松散,有一定的弹性,受外力时能变形,大量生产采用槽形混合机,操作时将定量的药粉放入混合槽,加入定量定温的炼蜜,开启机械,搅拌浆反复搅拌捏合制成丸块。

(3)制丸条:系将合好的丸块制成粗细均匀、表面光滑、内部充实的条状物。在制丸条前,应密闭闷润丸块,使之滋润可塑。搓条时可用螺旋式出条机,系借助其轴上叶片的旋转使丸块挤入螺旋输送管,形成丸条由出口挤出。也可使用挤压式出条机。

(4)分割与搓圆:系将制好的条状物分割成球段并整理圆的过程。

(5)干燥和整理:制出的丸粒若需干燥,应根据丸剂的性质选择不同的方法和温度进行干燥。含有挥发性成分的丸剂应在 60℃ 以下干燥;蜜丸一般不需干燥可直接包装。

若制成的丸剂大小不一,可用筛丸机、选丸机筛选,获得大小均匀的丸剂。整理工序可在丸粒干燥前进行,以便及时将过小或过大的丸粒返工。

(四)丸剂的包装及贮存

丸剂应密封包装,可用聚氯乙烯塑料袋、瓷器或玻璃瓶封装或用铝塑复合包装;贮存于阴凉、通风、干燥处。滴丸剂还应注意避免高温。中药丸剂还应该注意防霉、防虫蛀等,可用塑壳、蜡壳封固再浸蜡装于纸盒中。

(五)质量检查

丸剂在生产与贮藏期间应符合《中国药典》附录制剂通则“丸剂”下列有关规定。

(1)丸剂应大小均匀、色泽一致,无黏连现象。

(2)丸剂的含量均匀度和微生物限度等应符合要求。

(3)滴丸在滴制成丸后,滴丸表面的冷凝液应除去。

(4)根据药物的性质、使用与贮藏的要求,供口服的滴丸或小丸可包糖衣或薄膜衣。

(5)除另有规定外,糖丸和小丸在包装前应在适宜条件下干燥,并按丸重大小要求用适宜筛目过筛处理。

(6)除另有规定外,丸剂应密封贮存,防止受潮、发霉、变质。

(7)丸剂重量差异限度,应符合表9-1所列出的规定。

表9-1 丸剂的重量差异标准

平均丸重(g)	重量差异限度(%)
0.03 以下至 0.03	±15
0.03 以上至 0.30	±10
0.30 以上	±7.5

检查法:除另有规定外,取供试品 20 丸,精密称定总重量,求得平均丸重后,再分别精密称定各丸的重量。每丸重量与平均丸重相比较,超出重量差异限度的丸剂不得

多于2丸,并不得有1丸超出限度1倍。

单剂量包装的小丸重量差异可以取20个剂量单位进行检查,其重量差异限度应符合上述规定。

包糖衣丸剂应在包衣前检查丸芯的重量差异,符合规定后方可包衣。包糖衣后不再检查重量差异,薄膜衣丸应在包薄膜衣后检查重量差异并符合规定。

(8)丸剂要检查溶散时限。除另有规定外,照"崩解时限检查法"(附录ⅫA)检查,均应符合规定。

中药丸剂供制丸剂所用的药粉应为细粉或最细粉;制得的丸剂应外观圆整均匀、色泽一致。大蜜丸和小蜜丸应细腻滋润、软硬适中。各种丸剂的含水分量、重量差异、装量差异、溶散时限及微生物限度检查应符合药品标准的规定。

案例——做一做

灰黄霉素滴丸

【处方】　灰黄霉素　1份　　PEG6000　9份

【问题】　请按上述处方说出灰黄霉素滴丸的制备过程。

【制法】　取 PEG6000 在油浴上加热至约135℃,加入灰黄霉素细粉,不断搅拌使全部熔融,趁热过滤,置贮液瓶中,135℃下保温,用管口内、外径分别为 9.0 mm、9.8 mm 的滴管滴制,滴速 80 滴/分,滴入含 43%煤油的液状石蜡(外层为冰水浴)冷却液中,冷凝成丸,以液状石蜡洗丸,至无煤油味,用毛边纸吸去黏附的液状石蜡,即得。

任务二　膜　剂

一、膜剂的概念

膜剂是指将药物与适宜的成膜材料经加工制成的膜状制剂。可供口服、口含、舌下给药,也可用于眼结膜囊内或阴道内,外用可作皮肤和黏膜创伤、烧伤或炎症表面的覆盖。膜剂的厚度一般不超过 1 mm,有透明状和着色不透明状两类。膜面积因临床用途而异,眼用膜剂面积最小,口服膜剂较大,外用膜剂面积最大。

膜剂是 20 世纪 60 年代开始研究并应用的一种新型制剂,70 年代以后我国研究应用已有较大的发展,目前投入生产的约有 30 多种,临床上很受患者欢迎。外用膜剂主要起局部治疗作用,但随着经皮给药系统(TDDS)的发展,现在一些膜剂也可起到全身治疗作用,特别

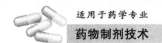
是一些鼻腔和皮肤用药膜。在临床上有取代部分片剂、软膏剂和栓剂等剂型的趋势,是一种很有发展前景的剂型。

二、膜剂的特点

膜剂的主要优点为:①药物含量准确,质量稳定,吸收快,疗效好。②体积小,重量轻,便于携带、运输和贮存。③可以适合多种给药途径,应用方便。④多层方膜剂便于解决药物间的配伍问题和分析上的干扰作用。⑤成膜材料用量小,可节约大量辅料及包装材料,选用不同的成膜材料还可以制成不同释药速度的膜剂。⑥制备生产工艺简单,易于实现自动化生产和无菌操作。膜剂的主要不足之处为,对药物载量有一定限度,当药物量过多时,往往会出现超载现象,导致药物析出。所以,膜剂只适合于小剂量药物,在药物品种的选择上有一定的限制。

三、膜剂的分类

根据膜剂的剂型特点可分为3类,即单层膜剂、多层膜剂和夹心膜剂。

1. **单层膜剂**　药物分散于成膜材料中形成的膜剂,分为水溶性膜剂和水不溶性膜剂两类。单层膜剂应用较多。

2. **多层膜剂**　由几种单层膜剂叠合而成,用于解决药物间的配伍禁忌和分析上的相互干扰问题。

3. **夹心膜剂**　即在两层不溶性的高分子膜之间,夹1层含药膜,以零级速度释放药物。这种膜剂实际上是一种控释制剂。

膜剂根据给药途径可分为以下几类:①口服膜剂。它是指供口服、口含、舌下给药的膜剂,如丹参膜剂、口含杜米芬膜剂等。②口腔膜剂。它是目前医疗机构用得最多的一种膜剂,常用于牙周疾病和口腔溃疡。③眼用膜剂。它用于眼结膜囊内,有单层膜和复合膜两种。能克服滴眼液和眼膏作用时间短以及影响视力的缺点。并且能以较少的药物达到局部高浓度,可维持较长的作用时间,如毛果芸香碱眼用膜剂、槟榔碱眼用膜剂等。④阴道用膜剂。包括局部治疗用和避孕用的膜剂,如避孕膜剂(即壬苯基聚乙二醇醚膜)、阴道溃疡膜、芫花萜药膜等。⑤皮肤、黏膜用膜剂。此类膜剂一般外用,作皮肤和黏膜创伤、烧伤或炎症表面的覆盖,可大量减少纱布等的使用,如利多卡因外用局麻膜、冻疮药膜、鼻用止血消炎膜等。

四、成膜材料

成膜材料的质量性能不仅对膜剂成型工艺有影响,而且对膜剂的质量和药效有重要的影响。

(一) 成膜材料的要求

一般而言,理想的成膜材料应具备以下条件。

(1) 无毒性,无刺激性。应用于皮肤、黏膜、创作、溃疡或炎症部位应不妨碍组织的愈合,也不干扰集体的免疫机能。吸收后对人体的生理功能无影响,在体内能被代谢、排泄、长期使用无致畸、致癌、致突变等有害作用。

(2) 无不适嗅味,性质稳定,不影响主药药效,不干扰含量测定。

(3) 成膜和脱膜性能好,成膜后有足够的强度和柔韧性。

(4) 用于口服、腔道和眼用的膜剂成膜材料应具有良好的水溶性,能降解、吸收和排泄。外用膜剂应能迅速完全地释放药物。

(5) 价格低廉,来源丰富。

(二) 常用的成膜材料

1. **天然高分子化合物** 常用的有各种胶类、淀粉、糊精等。此类成膜材料成膜性较差,但是多数可溶解或降解。

2. **聚乙烯醇(PVA)** 相对分子质量大,水溶性差,其水溶液有一定黏度,但无毒,无刺激,体内不分解。成膜性能非常好,且成膜后是有很好的柔韧性,实践表明此种成膜材料是现有成膜材料中综合性能最好的。本品市场上有多种型号,其中 PVA05 - 88 水溶性大,柔韧性差。PVA17 - 88 水溶性好,柔韧性好。实际应用时常将两者以适当比例混用。

3. **乙烯-醋酸乙烯共聚物(EVA)** 无毒,无刺激,与人体组织有良好的相容性,不溶于水,但能溶于氯仿等有机溶剂。本品成膜性好,成膜后强度大且柔软。

除此以外,成膜材料还有聚维酮(PVP)、羟丙基纤维素(HPC)羟丙甲纤维素(HPMC)等。

五、膜剂的制备工艺

(一) 膜剂的一般组成

一般而言,膜剂处方里除了主药和成膜材料以下,往往还有一些其他辅料,一个典型的膜剂处方如表9-2所示。

表9-2 膜剂的处方组成

处方组成	用量(w/w,%)
主药	0~70
成膜材料	30~100
填充剂(如淀粉、碳酸钙、二氧化硅等)	
增塑剂(如甘油、山梨醇等)	0~20
着色剂(如氧化钛、色素等)	0~2
表面活性剂(如吐温80、SDS等)	1~2
脱膜剂(如液状石蜡、滑石粉等)	适量

(二) 制备方法

1. **涂膜法** 本法又称延流法、匀浆制膜法。是目前国内膜剂制备采用最多的一种方法。

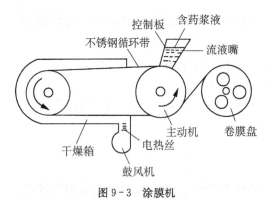

图 9-3 涂膜机

大量生产时用涂膜机(图 9-3),少量制备时,可以用手工在一块玻璃平板或不锈钢平板上涂膜制备。工业化产时,一般采用涂膜机涂膜。浆调配好的含药成膜材料浆置于涂膜机的料斗内,药液通过料斗的流液嘴以一定的速度涂在循环带上(循环带事先涂有脱膜剂),经热风干燥成膜,冷却,最后将膜带卷在卷膜盘上。

涂膜法适合于制备很薄的药膜,且要求成膜材料要完全溶于溶剂中,其生产工艺流程如图 9-4 所示。

图 9-4 均浆制膜法制膜剂的工艺流程

2. 热塑制膜法 先将药物与成膜材料及辅料混合,在一定的温度和压力下,用滚筒式压延机热压熔融成一定厚度的薄膜,冷却,脱膜即可。

3. 复合制膜法 此种制法是将两层或多层薄膜复合而成,一般制法是先将不溶性的热塑性成膜材料(如 EVA)制成外膜,分别为具有凹穴的底外膜带和无凹穴的上外膜带。然后用涂膜法将药物与另一种成膜材料(如 PVA)制成含药的内膜带,剪切后含药内膜置于底外膜带的凹穴内,盖上外膜带,热封即可。此法一般用于缓释膜剂的制备。

六、膜剂质量控制

膜剂可以口服,也可以黏膜外用。除了其主药含量要合乎要求外,还应符合以下质量要求:①外观应光洁完整,色泽均匀,厚度一致,无明显气泡。多剂量膜剂,分格压痕应均匀清晰,并能轻松地沿压痕撕开。②包装材料应无毒,使用方便,可以防止污染,且不能与药物或成膜材料发生各种反应。③膜剂应密封保存,防止受潮、发霉、变质。且应符合微生物限量检查要求,另有规定的队外。④重量差异应符合要求。

知识拓展

涂 膜 剂

1. 概述 涂膜剂是将高分子成膜材料与药物溶解在挥发性有机溶剂中而制成的外用液体涂剂。使用时涂于患处,有机溶剂挥发后形成 1 层高分子薄膜,可以保护患处,同时慢慢释放所含药物发挥治疗作用,如冻创、烫伤、伤湿涂膜剂等。涂膜剂是近年来出现的新剂型,是在火棉胶剂、硬膏剂及中药膜剂的基础上发展起来的。制备工艺简单,不需裱褙材料,使用方便。对某些皮肤病、职业病防治效果较好。但是,涂膜剂溶剂易挥发,易着火,应严密封装于小瓶内,贮存在阴凉干燥处。涂膜剂一般多用过敏性皮炎、神经性皮炎等。

2. 涂膜材料 涂膜剂的组成有3部分,即药物、成膜材料和挥发性有机溶剂。常用的成膜材料有聚乙烯醇、聚乙烯醇缩甲乙醛、聚乙烯醇缩甲丁醛、火棉胶、羧甲基纤维素钠、聚维酮等;常用的挥发性溶剂有乙醇、丙酮、乙醚及乙酸乙酯等;增塑剂常用邻苯二甲酯、甘油、丙二醇、山梨醇、甘露醇等。

3. 涂膜剂的制备 制备涂膜剂时,药物如果可溶于溶剂,则可直接加入溶剂中溶解,如不溶,则可先与少量溶剂研细后加入。高分子化合物要先溶解后再与其他成分混合。

案例——做一做

复方替硝唑口腔膜剂

【处方】 替硝唑 0.2g 氧氟沙星 0.5g PVA17-88 3.0g
甘油 2.5g CMC—Na 1.5g 糖精钠 0.5g
纯化水共制 100ml

【问题】 请分析上述处方中各成分的处方作用及制备过程?

【制法】 先将PVA17-88,CMC—Na分别浸泡过夜,溶解。将替硝唑溶于15ml蒸馏水中,氧氟沙星用适量稀醋酸溶解后加入,加糖精钠、蒸馏水补至足量。静置,待气泡除尽后,涂膜,分格。每格含替硝唑0.5mg,氧氟沙星1mg。

案例——试一试

苯海拉明涂膜剂

【处方】 苯海拉明 2.0g 聚乙烯醇 14.0g 甘油 14.0g
蒸馏水 加至200ml

【问题】 请分析上述处方中各成分的处方作用及制备过程。

【制法】 取聚乙烯醇、甘油于容器中,加沸水大约100ml,使溶解,加入已经溶于水的苯海拉明溶液中。最后加水至全量,搅匀,即得。

知识归纳

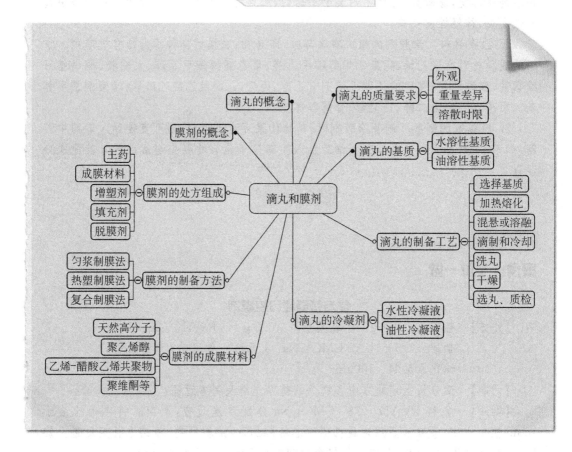

目标检测

一、名词解释

1. 滴丸　2. 涂膜剂

二、填空题

1. 一般膜剂最常用的材料为_____，其英文缩写为_____。

2. 膜剂常用的制备方法有_____、_____和_____3种。

3. 涂膜剂的处方是由_____、_____、增塑剂和溶剂组成。

4. 在膜剂的制备过程中 PVA 一般用作_____，甘油一般用作_____，液状石蜡一般用作_____．

三、单项选择题

1. 以 PEG6000 为基质制备滴丸剂时，不能选用的冷凝液是（　　）

    A．轻质液状石蜡　　　　　　B．重质液状石蜡　　　　　C．二甲硅油

    D．水　　　　　　　　　　　E．植物油

2. 滴丸与软胶囊相同点是（　　）

    A．均为药物与基质混合而成　　　　B．均可用滴制法制备

    C．均以明胶为主要囊材　　　　　　D．均以 PEG 为主要基质

    E．无相同之处

3. 药物与基质加热熔融混匀后，滴入不相混溶、互不作用的冷凝液中收缩成球形的制剂（　　）

    A．胶丸　　　　　B．滴丸剂　　　　C．脂质体　　　　D．靶向乳剂　　　E．微球

4. 下列关于滴丸剂的叙述不正确的是（　　）

    A．发挥药效迅速，生物利用度高

    B．可制成缓释制剂

    C．可将液体药物制成固体滴丸，便于运输

    D．生产设备简单、操作方便、便于劳动保护

    E．滴丸在药剂学上又称胶丸

5. 以下不属于膜剂优点的是（　　）

    A．含量准确　　B．稳定性好　　　C．配伍变化少　　D．载药量大　　　E．应用方便

6. 下列给药途径中哪一项不适合于膜剂（　　）

    A．眼结膜囊内给药　　　　　B．口服给药　　　　　　　C．口含给药

    D．吸入给药　　　　　　　　E．舌下给药

软 膏 剂

药·物·制·剂·技·术

任务一 软膏剂的处方组成

一、软膏剂的概念

软膏剂系指药物与适宜基质均匀混合制成具有适当稠度的半固体外用制剂。软膏剂主要由药物和基质组成,软膏剂的基质是形成软膏的重要组成部分。除此之外处方组成中还经常加入抗氧剂、防腐剂等以防止药物及基质的变质,特别是含有水、不饱和烃类、脂肪类基质时加入这些稳定剂更为重要。

用乳状型基质制备的软膏剂又称乳膏剂;含有大量药物粉末(25%～70%)的软膏剂称糊剂。

软膏剂具有热敏性和触变性。热敏性反映遇热熔化而流动,触变性则反映施加外力时黏度降低,静止时黏度升高,不利于流动。这些性质可以使软膏剂在长时间内紧贴、黏附或铺展在用药部位,既可以起局部治疗作用,也可以起全身治疗作用。

软膏剂在我国应用甚早,早期使用豚脂、羊脂、蜂蜡、麻油等为基质。随着现代化学工业及医药科技的发展,新的合成基质陆续出现。乳剂基质由于适合临床需要,得到大量采用。随着药物透皮吸收途径及机理研究的逐步深入,发现一些药物也能通过皮肤吸收,产生全身作用,并成功地将硝酸甘油等制成软膏剂,涂于胸前,治疗心绞痛,获得全身治疗作用且作用时间延长。

二、软膏剂的分类和质量要求

软膏剂按分散系统分为溶液型、混悬型和乳剂型3类;按基质的性质和特殊用途分为油膏剂、乳膏剂、凝胶剂、糊剂和眼膏剂等,其中凝胶剂为较新的半固体剂。

一般软膏剂应具备下列质量要求:①均匀、细腻、涂于皮肤上无刺激性;应具有适当的黏稠性、易涂布于皮肤或黏膜上。②应无酸败、异臭、变色、变硬和油水分离等变质现象。③应无刺激性、过敏性及其他不良反应。④用于大面积烧伤时,应预先进行灭菌。眼用软膏的配制需在无菌条件下进行。

案例——想一想

请查阅"清凉油"的产品说明书,说出"清凉油"的特点及处方组成。

三、软膏剂常用基质

基质是软膏剂形成和发挥药效的重要组成部分。软膏基质的性质对转软膏剂的质量影响很大,如直接影响药效、流变性质、外观等。良好的软膏剂基质具有以下几个特点:①不妨碍皮肤的正常功能,具有良好释药性能。②具有吸水性,能吸收伤口分泌物。③性质稳定,与主药不发生配伍变化。④润滑无刺激,稠度适宜,易于涂布。⑤易洗除,不污染衣服。

目前还没有一种基质能同时具备上述要求。在实际应用时,应对基质的性质进行具体分析,并根据软膏剂的特点和要求采用添加剂或混合使用等方法来保证制剂的质量以适应治疗要求。

常用的基质主要有:水溶性基质、油脂性基质及乳剂型基质,其中乳剂型基质以又包括水包油(O/W)型和油包水(W/O)型。

(一)水溶性基质

水溶性基质是由天然或合成的水溶性高分子物质所组成。目前常见的水溶性基质主要是合成的PEG类高分子物,以其不同相对分子质量配合而成。本类基质优点:对药物的释放和穿透较快,无油腻性,易涂布和洗除,一般对皮肤和黏膜无刺激,能与水混合并能吸收组织渗出液,可用于糜烂性创面、湿润、腔道黏膜等部位,或者用作防油保护性软膏的基质。缺点是对皮肤的润滑、软化作用远不及油脂性基质,此类基质中的水分容易蒸发而使软膏变硬至难以涂抹,需加保湿剂,某些溶性基质容易霉变,需加防腐剂。

1. **聚乙二醇(PEG)** 是用环氧乙烷与水或乙二醇逐步加成聚合得到的水溶性聚醚。分子式为 $HO(CH_2CH_2O)_nH$。药物制剂中常用的平均相对分子质量在 $300\sim6\,000$。PEG700以下均是液体;PEG1000/1500 及 1540 是半固体;PEG2000～6000 是固体。

固体 PEG 与液体 PEG 适当比例混合可得半固体的软膏基质,且较常用,可随时调节稠

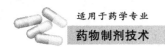

度,一般情况下,聚乙二醇基质是 PEG400 和 PEG4000 的混合物,不同比例的混合物其熔点和稠度不同。

此类基质易溶于水,能与渗出液混合且易洗除,能耐高温不易霉败。但由于其较强的吸水性,用于皮肤常有刺激感,且久用可引起皮肤脱水干燥。本品不能用于遇水不稳定的药物的软膏、对季铵盐类、山梨糖醇及苯酚类等有配伍变化。目前聚乙二醇基质正逐步被水凝胶基质所取代。

2. FAPG 基质　该基质是新型软膏基质,主要由十八醇和丙二醇组成。FAPG 基质处方中还可添加少量聚乙二醇做增塑剂,添加甘油或硬脂酸做增黏剂,以及二甲基亚砜或氮酮等作为经皮吸收促进剂。该基质具有如下一些特点:①无水,适于遇水不稳定的药;②皮肤上的黏附性很好,铺展性也很好,能形成封闭的膜;③不易酸败,不易水解,具有水洗性。目前,FAPG 基质在国外应用较多,如作为类固醇药物"氟轻松"皮肤外用制剂的基质等。

(二)油脂性基质

油脂性基质是指动植物油脂、类脂、烃类及硅酮类等疏水性物质为基质。此类基质的烛涂于皮肤能形成封闭性油膜,促进皮肤水合作用,对表皮增厚,角化、皲裂有软化保护作用,主要用于遇水不稳定的药物制备软膏剂。一般不单独用于制备软膏剂,为克服其疏水性常加入表面活性或制成乳剂型基质来应用。

油脂性基质中以烃类基质凡士林为常用,固体石蜡与液状石蜡用以调节稠度,类脂中以羊毛脂与蜂蜡应用较多,羊毛脂可增加基质吸水性及稳定性。植物油常与熔点较高的蜡类熔合成适当稠度的基质。

1. 烃类基质　烃类基质有凡士林、固体石蜡和液体石蜡、地蜡和微晶蜡等,此类基质一般元明显生理活性,但最近证明凡士林中也含有微量能使细胞反应的物质。

(1)凡士林:又称软石蜡,是由液体和固体烃类组成的半固体状物,熔程为 38～60℃,凝固范围 48～51℃之间。分为黄、白(漂白而成)两种,化学性质稳定,无刺激性,特别适用于不稳定的抗生素等药物。

(2)石蜡与液状石蜡:石蜡为固体饱和烃混合物,熔程为 50～65℃,能溶于挥发油、矿物油与大多数脂肪油,与其他基质融合后不会单独析出。液状石蜡为液体饱和烃,与凡士林同类,也可与多数挥发油或脂肪油混合。石蜡和液状石蜡主要用于和其他基质配伍,用来调节软膏的稠度。液状石蜡还可用于在制备油脂性或 W/O 型乳膏时候研磨药物粉末以利于药物与基质混匀。

(3)其他:微晶蜡的化学性质与凡士林相似,只是没有液体成分。地蜡是一种矿物蜡类物质,主要由 25 个碳原子以上的带长侧链的环烷烃等组成。

烃类基质常混合使用,以调节基质的稠度,如地蜡和固体石蜡的混合物,液状石蜡和固体石蜡的混合物等。

2. 类脂类　指高级脂肪酸与高级脂肪醇作用而成的酯及其混合物,物理性质与脂肪类似,但化学性质较脂肪稳定,且具一定的乳化作用并有一定的吸水性能,常与油脂类基质共用,增加油脂性基质的吸水性。常用的有羊毛脂、蜂蜡、鲸蜡等。

(1)羊毛脂:一般是无水指羊毛脂,为淡黄色黏稠微具特臭的半固体,是羊毛上的脂肪性物质的混合物。羊毛脂的主要成分是胆醇类的棕榈酸酯及游离的胆固醇类,游离的胆固醇类等约占 7%,熔程 36~42℃,具用良好的吸水性,能与 2 倍量的水均匀混合,并形成 W/O 型乳剂型基质。

羊毛脂很少单用做基质,常与凡士林合用,以改善凡士林的吸水性与药物的透过性。羊毛脂还可在乳剂型基质中起到辅助乳化剂的作用,增加乳膏的稳定性。由于羊毛脂黏性太大,为取用方便,常加入 30% 的水分以改善黏度,称为含水羊毛脂。

(2) 蜂蜡与鲸蜡:蜂蜡的主要成分为棕榈酸蜂蜡醇酯,鲸蜡主要成分为鲸蜡,两者均含有少量游离高级脂肪醇而具有一定的表面活性作用,属较弱的 W/O 型乳化剂,在 O/W 型乳化剂基质中起稳定作用。蜂蜡的熔程为 62~67℃,鲸蜡的熔程为 42~50℃。两者均不易酸败,常用取代乳剂型基质中部分脂肪性物质以调节稠度或增加稳定性。

(3) 二甲硅油:又称硅油或硅酮,是一系列不同相对分子质量的聚二甲硅氧烷的总称,与烃类基质物理性质相似。本品为一种无色或淡黄色的透明油状液体,无臭,无味,黏度随相对分子质量的增加而增大。其最大的特点是在应用温度范围内(-40~150℃)黏度变化极小。对大多数化合物稳定,但在强酸强碱中降解。在非极性溶剂中易溶,随黏度增大,溶解度逐渐下降。硅油优良的疏水性和较小的表面张力而使之具有很好的润滑作用且易于涂布。对皮肤无刺激性,故能与羊毛脂、硬脂醇、鲸蜡醇、硬脂酸甘油酯、聚山梨酯类、山梨坦类等混合。常用于乳膏中作润滑剂,最大用量可达 10%~30%,也常与其他油脂性原料合用制成防护性软膏。

3. 油脂类 油脂是从动、植物中得到的高级脂肪酸甘油酯及混合物。稳定性不及烃类,但透皮性比烃类好。现在常用的有植物油和氢化植物油等,而动物的脂肪油很少用。

(1) 植物油:是不饱和脂肪酸酯,在长期贮存过程中容易氧化,需加油溶性搞氧剂。常用的植物油有麻油、花生油和棉籽油,一般不单独作软膏基质,常与熔点较高的蜡类融合,制成适宜稠度的基质。如单软膏就是 1:2(w/w)的蜂蜡与植物油组成。

(2) 氢化植物油:是植物油经催化加氢制成的饱和部分饱和高级脂肪酸甘油酯。稠度较原植物油增大,随氢化程度的不同而呈半固体或固体。氢化植物油较植物油稳定,不容易酸败,可作软膏基质。

(三) 乳剂型基质

乳剂型基质与乳浊液相仿,基本组成由水相、油相及乳化剂 3 部分形成。油相与水相通过机械力分散,借助乳化剂的作用在一定温度下乳化,形成半固体基质。

乳剂型基质是将固体的油相加热熔化后与水相混合,在乳化剂的作用下形成乳化,最后在室温下成为半固体的基质,与乳剂相似,但油相含有固体或半固体成分。常用的油相多数为固体,主要有硬脂酸、石蜡、蜂蜡、高级醇(如十八醇)等,有时为调节稠度加入液状石蜡、凡士林或植物油等。乳剂型基质有水包油(O/W)型与油包水型(W/O)型两类。

O/W 型基质能与大量水混合,含水量较高。乳剂型基质不阻止皮肤表面分泌物的分泌和水分蒸发,对皮肤的正常功能影响较小。一般乳剂型基质特别是 O/W 型基质软膏中药物的释放和经皮吸收较快。由于基质中水分的存在,使其增强了润滑性,易于涂布。但是,O/W 型基质外相含多量水,在贮存过程中可能霉变,常须加入甘油、丙二醇等作保温剂,一般用量为 5%~20% 遇水不稳定的药物不宜用乳剂型基质制备软膏。要注意的是 O/W 型基质制成的软膏在使用于分泌物较多的皮肤病,如湿疹时,其吸收的分泌物可重新透入皮肤(反向吸收)而使炎症恶化,故需正确选择适应证。

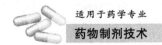

W/O 型基质俗称冷霜,油腻性比油脂性基质小,其水相蒸发时皮肤有凉爽感。有一定吸水性,但不能与水混合,对油脂亲和力更大。其润滑性和稳定性比 O/W 型基质好。

一般而言,乳剂型基质容易涂布,稠度适中,对油、水均月一定亲和力,易与创面渗出液或皮肤分泌物混合,不影响皮肤的正常功能。同时,由于乳化剂的表面活性作用,使药物较易经皮吸收,适用于多数药物,但因含有水分,不适用于遇水不稳定的药物(如盐酸四环素、盐酸金霉素等)。目前乳剂型基质的最新发展是使用相反类型的混合乳化剂,比如含月阳离子型表面活性剂溴化烷基三甲基铵(O/W 型乳化剂)、鲸蜡醇、十八醇、(W/O 型乳化剂)及白凡士林及液状石蜡,一般这种混合乳化剂作为稳定剂,用于皮肤及化妆品的 O/W 型乳剂,有利于形成复合膜,使产品更稳定。

四、软膏剂的乳化剂

制备稳定的乳剂型基质,必须选用适当的乳化剂,有时还需加入稳定剂,常用的乳化剂及稳定剂有以下几类:

1. 肥皂类 有一价皂、二价皂、三价皂等。

(1) 一价皂:常为一价金属离子钠、钾、铵的氢氧化物、硼酸盐或三乙醇胺、三异丙胺等的有机碱与脂肪酸(如硬脂酸或油酸)作用生成的新生皂,HLB 值一般在 15～18,降低水相表面张力强于降低油相的表面张力,一般作为 O/W 型的乳剂型基质,但若处方中含过多的油相时能转相为 W/O 型的乳剂型基质。

一价皂的乳化能力随脂肪酸中碳原子数目的增加而递增。但在碳原子数 18 以上这种发性能又降低,故碳原子数为 18 的硬脂酸为最常用的脂肪酸,其用量常为基质总量的 10%～25%,其中的一部分(占总量的 15%～25%)与碱反应形成新生皂,未皂化的部分作为油相,被乳化而分散成乳粒,由于其凝固作用而增加基质的稠度,且可合成品带珠光外观。

新生皂反应的碱性物质的选择,对乳剂型基质的影响较大。以新生钠肥皂为乳化剂制成的乳剂型基质较硬。钾皂有软肥皂之称,以钾肥皂为乳化剂制成的成品也较软。新生有机铵皂为乳剂型基质较为细腻、光亮美观。因此,后者常与前两者合用或单用做乳化剂。新生皂作乳化剂形成的基质应避免用于酸、碱类药物制备软膏。特别是忌与含钙、镁离子类药配方。因为这些物质可以破坏新生皂,导致两相分享或乳剂转型。同时,制备用水应为蒸馏水或离子交换水。一价皂为阴离子型乳化剂,忌与阳离子型表面活性剂以及阳离子型药(如醋酸洗必泰、硫酸庆大霉素等)配伍。

(2) 多价皂:系由二、三价的金属(钙、镁、锌、铝)氧化物与脂肪酸作用而形成。由于此类多价皂在水中解离度小,亲水基的亲水性小于一价皂,而亲油基为双链或三链碳氢化物,亲油性强于亲水端,基 HLB 值<6 形成 W/O 型乳剂型基质,故一般用于制备冷霜。新生多价皂较易形成,且油相的比例大,黏滞度较水相高,因此,形成的乳剂型基质(W/O 型)较一价皂为乳化剂形成的 O/W 型乳剂型基质稳定。但多价皂耐酸性差,与多种药物有配伍禁忌。

2. 脂肪醇硫酸(酯)钠类 常用的有十二烷基硫酸钠(sodium lauryl sulfate),又名月桂硫酸钠,是阴离子型表面活性剂,是优良的阴离子 O/W 型乳化剂,用于配制 O/W 型乳剂基质。外观为白色或淡黄色结晶,易溶于水,水溶液呈中性,对皮肤刺激小,在广泛的 pH 范围内稳定。常与其他 W/O 型乳化剂(如鲸蜡醇或十八醇、硬脂酸甘油酯、脂肪酸山梨坦类等)合用调整适当 HLB 值,以达到油相所需范围。本品的常用量为 0.5%～2%。本品与阳离子型表面活性剂作用形成沉淀并失效,加入 1.5%～2%氯化钠可使之丧失乳化作用,其乳化作用的适宜 pH 应为 6～7,不应小于 4 或大于 8。

3. 高级脂肪醇及多元醇酯类

(1) 鲸蜡醇及十八醇:即鲸蜡醇,熔点 45～50℃,十八醇即硬脂醇,熔点 56～60℃,均为白色固体,且不溶于水,但有一定的吸水能力,与油脂性基质如凡士林混合后,可增加凡士林的吸水性,与水或水性液体混匀后可形成 W/O 型乳剂型基质,称为"吸收性基质"或"吸水性基质",可增加乳剂的稳定性和稠度。另外,以新生皂为乳化剂基质中,用鲸蜡醇和十八醇取代部分硬脂酸形成的基质则较细腻光亮。鲸蜡醇及十八醇广泛用于制作 O/W 型乳剂型基质,一方面,可作为油相,增加基质的稠度,并能使基质柔软,有软化剂的作用;另一方面,其本身乳化力较弱,不能单独作为有效的乳化剂,但当与其他主要乳化剂(如肥皂类、硫酸化物类等)合用时,可作为辅助乳化剂和稳定剂,并能使乳膏更柔软、透明、更易透过皮肤。

(2) 硬脂酸甘油酯:是单、双硬脂酸甘油酯的混合物,白色固体,熔点在 55℃以上,不溶于水,溶于热乙醇及乳剂型基质的油相中,常用硬脂酸甘油酯。

本品分子的甘油基上有羟基存在,有一定的亲水性,但十八碳链的亲油性强于羟基的亲水性,是一种较弱的 W/O 型乳化剂合用时,则制得的乳剂型基质稳定,且产品细腻润滑,常作为乳剂型基质的稳定剂或增稠剂,常用量为 3%～15%。

4. 山梨坦与聚山梨酯类　均匀非离子型表面活性剂。山梨坦类 HLB 值在 4.3～8.6之间,为 W/O 型乳化剂,聚山梨酯类 HLB 值在 10.5～16.7 之间,为 O/W 型乳化剂。各种非离子型乳化剂均可单独制成乳剂型基质,但为调节 HLB 值而常与其他乳化剂合用,非离子型表面活性剂无毒性,中性,对热稳定,对黏膜与皮肤比离子型乳化剂刺激性小,并能与酸性盐、电解质配伍,但与碱类、重金属盐、酚类及鞣质均有配伍变化。聚山梨酯类能严重抑制一些消毒剂、防腐剂的效能,如与羟苯酯类、季铵盐类、苯甲酸等络合而使之部分失活,但可适当增加防腐剂用量予以克服。非离子型表面活性剂为乳化剂的基质中可用的防腐剂有:山梨酸,氯己定碘,氯甲酚等,用量约 0.2%

5. 其他乳化剂

(1) 平平加O:为聚氧乙烯醚衍生物类,即以十八(烯)醇聚乙二醇-800 醚为主要成分的混合物,为非离子型表面活性剂,其 HLB 值为 15.9,属 O/W 型乳化剂,但单用本品不能制成乳剂型基质。

(2) 乳化剂 OP:为以聚氧乙烯(20)月桂醚为主的烷基聚氧乙烯醚的混合物。亦为非离子 O/W 型乳化剂,HLB 值为 14.5,可溶于水,1%水溶液的 pH 值为 5.7,对皮肤无刺激性。本品耐酸、碱、还原剂及氧化剂,性质稳定,用量一般为油相重量的 5%～10%。常与其他乳化剂合用。本品不宜与酚羟基类化合物,如苯酚、间苯二酚、麝香草酚、水杨酸等配伍,以免形成络合物,破坏乳剂型基质。

五、软膏剂的附加剂

（一）抗氧剂

在软膏剂的贮存过程中，微量的氧就会使某些活性成分氧化而变质。特别是在乳膏剂的乳化过程中会带入较多的氧进入产品中，所以防止乳膏剂的氧化尤为严重。因此，常加入一些抗氧剂来保护软膏剂的化学稳定性。

常用的抗氧剂分为 3 种。

1. 抗氧剂　它能与自由基反应，抑制氧化反应，是真正的抗氧剂。如没食子酸烷酯、丁羟茴香脑（BHA）和丁羟基甲苯（BHT）等。

2. 还原剂　此类还原剂较活性成分更易被氧化，从而能保护该物质。它们通常和自由基反应，如抗坏血酸、异抗坏血酸和亚硫酸盐等。

3. 抗氧剂的辅助剂　它们通常是整合剂，本身抗氧效果较小，但可通过优先与金属离子反应（因金属离子在氧化中起催化作用），从而加强抗氧剂的作用。这类辅助抗氧剂有枸橼酸、酒石酸、EDTA 和巯基二丙酸等。

（二）防腐剂

软膏剂中的基质中通常有水溶性、油溶性物质，甚至有蛋白质。这些基质易受细菌和真菌的侵袭，微生物的滋生不仅可以污染制剂、降解制剂，而且有潜在致病性。所以，应保证在制剂及应用器械中不含有致病菌，如铜绿假单孢菌、沙门菌、大肠埃希菌、金黄色葡萄球菌等。对于破损及炎症皮肤，局部外用制剂更是不能含有微生物。

软膏有抑菌剂有如下一些基本要求：①和处方中组成物没有配伍禁忌；②抑菌剂有热稳定性；③在较长的贮藏时间及使用环境中稳定；④对皮肤组织无刺激性、无毒性、无过敏性。

（三）渗透促进剂

它是指可以促进药物穿透皮肤屏障的一类物质，用于增加局部用药的渗透性，增加透皮吸收。常用的渗透促进剂有氮酮和二甲基亚砜。

（四）其他

软膏剂中的附加剂除了上述的抗氧剂、防腐剂，渗透促进剂以外，在一些特定的软膏品种中，往往会根据实际情况添加一些其他的添加剂。比如在水溶性基质软膏中，由于水分容易蒸发而导致软膏基质变硬，影响使用，往往会添加一些甘油等物质作为保湿剂，以保持制剂的水分含量。而在某些软膏剂中，会添加一些皮肤角质软化软化剂软化角质以促进药物吸收。

课堂讨论

根据下列处方的组成，说出处方形成的是哪种类型的软膏基质。

【处方】　聚乙二醇 3350　400 g　　聚乙二醇 400　600 g

知识拓展

软膏剂的渗透促进剂

渗透促进剂是指那些能提高或加速药物渗透穿过皮肤的物质。理想的渗透促进剂应对皮肤无损伤或刺激,无药理活性,无过敏性,理化性质稳定,与药物及其辅料有良好的相容性,起效快,作用时间长等等。事实上,完全符合以上要求的渗透促进剂几乎不存在。

常用的渗透促进剂可分为5类:①表面活性剂:如阳离子型、阴离子型、非离子型和卵磷脂。②有机溶剂类,如乙醇、丙二醇、醋酸乙酯、二甲基亚砜及二甲基甲酰胺。③月桂氮酮类化合物。④有机酸、脂肪酸等。⑤角质保湿与软化剂,如尿酸、水杨酸及吡咯酮类。

案例——做一做

【处方】 硬脂酸　60 g　　　聚山梨酯80　44 g　　　硬脂醇　60 g
　　　　　油酸山梨坦80　16 g　　液状石蜡　90 g　　　白凡士林　60 g
　　　　　甘油　100 g　　　　　山梨酸　2 g　　　　　纯化水共制　1 000 g

【问题】 请分析处方中各成分的作用。说出此处方是哪种类型的软膏基质。说出此处方的制作方法。

任务二 软膏剂的制备

一、软膏剂的制备

软膏剂的制备,按照形成的软膏类型,制备量及设备条件不同,采用的方法也不同。溶液型或混悬型软膏采用研磨法或熔融法。乳剂型软膏常在形成乳剂型基质过程中或在形成乳剂型基质后加入药物,称为乳化法。在形成乳剂型基质后加入的药物常为不溶性的微细粉末,实际上也属混悬型软膏。

制备软膏的基本要求,必须使药物在基质中分布均匀,细腻,以保证药物剂量与药效,这与制备方法的选择特别是加入药物方法的正确与否关系密切。

(一) 制备方法

软膏剂的制备方法有研和法、融和法和乳化法3种。

1. 研和法 此法适合于研磨基质能使药物均匀混合的软膏,主药对热不稳定者也可用此法。制备时将药物研细过筛后,先用少量基质研匀,然后递加其余基质至全量,研匀即得。其一般工艺流程为:固体药物→研细→加入部分基质、液体成分→研磨至细腻糊状→递加其余基质研磨→成品。

如基质为油脂性的半固体时,就可直接采用研和法(水溶性基质和乳剂型基质不宜用)。此法适用于小量制备,且药物为不溶于基质者。用软膏刀在陶瓷或玻璃的软膏板上调制,也可在乳钵中研制。

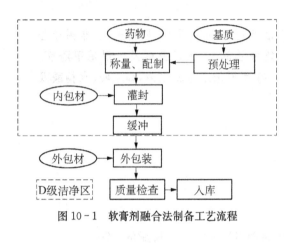

图 10-1 软膏剂融合法制备工艺流程

2. 融和法 此法是制备一般软膏普遍使用的方法,特别适合于大量制备。适用于含固体的油脂性基质或水溶性基质,也适用于含固体药物较多的软膏制备。制备时先加温熔化高熔点基质后,再加入低熔点成分熔合成均匀基质,如有杂质,必须趁热过滤,然后加入液体成分和在基质中可以溶解的药物。其一般工艺流程如图 10-1 所示。

不溶性药物必须先研成粉后筛选入熔化或软化的基质中,搅拌混合均匀,若不够细腻,需要通过研磨机进一步研匀,使无颗粒感,常用三滚筒软膏机,使软膏受到滚辗与研磨,使软膏细腻均匀。

3. 乳化法 此法适合于制备乳剂型基质软膏即软膏。将处方中的油脂性和油溶性组分一起加热至80℃左右成油溶液(油相),另将水溶性组分溶于水后一起加热至80℃成水溶液(水相),使温度略高于油相温度,然后将水相逐渐加入油相中,边加边搅至冷凝,最后加入水、油均不溶解的组分,搅匀即得(图 10-2)。

乳膏制备时油相和水相的添加方式、加入速度、搅拌方式、乳化温度与乳化时间甚至乳化锅的结构等都有可能影响乳膏的质量。大量生产时由于油相温度不易控制均匀冷却,或二相混合时搅拌不匀而使形成的基质不够细腻,因此,在30℃时再通过胶体磨等可使其更加细腻均匀,也可使用旋转型热交换器的连续式乳膏机。

油相和水相的添加方式一般有 3 种情况:①分散相加到连续相中,这是两相混合的一般原则和通常使用的方法,适用于分散相所占比例较小的乳膏。②连续相加入分散相中。此法适用

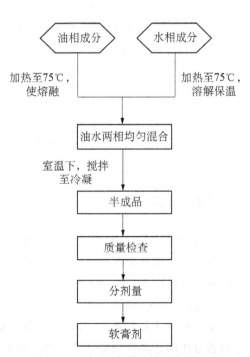

图 10-2 乳化法制备乳膏剂的工艺流程

于多数乳膏。在用此法制备过程中，会引起乳剂的转型，从而产生更为细小的分散相粒子。如在制备 O/W 乳膏基质时，水相在搅拌下缓缓加入油相内，开始时油相的量远多于水相，开成 W/O 基质，随着水相的不断加入，水相的量逐渐上升，基质黏度不断增加，直至 W/O 基质中水相的体积扩大到最大限度，超过此限，基质黏度降低，在搅拌下发生转型，由开始的 W/O 型转变为预期的 O/W 型，使分散相（油相）分散更加细小，使基质更加细腻。但要注意的是，转型时水分从分散相析出，乳剂基质只是出现破坏现象，此时应强烈搅拌，使转型完全。③两相同时加入，不分先后。此法主要适用于工业化大批量生产，尤其是连续生产。

（二）药物加入的一般方法

制备软膏的基本要求是必须使药物在基质中分布均匀、细腻、以减少软膏对病患部位的机械性刺激和提高疗效。制备时一般根据药物和软膏基质的性质将药物按如下方法处理。

（1）若药物能溶于基质中，则先将药物溶于基质的组分中，再制成软膏。如樟脑、薄荷油、松节油等，可将其加入熔化的油脂性基质中溶解。

（2）如果是乳剂型基质软膏，可根据药物的溶解性分别溶于油相或水相中，但前提是不能影响乳化，如果是在水相中不稳定或者在两相中均不能溶的药物，则可以在乳剂型基质制成后加入。

（3）不溶性药物（水相和油相中都不溶）如硫黄、氧化锌等，可先粉碎成细粉并过六号筛（100～120 目），取药物粉末先与少量基质或者是能与基质混溶的液体（如油脂性基质可加植物油，凡士林基质可加液状石蜡，水溶性基质可加水或甘油）研磨成糊状，再按等量递加法加入剩余基质，这是指的研和法。如用融和法，则在不断搅拌下，将药物粉末直接加到熔融的基质中，搅拌均匀至冷凝即可。

（4）若是在处方中含量较少且可溶于某种溶剂的药物，可先用少量适宜的溶剂将其溶解，再与基质混匀。例如含少量水溶性生物碱类药物，可将生物碱用少量水溶解，再用吸水性基质如羊毛脂将水溶液吸收，然后与其余基质混匀。

（5）若是固体浸膏或半固体黏稠性药物，则可先加少量可与基质混溶或被吸收的溶剂（如水、稀乙醇），研成糊状或使之软化，再与基质混合。中药煎液、流浸膏等一般先浓缩至糖浆状，再与基质混合。

（6）处方中含有低共熔成分如薄荷脑、樟脑、冰片等挥发性成分时，可先将其研磨至共熔，再与冷却的基质混匀（低于 40℃）。

（7）再融和法或乳化法制备软膏时，挥发性药物或受热易破坏的药物需等基质冷却至 40℃ 以下后再加入，以减少药物的损失和破坏。

（8）防腐剂一般溶于基质或适宜溶剂中，再加入基质中混匀。

二、软膏剂的制备设备

软膏剂常用的设备有搅拌机（图 10 - 3）、胶体磨（图 10 - 4）、真空乳化机（图 10 - 5）和全自动铝管灌装封尾机（图 10 - 6）。

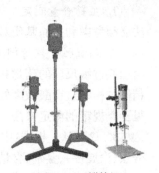

图 10 - 3　搅拌机

图 10-4　胶体磨　　　　　图 10-5　真空乳化机　　　　图 10-6　全自动铝管灌装封尾机

案例——想一想

清 凉 油

【处方】　樟脑　160 g　　　　薄荷脑　160 g　　　薄荷油　100 g

　　　　　桉叶油　100 g　　　　石蜡　210 g　　　　蜂蜡　90 g

　　　　　氨溶液　6.0 ml　　　凡士林　200 g

【问题】　请分析处方中各成分的作用。说出此处方是哪种类型的软膏基质。说出此处方的制作方法。

任务三　软膏剂的过程质量控制和包装贮存

一、软膏剂的质量检查

《中国药典》(2010 年版)规定了软膏剂的质量检查主要包括药物的含量,软膏剂的性状、刺激性、稳定性等的检测以及软膏中药物吸收的评定。

1. **主药含量测定**　软膏剂采用适宜的溶剂将药物溶解提取,再进行含量测定,测定方法必须考虑和排除基质对提取物含量测定的干扰和影响,测定方法的回收率要符合要求。

2. **刺激性**　软膏剂涂于皮肤或黏膜时,不得引起疼痛、红肿或产生斑疹等不良反应。会引起过敏反应的药物和基质不宜采用。若软膏的酸碱度不适而引起刺激时,应在基质的精制过程中进行酸碱度处理,使软膏的酸碱度近似中性。《中国药典》规定应检查酸碱度,参见药典规定的测定方法。

3. **稳定性**　根据《中国药典》有关稳定性的规定,软膏剂应进行性状(酸败、异臭、变色、分层、涂展性)、鉴别、含量测定、微生物限度检查、皮肤刺激性试验等方面的检查,在一定的贮存期内应符合规定要求。

4. 药物释放度及吸收的测定方法

（1）体外试验法：有离体皮肤法、凝胶扩散法、半透膜扩散法和微生物等，其中以离体皮肤法较接近应用的实际情况。

（2）体内试验法：将软膏涂于人体或动物的皮肤上，经一定时间后进行测定，测定方法与指标有体液与组织器官中药物含量的分析法、生理反应法、放射性示踪原子法等。

二、包装与贮存

软膏剂的包装容器有塑料盒、塑料管和锡管或铝管。塑料管性质稳定，不和药物与基质发生相互作用，但因有透湿性，长期贮存软膏可能失水变硬。包装用的金属管一般内涂环氧树脂隔离层，避免软膏成分与金属发生作用。

软膏剂宜在阴凉干燥处贮存，高温可能引起基质的分层或药物降解。质量不稳定的软膏在贮存过程中会发生酸败、失水、变色、油水分离等变化，影响质量与疗效。

三、眼膏剂的概述

眼膏剂（eye ointments）系指药物与适宜基质均匀混合，制成的供眼用的灭菌软膏。眼膏剂不影响角膜上皮或角膜基质损伤的愈合，常作为眼科手术后用药，较一般滴眼剂的作用缓和持久。由于用于眼部，眼膏剂中的药物必须极细（120～200 目），基质必须纯净。眼膏剂应均匀、细腻，易涂布于眼部，对眼部无刺激性，无细菌污染。为保证药效持久，常用凡士林与羊毛脂等混合油性基质，因此，适用于配制对水不稳定的药物，如某些抗生素等药物非常适于用此类基质制备眼膏剂。

眼膏剂常用的基质一般用凡士林 8 份，液状石蜡、羊毛脂各 1 份混合而成。根据气温可适当增减液状石蜡的用量。基质中羊毛脂有表面活性作用，具有较强的吸水性和黏附性，使眼膏与泪液容易混合，并易附着于眼结膜上，基质中药物容易穿透眼膜。基质加热熔合后用绢布等适当滤材滤过，并用 150℃ 干热灭菌 1～2 h，备用。也可将各组分分别灭菌供配制用。用于眼部手术或创作的眼膏剂应灭菌或无菌操作，且不添加抑菌剂或抗氧剂。

四、眼膏剂的制备

眼膏剂的制备与一般软膏剂制法基本相同，但眼膏剂属于灭菌制剂，与一般外用软膏相比，制备要求比较高，必须在净化条件下进行，一般可在净化操作室或净化操作台中配制。所用基质、药物、器械与包装容器等均应严格灭菌，以避免污染微生物而致眼睛感染的危险。

制备眼膏的用具及包装容器等均须清洁干净，如研钵、滤器、软膏板、软膏刀、玻璃器具及称量用具等，用前须经 70％乙醇擦洗，或用水洗净后再用 150℃ 干热灭菌 1 h。包装用软膏管，洗净后用 70％乙醇或 12％苯酚溶液，浸泡，应用时用蒸馏水冲洗干净，烘干即可。也有用紫外线灯照射进行灭菌。眼膏配制时，如主药易溶于水而且性质稳定，先配成少量水溶液，用适量基质研和吸尽水后，再逐渐递加其余基质制成眼膏剂，灌装于灭菌容器中，严封。

五、眼膏剂的质量检查

《中国药典》规定眼膏剂应检查的项目有装量、金属性异物、颗粒细度(药物颗粒≤75 μm)、微生物限度等,具体检查方法参见药典附录。

课堂讨论

1. 乙基吗啡眼膏(狄奥宁眼膏)

【处方】 乙基吗啡 0.1 g 眼用基质加至100 g

2. 复方碘苷眼膏

【处方】 碘苷 5.0 g 硫酸新霉素 5.0 g(新霉素500万单位)

无菌注射用水 20 ml 眼膏基质共制 1 000 g

【问题】 请说出上述处方产品的制备过程。制备眼膏剂与制备普通软膏剂有哪些不同之处?

知识拓展

凝胶剂

凝胶剂系指药物与能形成凝胶的辅料制成的均匀、混悬或乳剂型的稠厚液体或半固体制剂,供内服或外用。

(一)水性凝胶基质

水性凝胶基质一般是高分子材料,可分为天然高分子、半合成高分子以及合成高分子。天然高分子常用的有淀粉类、海藻酸类、植物胶和动物胶等。半合成高分子有改性淀粉和改性纤维素,如羧甲基纤维素、甲基纤维素等。合成高分子有卡波姆、聚丙烯酸钠等。

水性凝胶基质大多在水中溶胀成水性凝胶(hydrogel)而不溶解。本类基质一般易涂展和洗除,无油腻感,能吸收组织渗出液不妨碍皮肤正常功能。还由于黏滞度较小而利于药物,特别是水溶性药物的释放,但润滑作用差,易失水干燥和霉变,常需添加保湿剂和防腐剂,且量较其他基质大。

1. 卡波姆(carbomer) 又称聚羧乙烯,是丙烯酸与丙烯基蔗糖交联的高分子聚合物,按黏度不同常分为934,940,941等规格,本品是一种引湿性很强的白色松散粉末。

2. 纤维素衍生物 纤维素经衍生化后成为在水中可溶胀或溶解的胶性物。调节适宜的稠度可形成水溶性凝胶基质。此类基质有一定的黏度,随着分子量、取代度和介质的不同而具不同的稠度。因此,取用量也应根据上述不同规格和具体条件来进行调整。常用的品种有常用羧甲基纤维素钠(CMC—Na)、甲基纤维素(MC)以及羟丙甲纤维素(HPMC)。甲基纤维素和羧甲基纤维素钠两者常用的浓度为2%～6%。前者缓缓溶于冷水,但湿润、放置冷却后可溶解,后者在任何温度下均可溶解。1%的水溶液pH均在6～8。MC在pH值为2～12时均稳定,而CMC—Na在低于pH5或高于pH10时黏度显著降低。

本类基质涂布于皮肤时有较强黏附性,较易失水,干燥而有不适感,常需加入约10%～15%的甘油作保湿剂。制成的基质中均需加入防腐剂,常用0.2%～0.5%的羟苯乙酯。在CMC—Na基质中不宜加硝(醋)酸苯汞或其他重金属盐作防腐剂。也不宜与阳离子型药物配伍,否则会与CMC—Na形成不溶性沉淀物,从而影响防腐效果或药效,对基质稠度也会有影响。

3. 其他 水性凝胶基质还有甘油明胶基质、淀粉甘油基质和海藻酸钠凝胶基质等。甘油明胶基质由1%～3%明胶,10%～30%甘油与水加热制成。淀粉甘油明胶由10%淀粉、2%苯甲酸钠、70%甘油及水加热制成。海藻酸钠凝胶基质含有2%～10%海藻酸钠以及少量钙盐。

(二)凝胶剂的制备

凝胶剂的一般制法:药物溶于水者常先溶于部分水或甘油中,必要时加热,其余处方成分按基质配制方法制成水凝胶基质,再与药物溶液混匀加水至足量搅匀即得;药物不溶于水者,可先用少量水或甘油研细,分散,再混于基质中搅匀即得。

(三)凝胶剂的质量检查及包装与贮存

1. 凝胶剂的质量检查

(1)外观。凝胶剂应均匀、细腻,在常温下保持胶状,不干涸或液化。混悬型凝胶中胶粒应分散均匀,不应下沉结块。

(2)粒度。除另有规定外,取适量的混悬型凝胶剂供试品,涂成薄层,薄层面积相当于盖玻片面积,共涂3片,按照《中国药典》(2010年版)一部附录Ⅸ E粒度和粒度分布测定法检查,均不得检出大于180μm的粒子。

(3)装量。按照《中国药典》(2010年版)一部附录ⅫC最低装量检查法检查,应符合规定。

(4)无菌。用于烧伤或严重创伤的凝胶剂,按照《中国药典》(2010年版)一部附录ⅫB无菌检查法检查,应符合规定。

(5)微生物限度。除另有规定外,按照《中国药典》(2010年版)一部附录ⅫC微生物限量检查法检查,应符合规定。

2. 凝胶剂的包装与贮存

(1)包装。凝胶剂所用内包装材料不应与药物或基质发生理化作用。常用包装有软管、硬质塑料盒、金属盒、塑料瓶等。

(2)贮存。混悬凝胶剂中胶粒应分散均匀,不应下沉结块并应在标签上注明"用前摇匀";局部用凝胶剂应均匀、细腻、无块粒,在常温下保持胶状,不干涸或液化;除另有规定外,凝胶剂应置于避光密闭容器中,于25℃以下的阴凉处贮存,应防止结冰。

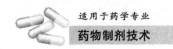
案例——做一做

醋酸地塞米松乳膏

【处方】　醋酸地塞米松　0.25 g　　　　二甲基亚砜　15 ml

鲸蜡醇、十八醇混合物　120 g　　月桂硫酸钠　10 g

白凡士林　20 g　　　　　　　　液状石蜡　60 g

甘油　50 ml　　　　　　　　　对羟基苯甲酸乙酯　1 g

蒸馏水　加至1 000 g

【问题】　处方中的乳化剂是什么？如何制备此乳膏？

【制法】　取月桂硫酸钠、对羟基苯甲酸乙酯、甘油及水混合溶解，加热至80℃左右，缓缓加入至加热到同温的鲸蜡醇、十八醇混合物、白凡士林及液状石蜡油相中，不断搅拌制成乳剂基质。将醋酸氟轻松溶于二甲基亚砜后，加至乳剂基质中混匀。

案例——试一试

吲哚美辛软膏

【处方】　吲哚美辛　10.0 g　　PEG－4000　80.0 g　　苯扎溴铵　10.0 ml

甘油　100.0 g　　　交联型聚丙烯酸钠（SDB－L－400）　10.0 g

纯化水共制　1 000 g

【问题】　处方中的各成分作用是什么？如何制备此软膏？

【制法】　称取PEG－4000、甘油置烧杯中微热至完全溶解，加入吲哚美辛混匀，SDB－L－400加入800 ml水（60℃）于研钵中研匀后，将基质与PEG－4000、甘油、吲哚美辛混匀，加入苯扎溴铵，搅匀，加水至1 000 g，搅匀即得。

【要点】　SDB－L－400是一种高吸水性树脂材料，具有保湿，增稠，皮肤浸润等作用，用量为14%。PEG作经皮吸收促进剂，其经皮渗透作可提高2.5倍。甘油为保湿剂，苯扎溴铵为防腐剂。

知识归纳

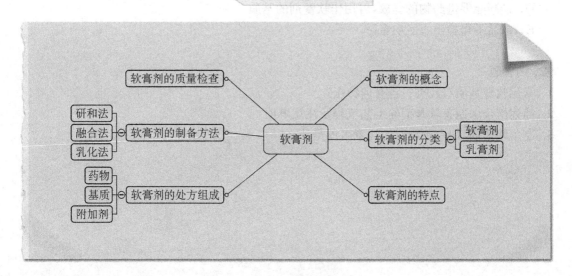

目标检测

一、名词解释

1. 凝胶剂 **2.** 糊剂

二、单项选择题

1. 关于软膏剂的特点不正确的是（　　）

    A．是具有一定稠度的外用半固体制剂

    B．可发挥局部治疗作用　　C．可发挥全身治疗作用

    D．药物必须溶解在基质中　　E．药物可以混悬在基质中

2. 不属于软膏剂的质量要求是（　　）

    A．应均匀、细腻，稠度适宜　　B．含水量合格

    C．性质稳定，无酸败、变质等现象　　D．含量合格

    E．用于创面的应无菌

3. 对于软膏基质的叙述不正确的是（　　）

    A．分为油脂性、乳剂型和水溶性三大类

    B．油脂性基质主要用于遇水不稳定的药物

    C．遇水不稳定的药物不宜选用乳剂基质

    D．加入固体石蜡可增加基质的稠度

    E．油脂性基质适用于有渗出液的皮肤损伤

4. 关于眼膏剂的叙述中正确的是（　　）

    A．不溶性的药物应先研成极细粉，并通过9号筛

B．用于眼部手术或创伤的眼膏应加入抑菌剂和抗氧剂

C．常用的基质是白凡士林与液状石蜡和羊毛脂的混合物

D．硅酮能促进药物的释放，可用作软膏剂的基质

E．成品不得检出大肠埃希菌

三、简答题

1. 常用软膏基质有几类？各有何特点？

2. 简述熔合法制备软膏剂的工艺流程及注意事项。

3. 制备软膏剂，加入药物时的注意事项是什么？

项目十一

气雾剂、喷雾剂与粉雾剂

药·物·制·剂·技·术

任务一 气雾剂的处方组成

一、气雾剂的概念

气雾剂系指含药溶液、乳状液或混悬液与适宜的抛射剂封闭于具有特制阀门系统的耐压容器中制成的制剂。使用时,借抛射剂的压力将内容物定量或非定量地喷出。由于气雾剂种类不同,药物喷出时所呈现的状态也不同,多数情况下呈细雾状气溶胶,其粒径小于 50 μm,也可以使喷出物呈烟雾状、泡沫状或细流。气雾剂可在呼吸道、皮肤或其他腔道起局部作用,有时也可起全身作用。与气雾剂类似的还有喷雾剂和粉雾剂。

气雾剂发明于 1942 年的磺胺类气雾剂。由于该剂型有速效和定位作用等特点,目前在国内外应用较普遍,品种也很多,如抗生素、抗组胺药、支气管扩张药、心血管药、解痉药和治疗烧伤等药物中,都有气雾剂产品。近年来研究更多的是蛋白类及肽类药物的气雾剂给药系统,已上市的产品有加压素及降钙素鼻腔喷雾剂,一些疫苗及其他生物制品的喷雾给药系统也在研究与开发中。

二、气雾剂的特点

(1)气雾剂能使药物直接到达作用部位或吸收部位,分布均匀,奏效快。能起到减少剂量,降低副作用的效果。

(2)药物装于密闭、不透明的容器中,避光且不易直接与空气中的氧或水分接触,不易

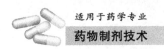
被微生物污染,从而提高了药物的稳定性与安全性。

(3)使用方便,可避免胃肠道的副作用。防止药物在胃肠道内被破坏,避免药物有首过效应。

(4)可以用定量阀门准确控制剂量。

(5)外用气雾剂以雾状喷射出药物,可减少对创面的刺激性。

但是,气雾剂的包装需要耐压容器、阀门系统及特殊的生产设备,成本较高。抛射剂因高度挥发性而具有制冷效应,多次使用于受伤皮肤上可引起不适与刺激。抛射剂毒性虽小,但对心脏病患者吸入气雾剂仍不适宜。由于气雾剂具有一定的压力,遇热和受撞击后可能发生爆炸,并可因抛射剂的渗漏而失效。

三、气雾剂的分类

气雾剂的种类很多,基本上按以下 3 种方法进行分类。

(一) 按分散系统分类

(1)溶液型:固体或液体药物溶解在抛射剂中形成均匀溶液,喷出后抛射剂挥发,药物以固体或液体微粒状到达作用部位。

(2)混悬型:固体药物以微料状态分散在抛射剂中,形成混悬液,喷出后抛射剂挥发,药物以固体微粒状到达作用部位。此种气雾剂喷出进呈烟雾状。

(3)乳剂型:液体药物与抛射剂形成 O/W 或 W/O 型乳剂呈泡沫状喷出,W/O 型乳剂呈液流状喷出。

(二) 按相的组成分类

(1)两相气雾剂。是指药物与抛射剂形成的均匀液相和抛射剂的气相所组成的气雾剂,即溶液型气雾剂。

(2)三相气雾剂。存在 3 种情况:①O/W 型乳剂型气雾剂,液相为药物水溶液与抛射剂开成的 O/W 型乳剂,气相为抛射剂蒸气,在喷射时产生稳定而持久的泡沫,故称为泡沫气雾剂。②W/O 型乳剂型气雾剂,药物水溶液或药物溶解于液化抛射剂中形成 W/O 型乳剂,气相为抛射剂蒸气,喷射时形成液流。③混悬型气雾剂,固体药物以微粉混悬在抛射剂中形成混悬剂,气相为抛射剂蒸气,由于喷出物呈细粉状,故又称粉末气雾剂。

(三) 按医疗用途分类

(1)呼吸道吸入气雾剂:药物分散成微粒或雾滴,经呼吸道吸入发挥局部或全身治疗作用。

(2)皮肤和黏膜用气雾剂:①皮肤用气雾剂。有保护创面、清洁消毒、局麻止血等作用。②黏膜用气雾剂。用于阴道黏膜较多,常用 O/W 型泡沫气雾剂,以治疗阴道炎及避孕等局部作用为主。鼻腔黏膜用气雾剂主要是一些肽类和蛋白类药物,用于发挥全身作用,避免胃肠道和肝脏首过作用,提高了药物的生物利用度。

(3)空间消毒和杀虫用气雾剂:为了能在无菌环境中操作和治疗(如烧伤病人),常需将室内的空气消毒,消毒用气雾剂应具有杀菌作用强、对人体毒性小、对金属无腐蚀性、不易燃烧等特点。杀虫气雾剂大多制成二相气雾剂供空间或表面喷射。

四、气雾剂的组成

气雾剂由抛射剂、药物与附加剂、耐压容器和阀门系统组成。

（一）抛射剂

抛射剂在气雾剂中起动力作用，是压力的来源并可兼作药物的溶剂或稀释剂。当气雾剂阀门开放时，因其内压高于外压，使抛射剂急剧气化，将药物分散成微粒，通过阀门以雾状喷出，到达作用或吸收部位。供医用气雾剂的抛射剂应具备以下条件：在常温下蒸气压应大于大气压，无毒、无致敏性和刺激性，不易燃、不易爆，无色、无臭、无味，性质稳定，不与药物、容器等发生反应，价廉易得。

抛射剂可分为压缩气体与液化气体两类。

1. 压缩气体 如二氧化碳、氮气等均为惰性气体，具有价格低廉、无毒等优点，但蒸气压高，要求容器有较高的耐压性，在溶解性和配方特性方面存在一定问题，故使用受到限制，压缩气体作为抛射剂目前常用于喷雾剂。

2. 液化气体 包括碳氢化合物和氟碳化物。前者如丙烷、异丁烷等，虽然蒸气压适宜，可供气雾剂用，但毒性较大，易燃、易爆，工艺要求高。氟碳化合物中氟氯烷烃类，又称氟利昂，在各国药典中均有收载。其蒸气压较适宜，对容器耐压性要求不高，工艺要求简单，化学稳定性好，毒性甚微，不易燃，不溶于水，可作为脂溶性药物的溶剂。常用的氟氯烷烃有 $F_{11}(CFCl_3)$，$F_{12}(CF_2Cl_2)$ 和 $F_{114}(CF_2ClCF_2Cl)$。氟氯烷烃类在水中稳定，在碱性条件下或有金属存在时不稳定。F_{11} 与乙醇可起化学反应而变臭，F_{12}，F_{114} 可与乙醇混合。

但由于氟利昂对大气臭氧层的破坏作用，氟利昂的使用受到限制，在寻找氟利昂的替代品已取得了初步成效。1994 年，FDA 注册的药用气雾剂抛投射剂主要是四氟乙烷（FHA134a）、七氟丙烷（HFA227）及二甲醚（DME）。新的氟代烷烃的性状与低沸点的氟利昂类似，但其化学稳定性略差，极性更小。表 11 - 1 中列举了氟利昂及其新的氟代烷烃类的理化性质及对大气的影响。

表 11 - 1 新的氟化烷烃与氟利昂性状的比较

名 称	三氯一氟甲烷	二氯二氟甲烷	二氯四氟甲烷	四氟乙烷	七氟丙烷
气压(kPa/20℃)	−1.8	67.6	11.9	4.71	3.99
沸点(℃)	−24	−30	4	−26.5	−17.3
密度(g/cm³)	1.49	1.33	1.47	1.22	1.41
臭氧破坏作用*	1	1	0.7	0	0
温室效应*	75	111	7 200	15.5	33

注：* 臭氧破坏作用、温室效应以三氯一氟甲烷为参照

气雾剂喷射能力的强弱取决于抛射剂的用量及自身蒸气压。一般来说，用量大、蒸气压高喷射能力强，反之则弱。根据医疗要求选择适宜抛射剂的组分及用量。一般采用混合抛射剂，并通过调整用量和蒸气压来达到调整喷射能力的目的。

（二）药物与附加剂

无论是液体、半固体或固体粉末药物，因临床需要均匀可制成气雾剂。并根据药物与抛

射剂、附加剂的分散情况不同,可制成两相(溶液型)和三相(混悬型与泡沫型等)型气雾剂。

药物制成溶液型气雾剂,可利用抛射剂作溶液,必要时可加适量乙醇、丙二醇或聚乙二醇等作潜溶剂,使药物与抛射剂混溶成均相溶液,喷出时药物以微粒分散在空气中形成雾状。

固体粉末药物制成混悬型气雾剂时,为了使药物易分散混悬于抛射剂中,常加入固体润湿剂如滑石粉、胶体二氧化硅等。有时可加入适量的 HLB 值低的表面活性剂及高级醇类作稳定剂,如油酸、司盘 85、油醇、月桂醇类,防止药物聚集和重结晶。并可增加阀门系统的润滑和封闭性能,使喷雾时不会阻塞阀门。

乳剂型气雾剂中若药物不溶于水或在水中不稳定时,可将药物溶于甘油、丙二醇类溶剂中,除加抛射剂外,还必须加入适当的乳化剂,如吐温类或司盘类。若乳剂中的抛射剂为分散相时,可喷出较稳定的泡沫,若为连续相,则泡沫易破裂成液流。

必要时气雾剂中可加入抗氧剂,如维生素 C、焦亚硫酸钠等,以增加药物的稳定性。在加防腐剂时,应注意防腐剂本身的药理作用。

将药物制成经吸收起全身作用的气雾剂,必须通过测定该药物的血药浓度,确定有效剂量。对于安全指数小的药物,还必须做毒性试验,以确保安全。

(三)耐压容器

气雾剂的容器为耐压容器,通常用玻璃或金属材料制成。其应对内容物稳定,能耐受工作压力,并有一定的耐压安全系数和冲击耐力。

玻璃容器化学稳定性好,耐腐蚀,抗泄漏性能亦佳。但玻璃容器的耐压性和耐撞击性较差。一般用于压力和容积均不大的气雾剂,并且常在玻璃容器外面包裹一层塑料防护层,以提高耐压和耐撞击能力。

金属容器有铝制、不锈钢制和马口铁制 3 类。前者一般经冲压制成,故无缝、重量差异小规格易一致,故近年来国外常使用铝镁金罐,后两者经焊接均有缝。金属容器耐压,但易被药液和抛射剂腐蚀而导致药液变质,故常在金属容器内部经电化处理或涂上环氧树脂等防腐层。

(四)阀门系统

阀门是气雾剂耐压容器最重要的组成部分,其精密程度直接影响制剂的质量。阀门系统的基本功能是在密封条件下控制药物喷射的剂量。阀门的类型颇多,如一般阀门、定量阀门等。下面主要介绍定量型吸入气雾剂阀门系统的机构与组成部件,其构造如图 11-1 所示。

1. **铝帽** 通常为铝制品,必要时涂以环氧树脂薄膜。其作用是将阀门固定于气雾剂容器上。

2. **阀门杆(阀杆)** 常用尼龙或不锈钢制成。阀杆是阀门的轴芯,其上有内孔和膨胀室,在下端有一细槽(引液槽)供药液进入定量室之用。

(1)内孔:是阀门沟通容器内外的极细小孔,位于阀杆旁,平常被弹性橡胶圈封住,使容器内外不通。当揿按推动时,内孔与定量室接通,内容物立即通过阀门喷射出来。

(2)膨胀室:位于阀杆内,内孔之上。容器内容物由内孔进入此室时,骤然膨胀,使部分抛射剂沸腾气化,将药物分散,喷时可增加粒子的细度。

3. **橡胶垫圈** 通常由丁腈橡胶制成,具有牢固性并能长久保持弹性,是封闭或打开阀门内孔的控制圈。

4. **弹簧** 用质量稳定的不锈钢制成。其位于阀杆(或定量室)的下部,主要供给推动钮

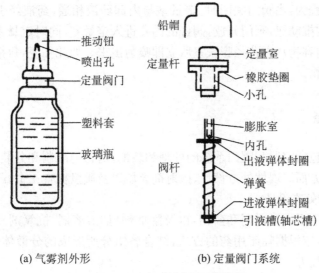

(a) 气雾剂外形　　　　　(b) 定量阀门系统

图 11-1　气雾剂容器的构造

上升的弹力。

5. **浸入管**　一般用聚乙烯或聚丙烯制成。其作用是将容器内容物输送到阀门系统内。国产气雾剂一般不用浸入管,而用带有引液槽的阀杆,故在使用时应将容器倒置。

6. **定量室**　用塑料或金属制成。亦称定量小杯,起定量喷雾作用。它的容量决定每次用药剂量(一般为 0.05～0.2 ml)。定量室下端伸入容器内的部分有两个小孔,用橡胶垫圈封住。灌装抛射剂时,因灌装机系统的压力大,抛射剂可以经过小孔注入容器内,灌装后小孔仍被垫圈封住,使内容物不能外漏。

7. **推动钮**　用塑料制成。是用来开放和关闭气雾剂阀门的装置。具有各种形状并有适当的小孔与喷嘴相连,限制内容物喷出的方向,并使用指不受抛射剂制冷作用的影响。

图 11-2 为定量阀门工作示意图。定量阀门适用于剂量小,作用强的药物制成的吸入

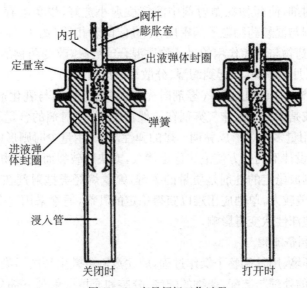

关闭时　　　　　　　打开时

图 11-2　定量阀门工作过程

气雾剂。其工作过程为：当阀门关闭时，定量室与内部药液相通，药液经引液槽进入并灌满定量室，使用时揿按推动钮，阀门开放，阀杆的内孔进入定量室，同时定量室与药液的通路被关闭，定量室中的内容物从内孔径膨胀室后立即喷射出来。如此往复，每揿按推动钮一次就可以喷出定量的药物。

五、气雾剂的制备

气雾剂的制备包括容器和阀门系统的处理和装配，药物的配制和分装，抛射剂的充填以及质量检查等几个方面。现就处方设计、抛射剂充填以及质量检查三个方面加以介绍。

（一）气雾剂的处方设计

气雾剂的处方主要由抛射剂和药物，以及附加剂（如潜溶剂、抗氧剂、乳化剂、表面活性剂、防腐剂等）组成，应根据临床用药的方式，结合各组分所形成的分散体系、药物的理化性质与工艺要求设计处方。

1. **溶液型气雾剂**　药物如能溶解于抛射剂中，则可制成由澄明均匀的溶液与抛射剂气体所组成的两相气雾剂。但氟氯烷烃抛射剂具有与非极性有机溶剂相似的特性，所以很多药物不能完全溶解在抛射剂中，因此常需加入潜溶剂。

在溶液型气雾剂中，抛射剂在整个处方中占 20%～70%。若处方组成中抛射剂多，内容物压力高，形成的雾粒细小，否则雾粒变大，将不利于吸入发挥药物的全身作用。所以，应根据产品的用途选择药物的抛射剂和恰当的比例。溶液型吸入气雾剂一般均有乙醇存在，有一定刺激性，且有的药物在溶液中易变色，因此目前使用较少。

2. **混悬型气雾剂**　在抛射剂及潜溶剂中均不溶解的药物可制成混悬型分散体系的气雾剂。即药物的微粉分散在抛射剂中形成稳定的混悬液。

混悬型气雾剂的处方设计必须考虑提高非均相分散体系的物理稳定性，其要求如下：①药物应是微粉，一般应小于 $1\,\mu m$，最大不得超过 $10\,\mu m$，这不仅可增强药物、降低机械性刺激，并可防止阻塞阀门。②水分含量应控制在 $300\,\mu l/l$ 以下，以免遇水后药物微粒聚结。③应选择适宜的抛射剂，使药物在抛射剂中溶解度愈小愈好，以免贮存过程中药物微粉变粗。④应调节抛射剂与混悬药物粒子的密度，尽量使两者相等（约 $1.44\,g/ml$），可以选用混合抛射剂，也可以将药物与不相作用的另一物质混合或熔融，改变药物的密度。⑤添加助悬剂，如司盘 85、油醇、月桂醇等，以起到润湿、分散和润滑作用。

3. **乳剂型气雾剂**　制备乳剂型气雾剂时先将药物、抛射剂与乳化剂等制成乳剂，在使用时喷出物是泡沫或是液流。泡沫气雾剂在一般情况下，抛射剂的含量为 8%～10%，也可以高达 25% 以上。用量多时可形成黏稠干燥的弹性泡沫，用量少时则形成湿润柔软的泡沫。故应根据用药需要，设计不同处方使泡沫稳定持久，或快速破裂而成药物薄层覆盖于皮肤或黏膜等局部表面。制成稳定的乳剂是质量的关键，氟氯烷烃类抛射剂在含水情况下性质稳定，但是与水密度相差较大，单独应用难以获得稳定的乳剂，通常采用混合抛射剂。另外，选用不同的乳化剂对泡沫性状变有影响。

（二）气雾剂的制备流程

气雾剂的生产环境、用具和整个操作过程，应注意避免微生物的污染。它的制备过程可分为：容器阀门系统的处理与装配，药物的配制、分装和充填抛射剂三部分，最后经质量检查合格后为气雾剂成品。

1. 容器、阀门系统的处理与装配

(1) 玻瓶搪塑:先将玻瓶洗净烘干,预热至 120~130℃,趁热浸入塑料黏浆中,使瓶颈以下黏附一层塑料液,倒置,在 150~170℃烘干 15 min,备用。对塑料涂层的要求是:能均匀地紧密包裹玻瓶,万一爆瓶不致玻片飞溅,外表平整、美观。

(2) 阀门系统的处理与装配:将阀门的各种零件分别处理:①橡胶制品可在 75%乙醇中浸泡 24 h,以除去色泽并消毒,干燥备用;②塑料、尼龙零件洗净再浸在 95%乙醇中备用;③不锈钢弹簧在 1%~3%碱液中煮沸 10~30 min,用水洗涤数次,然后用蒸馏水洗 2~3 次,直至无油腻为止,浸泡在 95%乙醇中备用。最后将上述已处理好的零件,按照阀门的结构装配。

2. 药物的配制与分装 按处方组成及所要求的气雾剂类型进行配制。溶液型气雾剂应制成澄清药液;混悬型气雾剂应将药物微粉化并保持干燥状态;乳剂型气雾剂应制成稳定的乳剂。

将上述配制好的合格药物分散系统,定量分装在已准备好的容器内,安装阀门,轧紧封帽。

3. 抛射剂的填充 抛射剂的填充有压灌法和冷灌法两种。

(1) 压灌法。先将配好的药液(一般为药物的乙醇溶液或水溶液)在室温下灌入容器内,再将阀门装上并轧紧,然后通过压装机压入定量的抛射剂(最好先将容器内空气抽去)。液化抛射剂经砂棒滤过后进入压装机。操作压力,以 68.65~105.975 kPa 为宜。压力低于 41.19 kPa 时,充填无法进行。压力偏低时,将抛射剂钢瓶可用热水或红外线等加热,使达到工作压力。当容器上顶时,灌装针头伸入阀杆内,压装机与容器的阀门同时打开,液化的抛射剂即以自身膨胀压入容器内(图 11-3)。

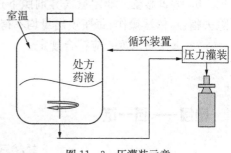

图 11-3 压灌装示意

压灌法的设备简单,不需要低温操作,抛射剂损耗较少,目前我国多用此法生产。但生产速度较慢,且在使用过程中压力的变化幅度较大。目前,国外气雾剂的生产主要采用高速旋转压装抛射剂的工艺,产品质量稳定,生产效率大为提高。

(2) 冷灌法。药液借助冷却装置冷却至 -20℃左右,抛射剂冷却至沸点以下至少 5℃。先将冷却的药液灌入容器中,随后加入已冷却的抛射剂(也可两者同时进入)。立即将阀门装上并轧紧,操作必须迅速完成,以减少抛射剂损失(图 11-4)。

冷灌法速度快,对阀门无影响,成品压力较稳定。但需制冷设备和低温操作,抛射剂损失较多。含水品不易用此法。

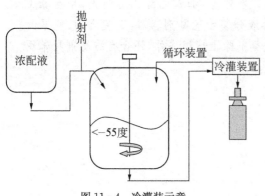

图 11-4 冷灌装示意

（三）气雾剂的质量检查

气雾剂的质量评价，首先对气雾剂的内在质量进行检测评定以确定其是否符合规定要求，如《中国药典》（2010年版）附录规定，两相气雾剂应为澄清、均匀的溶液；三相气雾剂药物粒度大小应控制在 $10\ \mu m$ 以下，其中大多数应为 $5\ \mu m$ 左右。然后，对气雾剂的包装容器和喷射情况，在半成品时进行逐项检查，主要有如下检查项目，具体检查方法参见《中国药典》（2010年版）。

1. **泄漏率**　取供试品12瓶，依法检查，平均年泄漏率应小于3.5%，并不得有1瓶大于5%。

2. **每瓶总揿次**　取供试品4瓶，依法检查，均应不少于每瓶标示总揿次。

3. **每揿主药含量**　取供试品1瓶，充分振摇，除去帽盖，试喷5次后，依法测定，所得结果除以10或20，即为平均每揿主药含量，每揿主药含量应为每揿主药含量标示量的80%～120%，即符合规定。

4. **雾滴（粒）分布**　除另有规定外，吸入气雾剂应检查雾滴（粒）大小分布。照吸入气雾剂雾滴（粒）分布测定法检查，雾滴（粒）药物量应不少于每揿主药含量标示量的15%。

5. **喷射速率**　非定量气雾剂照下述方法检查，喷射速率应符合规定。取供试品4瓶，除去帽盖，依法操作，重复3次，计算每瓶的平均喷射速率（g/s），均应符合各品种项下的规定。

6. **喷出总量**　非定量气雾剂照下述方法检查，喷出总量应符合规定。取供试品4瓶，除去帽盖，依法操作，每瓶喷出量均不得少于标示装量的85%。

7. **微生物限度**　应符合规定。

案例——试一试

盐酸异丙肾上腺素气雾剂

【处方】　盐酸异丙肾上腺素　2.5g　　　维生素C　1.0g　　　乙醇　296.5g

　　　　　F_{12}适量　共制1000g

【问题】　此处方的各成分有什么作用？此处方是如何制备的？

【制备】　盐酸异丙肾上腺素在 F_{12} 中溶解性能差，加入乙醇作潜溶剂，维生素C为抗氧剂。将药物与维生素C加乙醇制成溶液分装于气雾剂容器，安装阀门，轧紧封帽后，充装抛射剂 F_{12}。局部应用的溶液型气雾剂除上述组成外，还含有防腐剂羟苯甲酯和丙酯等。

任务二　粉　雾　剂

一、粉雾剂的类型与特点

粉雾剂按用途可分为吸入粉雾剂、非吸入粉雾剂和外用粉雾剂。

1. 吸入粉雾剂　吸入粉雾剂系指微粉化药物或与载体以胶囊、泡囊或多剂量贮库形式，采用特制的干粉吸入装置，由患者主动吸入雾化药物至肺部的制剂。吸入粉雾剂中药物粒度大小应控制在 10 μm 以下，其中大多数应在 5 μm 以下。吸入粉雾剂应在避菌环境下配制，各种用具、容器等须用适宜的方法清洁、消毒，在整个操作过程中应注意防止微生物的污染。配制粉雾剂时，为改善呼吸道黏膜和纤毛无刺激性。粉雾剂应置凉暗处保存，防止吸潮，以保持粉末细度和良好的流动性。

2. 非吸入粉雾剂　非吸入粉雾剂系指药物或与载体以胶囊或泡囊形式，采用特制的干粉给药装置，将雾化药物喷至腔道黏膜的制剂。其中鼻黏膜用粉雾剂应用较多，Ryden 等曾比较过胰岛素溶液和粉末制剂经狗鼻腔给药的吸收情况，表明粉末制剂比液体制剂有更高的生物利用度。鼻用粉雾剂中药物及所用附加剂均应对鼻纤毛无毒性，且粉末粒径大多数应在 30～150 μm 之间，以有利于药物的吸收，其他同吸入粉雾剂。

二、粉末雾化器

粉末雾化器也称吸纳器如图 11-5 所示，是简单的粉末药物吸入装置。其原理是患者吸气时使内装胶囊转动，药物粉末经打了孔的胶囊两端释出，并随气流被吸入患者肺部。装置结构主要由雾化器的主体、扇叶推进器和口吸器 3 部分组成。在主体外套有能上下移动的套筒，套筒内上端装有不锈钢针，口吸器的中心也装有不锈钢针，作为扇叶器的轴心及胶囊一端的致孔针。使用时，将吸入装置的 3 个部分卸开，先将扇叶套于口吸器的不锈钢针上，再将装有极细粉胶囊的深色盖插入推进器扇叶的中心孔中，然后将 3 部分组装成整体，并使主体旋转与口吸器连接并试验其牢固性。压下套筒，使胶囊两端刺入不锈钢针，再提起套筒，使胶囊两端不锈钢针脱开，扇叶内胶囊的两端已致孔，并能随扇叶自由转动。将装置夹于中、拇指间，在接嘴吸用前先呼气。然后接口于唇齿间，深吸并屏气 2～3 s 后再呼气。当吸嘴端吸引时，空气由另一端进入，经过胶囊将粉末带出，并由推进器叶扇动气流将粉末分散成气溶胶后吸入呼吸道，起治疗作用。反复操作 3～4 次，使胶囊内粉末充分吸入，以提高治疗效果。最后应清洁粉末雾化器，并保持干燥状态。

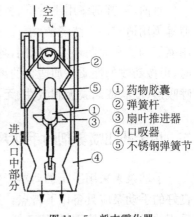

① 药物胶囊
② 弹簧杆
③ 扇叶推进器
④ 口吸器
⑤ 不锈钢弹簧节

图 11-5　粉末雾化器

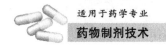

三、粉雾剂的质量检查

粉雾剂的质量检查，《中国药典》(2010 年版)规定了含量均匀度、装量差异、排空率、每瓶总吸次、每吸主药含量、雾滴(粒)分布、微生物限度等检查项目。

案例——做一做

色甘酸钠粉雾剂

【处方】 色甘酸钠 20 g 乳糖 20 g 共制成 1 000 粒

问题：此处方中乳糖的作用是什么？气雾剂和粉雾剂有何区别？

任务三 喷 雾 剂

一、喷雾剂的特点

喷雾剂系指含药溶液、乳状液或混悬液填充于特制的装置中，使用时借助于手动泵的压力、高压气体、超声振动或其他方法将内容物以雾状等形态释出的制剂。喷雾剂按分散系统可分为溶液型、乳剂型及混悬型 3 类。溶液型喷雾剂药液应澄清，乳剂型喷雾剂液滴在分散介质中分散均匀，混悬型喷雾剂应将药物细粉和附加剂充分混匀，制成稳定的混悬剂。由于喷雾剂雾粒粒径较大，不适用于肺部吸入。

目前，喷雾剂多用于舌下、鼻腔等黏膜给药。喷雾剂应在避菌环境下配制，各种用具、容器等须用适宜的方法清洁、消毒，在整个操作过程中应注意防止微生物的污染。烧伤、创伤用喷雾剂应在无菌环境下配制，各种用具、容器等须用适宜的方法清洁、灭菌。配制喷雾剂时，可按药物的性质添加适宜的溶剂、抗氧剂、表面活性剂或其他附加剂。所用附加剂应对呼吸道、皮肤或黏膜无刺激性、无毒性。

二、用于药用喷雾剂的手动泵系统

手动泵系采用手压触动器产生的压力使喷雾器内含药液以所需形式释放的装置。设计良好的手动泵应具备以下特点：①性能可靠。②相容性好，所用材料应符合国际标准，目前采用的材料多为聚丙烯、聚乙烯。③使用方便，仅需很小的触动力，很快达到全喷量，无需预压。④适用范围广，应适用于不同大小口颈的容器，适合于不同的用途。手动泵主要由泵杆、支持体、密封垫、固定杯、弹簧、活塞、泵体、弹簧帽、活动垫或舌状垫及浸入管等基本元件组成。与气雾剂不同，手动泵产生喷雾所需的压力，压力大小取决于手撳压力或与之平衡的泵体内弹簧的压力,且远远小于抛射剂产生的压力。在压力下,液体经小孔产生的雾状与液体所受的压力、喷雾孔径、液体黏度等有关。喷雾剂由于无需抛射剂作动力,无大气污染问题,且生产处方、工艺简单,产品成本较气雾剂低,因而作为非吸入用气雾剂的一种替代形式,将会有较大的发展。

三、喷雾剂的质量检查

喷雾剂的质量检查,《中国药典》(2010 年版)规定了每瓶总喷次、每喷喷量、每喷主药含量、雾滴(粒)分布、装量差异、装量、无菌及微生物限度等检查项目。依法检查,均应符合规定。

案例——做一做

莫米松喷雾剂

【处方】　莫米松糠酸酯　3 g　　聚山梨酯80　适量　　水　适量
　　　　　共制成　1 000 瓶
【问题】　此处方是如何制备的? 气雾剂和喷雾剂有何区别?
【制备】　将莫米松糠酸酯用适当方法制成细粉,加入表面活性剂混合均匀,再加入至含防腐剂和增稠剂的水溶液中,分散均匀,分装于规定的喷雾剂装置中即可。

知识归纳

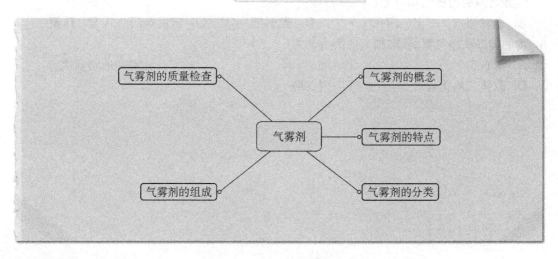

目标检测

一、名词解释

1. 气雾剂　**2.** 粉雾剂　**3.** 喷雾剂

二、填空题

1. 气雾剂的抛射剂填充方法有_____、_____。

2. 气雾剂的抛射剂大致分为_____、_____两类。

3. 作抛射剂的压缩气体类主要有_____、_____。

4. 气雾剂由_____、_____、_____和_____四部分组成。

5. 气雾剂按医疗用途可分为_____、_____和_____三类。

三、选择题

1. 关于气雾剂的叙述中错误的是（　　　）

　　A．气雾剂喷射的药物均为气态

　　B．气雾剂具有速效和定位作用

　　C．吸入气雾剂的吸收速度快,但肺部吸收的干扰因素多

　　D．药物溶于抛射剂中的气雾剂为两相气雾剂

　　E．可减少局部给药的机械刺激

2. 目前最常用的抛射剂是（　　　）

　　A．压缩气体　　　　　　　B．氟氯烷烃类　　　　　　　C．烷烃

　　D．惰性气体　　　　　　　E．挥发性有机溶剂

3. 气雾剂抛射药物的动力是（　　　）

　　A．推动钮　　　　B．内孔　　　　C．抛射剂　　　　D．定量阀门　　　E．弹簧

4. 为制得二相型气雾剂,常加入的潜溶剂为（　　　）

　　A．滑石粉　　　　　　　　B．油　　　　　　　　　C．吐温类或司盘类

　　D．胶体二氧化硅　　　　　E．丙二醇

项目十二

栓　　剂

药·物·制·剂·技·术

学习目标

1. 能说出栓剂的处方成分的不同作用。
2. 描述置换价的概念及进行正确计算。
3. 能描述栓剂的生产工艺流程。
4. 能对制备出的栓剂进行质量判断。

任务一 栓剂的处方组成

一、栓剂的概述

栓剂指药物与适宜基质制成的具有一定形状的供腔道内给药的固体制剂。栓剂在常温下为固体,塞入腔道后,在体温下能迅速软化熔融或溶解于分泌液,逐渐释放药物而产生局部或全身作用。

栓剂作为直肠给药剂型有其悠久的历史。我国古代称之为"坐药",早在《史记》中已有阴道栓和肛门栓应用的记载。公元16世纪的《伊伯氏纸草本》中也有栓剂的记录,当时仅限于局部的治疗作用,之后,欧洲国家对栓剂进行了较多的研究。自1950年直肠给药能起全身作用的研究获得显著成效后,引起了世界各国的重视,栓剂的应用从原来的治疗便秘及肛门局部疾患等扩大为用于全身的治疗作用。

临床证实研究,大多数栓剂直肠给药后达峰时间快,吸收安全,血药浓度高,不刺激胃肠道,无肝脏首过作用。这就大大地扩大了栓剂在治疗上的应用范围。随着制药工业迅速的发展。新辅料,新基质的出现,一批制造工艺简单,疗效确切,使用安全方便的栓剂品种相继问世,近年来,栓剂在抗肿瘤药物的剂型研究中也占有一席之地,栓剂的发展具有广阔的前景。

近年来,无论在新的栓剂机制的试制,品种的创新,以及生产量的增长等方面都取得了可喜的成果,栓剂在药物制剂中已占有相当重要的位置。

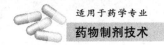

二、栓剂的类型

栓剂根据使用部位不同可分为肛门栓、阴道栓、尿道栓等。目前,常用的有肛门栓和阴道栓两种,其重量、形状、大小也各不相同(图 12-1)。肛门栓的形状有圆锥形、圆柱形、鱼雷形等,栓重约 2 g,儿童用约 1 g;阴道栓的形状有球形、卵形、鸭嘴形等,栓重 3~5 g。尿道栓一般为棒状。近几十年来又有喉道栓、耳用栓和鼻用栓等出现。

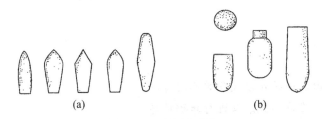

图 12-1 栓剂的形状

(a) 肛门栓的外形;(b) 阴道栓的外形

三、栓剂的特点

栓剂是直肠给药和阴道给药的安全优良剂型。直肠给药既可其局部治疗作用,又可使药物经机体吸收后起全身治疗作用,阴道给药,主要起局部作用。其作用特点、机制及影响吸收因素如下。

(一) 局部作用

起局部作用的肛门栓常用于通便,痔疮的止血、止痒、止痛及直肠炎等。用于阴道的栓剂只在腔道局部起作用,应尽量减少吸收,故应选择熔化或溶解,释放药物缓慢的基质。水溶性基质制成的栓剂因腔道中的液体量有限,使其溶解速度受限,释放药物缓慢,较脂溶性基质更有利于发挥局部疗效。如甘油明胶栓常用作局部杀虫,抗菌的阴道栓的基质。局部作用常在半个小时内开始,要持续约 4 h,但液化时间不宜过长,否则使病人感到不适,而且可能不会将药物全部释出,甚至大部分排出体外。

(二) 全身作用

目前,用于全身作用的栓剂主要是肛门栓。直肠黏膜是类脂膜,能吸收水分送入血液,血液中的水分也可通过渗透进入直肠。直肠无蠕动作用,表面无绒毛,皱褶也少,其有效吸收面积以及局部体液容量与胃、小肠相比要小得多,故直肠一般不是药物吸收的合适部位。但直肠静脉血液系统的分布有其特殊性,有的药物在直肠中可有较多的吸收,如利多卡应直肠给药的血药浓度为口服时的 2 倍。由于药物种类不同,直肠吸收的情况亦有所不同,如四环素的直肠吸收率远远低于口服。起全身作用的栓剂一般要求迅速释放药物,特别是解热镇痛类药物宜迅速释放、吸收。一般应根据药物性质选择与药物溶解性相反的基质,这样有利于药物释放,增加吸收。如脂溶性药物应选择水溶性基质,而水溶性药物则应选择脂溶性基质。

发挥全身作用栓剂有以下的特点:①药物避免被胃肠道 pH 或被酶破坏;②避免了药

物对胃肠道的刺激;③可减少药物肝脏的首过效应;④直肠吸收比口服干扰因素少;⑤对不能吞服的患者,栓剂给药方便,特别是婴儿和儿童用药;⑥栓剂的作用时间比一般口服片机长。

但栓剂亦有使用不便,成本较高,劳动生产率较低的缺点。

四、栓剂的处方组成

栓剂通常由药物、基质和附加剂组成。栓剂基质主要分为油脂性基质和水溶性基质两大类。

(一) 药物

栓剂中药物加入后可溶于基质中,也可混悬于基质中。供制栓剂用的固体药物,除另有规定外,应预先用适宜方法制成细粉,并全部通过六号筛。

(二) 油脂性基质

1. 可可豆脂 可可豆脂是梧桐科植物可可树种仁中得到的一种固体脂肪;在常温下为黄白色固体,无刺激性,可塑性好,能与多种药物配伍而不发生禁忌。熔程为 31~34℃,加热至 25℃时开始软化,在体温时能迅速融化。10~20℃时易粉碎成粉末。本品细末能与多种药物混合制成可塑性团块,加入 10% 以下羊毛脂时能增加其可塑性。

本品化学组成为脂肪酸三酰甘油,主要为硬脂、棕榈酸酯等的混合物,还含有少量的不饱和酸。由于所含各酸的比例的不同,所组成的甘油酯混合物的熔点及药物释放速度也不同。可可豆脂具有同质多晶的性质,有 α,β′,β,γ 4 种晶型,其中以 β 型最稳定,熔点为 34℃。通常应缓缓升温加热待熔化到 2/3 时,停止加热,让余热使其全部熔化,以增加吸水量,且还有助于药物混悬在基质中。

2. 半合成或全合成脂肪酸甘油酯 这一类油脂系由天然植物油和椰子或棕榈种子油等水解、分馏所得 C_{12}~C_{18} 游离脂肪酸,经部分氢化再与甘油酯化而得的三酯、二酯、一酯的混合酯,这类油脂称半合成脂肪酸酯。这类基质化学性质稳定,成形性能良好,具有保温性和适宜的熔点,不易酸败,目前为取代天然油脂的较理想的栓剂基质。国内已投产的有半合成椰子油脂、半合成山苍子油脂、半合成棕榈油脂等。其他类似的合成产品沿有硬脂酸丙二醇酯等,是由化学品直接合成的酯类。

(1) 半合成椰油脂。它系由椰油加硬脂酸再与甘油酯化而成。本平为乳白色块状物,熔点为 33~41℃,凝固点为 31~36℃,有油脂臭,吸水能力大于 20%,刺激性小。

(2) 半合成山苍子油脂。它系由山苍子油水解、分离得月桂酸再加硬脂酸与甘油经酯化而得的油脂。也可直接用化学品合成,称为混合脂肪酸酯。3 种单酯混合比例不同,成品的熔点也不同,规格有 34 型(33~35℃)、36 型(35~37℃)、38 型(37~39℃)、40 型(39~41℃)等。其中 38 型为最常用。本品为黄色或乳白色块状物,具油脂光泽。其主要理化性质与可可豆脂相似。

(3) 半合成棕榈油脂。它系以棕榈仁油经碱处理而得皂化物,再经酸化得棕榈油脂,加入不同比例的硬脂酸、甘油经酯化而得到的油脂。本品为乳白色固体,熔点分别为 33.2~33.6℃、38.1~38.3℃ 和 39~39.8℃。此类基质对腔道黏膜的刺激性小,抗热能力强,化学性质稳定。

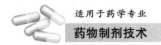

（4）硬脂酸丙二醇酯。它系由硬脂酸与 1,2-丙二醇经酯化而得，是硬脂酸丙二醇单醇与双醇的混合物，为乳白色或微黄色蜡状固体，略有脂肪臭。遇热水可膨胀，熔点 36~38℃，对腔道黏膜无明显刺激性。

（三）水溶性及亲水性基质

1. **甘油明胶**　系由水、明胶、甘油三者按一定的比例（10：20：70）在水浴上加热融合，蒸去大部分水，放冷后凝固而成。本品的优点是制品有弹性，不易折断，且在体温下不融化，但能软化并缓慢地溶于分泌液中，故药效缓慢、持久。其溶解速度与明胶、甘油及水三者用量有关，甘油与水的含量越高则越容易溶解，且甘油能防止栓剂干燥变硬。通常明胶与甘油约等量，水的含量在 10% 以下。水分过多成品变软。

本品多用作阴道栓剂基质。中药的浓缩液或细粉也常以本品作基质制成中药栓剂。明胶是胶原的水解产物，凡与蛋白质能产生配伍变化的药物，如鞣酸、重金属盐等均不能用甘油明胶作基质。以本品为基质的栓剂贮存是应注意在于干燥环境中的失水。本品也易滋长霉菌等微生物，故需加抑菌剂。

2. **聚乙二醇类**　为聚乙二醇的高分子聚合物总称，也称碳蜡。本类基质随乙二醇的聚合度、相对分子质量不同，物理性状也不同。常见其相对分子质量 200、400 及 600 者为透明无色液体，随相对分子质量增加则逐渐呈半固体到固体，熔点也随之升高。若以不同相对分子质量的 PEG，以一定比例加热融合，可制成适当硬度的栓剂基质，为难溶性药物的常用载体。在体温时不熔化，但能缓慢熔于体液中而释放药物。本品吸湿性较强，对黏膜有一定的刺激性，加入约 20% 的水，可减轻刺激性。为避免刺激还可以在纳入腔道之前先用水湿润，也可在栓剂表面涂一层蜡醇或硬脂醇膜。

PEG 栓剂基质中含 30%~50% 的液体，其硬度接近或等于可可豆脂的硬度，较为适宜。栓剂在水中的溶解度随体液 PEG 比例的增多而加速。PEG 栓剂基质有时发生黏度变化现象，并因此造成栓剂熔化或凝固缓慢，因此，在栓剂制备过程中应考虑基质混合的时间及搅拌转速。实验证明 FEG4000 有很大的塑性黏度，加入 PEG400 塑性黏度显著降低，一般含 30%PEG400 的混合基质最合适。

聚乙二醇基质不宜与银盐、鞣酸、奎宁、水杨酸、乙醇水杨酸、苯佐卡因、氯碘喹啉、磺胺类配伍。水杨酸能使基质软化，乙醇水杨酸能与聚乙二醇生成复合物，巴比妥钠等许多药物在聚乙二醇中析出结晶。

3. **聚氧乙烯（40）硬脂酸类**　商品代号为"S-40"，为水溶性基质，系聚乙二醇的单硬脂酸酯和二硬脂酸酯的混合物，并含有游离乙二醇。呈白色至微黄色，无臭或稍具脂肪臭味的蜡状固体，熔点为 39~45℃；酸酯≤2，皂化值 25~35。可溶于水、乙醇、丙醇等，不溶于液状石蜡。国内已合成并大量生产，并已用于多种栓剂的基质。S-40 还能与 PEG 混合应用，制得崩解释放均较好且性质稳定的栓剂，如甲硝唑栓等。

4. **泊洛沙姆**　系聚氧乙烯、聚氧丙烯的嵌段聚合物（聚醚），本品型号多种，随聚合度增大，物态从液体、半固体至蜡状固体，易溶于水，可用作栓剂基质。常用的型号为 188 型，商品名为 pluronic F68，熔点为 52℃。本品能促进药物的吸收并起到缓释与延效作用。

（四）附加剂

栓剂的处方中根据不同目的往往加入一些附加剂。

1. **硬化剂**　若制得的栓剂在贮藏或使用时过软，可加入适量的硬化剂，如白蜡、鲸蜡

醇、硬脂醇、巴西棕榈蜡等调节,但效果十分有限。因为它们的结晶体系和构成栓剂基质的三酸甘油酯大不相同,所得混合物明显缺乏内聚性,而且其表面异常。

2. 增稠剂 当药物与基质混合时,因机械搅拌情况不良或生理上需要时,栓剂制品中可酌加增稠剂,常用的增稠剂有:氢化蓖麻油、单硬脂酸甘油酯、硬脂酸铝等。

3. 乳化剂 当栓剂处方中含有与基质不能相混合的液相,特别是在此相含量较高时(大于5%)可加适量的乳化剂。

4. 吸收促进剂(透皮吸收促进剂) 起全身治疗作用的栓剂,为了增加全身吸收,可加入吸收促进剂以促进药物被直肠黏膜吸收。常用的吸收促进剂有表面活性剂、氮酮。

5. 着色剂 可选用脂溶性着色剂,也可选用水溶性着色剂,但加入水溶性着色剂时,必须注意加水后对 pH 和乳化剂化效率的影响,还应注意控制脂肪的水解和栓剂中的色移现象。

6. 抗氧剂 当主药对氧化作用特别敏感时,应采用抗氧剂,如叔丁基羟基茴香脑(BHA),叔丁基对甲酚(BHT),没食子酸酯类等。

7. 防腐剂 当栓剂中含有植物浸膏或水性溶液时,可使用防腐剂及抗菌剂,如对羟基苯甲酸酯类。使用防腐剂时应验证其溶解度、有效剂量、配伍禁忌及直肠对它的耐受性。

案例——想一想

甘 油 栓

【处方】 甘油 9.1g 硬脂酸钠 0.9g 制成肛门栓 5枚

【问题】 请分析甘油栓的处方中各成分的作用。

五、栓剂基质的要求

栓剂基质是栓剂能否成型的决定因素,基质的理化性质又将影响检剂的局部或全身作用。因此,优良的栓剂基质应具如下要求:①室温时具有适宜的硬度,当塞入腔道时不变形、破碎,在体温下易软化、融化,能与体液混合或于体液;②对黏膜无刺激性、无毒性、无过敏性;③不因晶形的转化而影响栓剂的成型;④基质的熔点与凝固点的间距不宜过大,油脂性基质的酸价应在 0.2 以下,皂化价应在 200～245 之间,碘价低于 7;⑤适用于冷压法及热熔法制备栓剂,且易于脱模;⑥性质稳定,不妨碍主药的作用与含量测定。以上要求不可能完全满足,选择基质时,还需根据用药目的和药物性质等来决定。

课堂讨论

请同学们思考:栓剂产品是如何在体内发挥药效的?

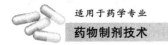
知识拓展

新 型 栓 剂

由于栓剂疗效确切,且不易受其他条件影响,因此人们自然而然地想要把更多的药物作成栓剂。但传统的普通栓剂又不能满足这一要求,所以各国相继开发出了一些新型栓剂。下面简要介绍几种特殊的栓剂。

1. 中空栓剂 中空栓剂是日本人渡道善造于1984年首先报道的。栓中有一空心部分,可供填充各种不同类型的药物,包括固体和液体。经研究证明,包在中空栓剂中的水溶性药物的释放几乎不受基质和药物填充状态的影响,并可起到速效作用,此外,较普通栓剂有更高的生物利用度。中空栓剂中心的药物,水溶性或脂溶性,固体或液体形式均可填充其中。中心是液体的中空栓剂放入体内后外壳基质迅速熔融破裂,药物以溶液形式一次性释放,达峰时间短起效快。中空栓剂中心的药物添加适当赋形剂或制成固体分散体使药物快速或缓慢释放,从而具有速释或缓释作用。

2. 双层栓剂 双层栓一般有3种:第1种为内外两层栓,内外两层含有不同药物,可先后释药而达到特定的治疗目的;第2种为上下两层栓,其下半部的水溶性基质使用时可迅速释药,上半部用脂溶性基质能起到缓释作用,可较长时间使血药浓度保持平稳;第3种也是上下两层栓,不同的是其上半部为空白基质,下半部才是含药栓层,空白基质可阻止药物向上扩散,减少药物经上静脉吸收进入肝脏而发生的首过效应,提高了药物的生物利用度。同时,为避免塞入的栓剂逐渐自动进入深部,有人已研究设计出可延长在直肠下部停留时间的双层栓剂:双层栓的前端由溶解性高、在后端能迅速吸收水分膨润形成凝胶塞而抑制栓剂向上移动的基质组成。这样可达到避免肝首过效应的目的。这种剂型在当今世界各地日益得到关注,有着极大的应用前景。

3. 微囊栓剂 微囊栓剂是1981年日本Chemrphar株式会社研制的一种长效栓剂。系先将主药微囊化,再制成栓剂,从而延缓药物释放。之后,Nakagawa也报道了吲哚美辛复合微囊栓,栓中同时含有药物细粉及微囊,经实验证明,复合微囊栓同时具有速释和缓释两种性能,也是一种较为理想的栓剂新剂型。

4. 渗透泵栓剂 渗透泵栓剂是美国Alza公司采用渗透泵原理研制的一种长效栓剂。其最外层为一不溶解的微孔膜,药物分子可由微孔中慢慢渗出,因而可较长时间维持疗效。也是一种较理想的控释型栓剂。

5. 缓释栓剂 为英国Inversesk研究所研制的一种长效栓剂,该栓在直肠内不溶解,不崩解,通过吸收水分而逐渐膨胀,缓慢释药而发挥其疗效。M. Knaar制备一种硫酸吗啡控释栓,采用Witepsol-25作基质,加入HPMC4000和Aerosil R972控制直肠液黏度,测13名健康人体的生物利用度与口服控释片相同。

案例——做一做

醋酸氯己定栓

【处方】 醋酸氯己定 0.25 g　　 聚山梨酯80 1.0 g　　 冰片 0.05 g

乙醇 2.5 g　　　　　 甘油 32.0 g　　　　 明胶 9.0 g

蒸馏水 加至 50 g　　 制成阴道栓 10 枚

【问题】 请分析醋酸氯己定栓的处方中各成分的作用。

任务二 栓剂的制备

一、制备方法

栓剂制备的常用方法有冷压法与热熔法两种。可以按照基质的种类和制备的数量选择制法。一般用油脂性基质制备栓剂可采用任何一种方法,水溶性基质多采用热熔法。

药物与基质混合可按下述方法进行:①油溶性药物可直接混入基质使之溶解。②不溶于油脂而溶于水的药物,可加入少量水制成浓溶液,用适量羊毛脂吸收后再与基质混合。③不溶于油脂、水或甘油的药物可先制成细粉,再与基质混合均匀。

1. 冷压法　冷压法不论是搓捏或模型冷压,均是将药物与基质的粉末置于冷却的容器内混合均匀,然后手工搓捏成形或装入制栓模型机内压成一定形状的栓剂,即得。机压模型成型者较一致、美观。不论是搓捏或模型冷压,此法目前生产工艺上已很少用。

2. 热熔法　热熔法应用较广泛。其过程为将计算量的基质用水浴或蒸气浴加热熔化,勿使温度过高,然后按药物性质以不同的方法加入药物混合均匀,倾入冷却并涂有润滑剂的模型中至稍为溢出模口为度。放冷,待完全凝固后,削去溢出部分,开模取出栓剂,包装即得。生产工艺流程如图 12-2 所示。如果是实验室用热熔法,通常是借栓剂模具完成,栓剂模具如图12-3 所示,故须在栓模孔内涂润湿剂。常用的润滑剂有两类:①脂肪性基质的栓剂,润滑剂常用软肥皂、甘油各一份与95％乙醇5份混合所得;②水溶性或亲水性基质的栓剂,则用油性液体润滑剂,如液状石蜡或植物油等。有的基质不黏模,如可可豆脂或聚乙二醇类,可不用润滑剂。

目前,工业生产上常以塑料材料制成一定形状的空囊,既可作为栓剂成型的模具,又可于密封后作为包装栓剂的容器,即使存放时遇升温而融化,也会在冷藏后恢复应有形状与硬度。这种工业生产一般均采用机械自动化操作来完成,典型的自动化栓剂生产线如图 12-4、12-5所示,产量每小时 3 500～6 000 枚栓剂。

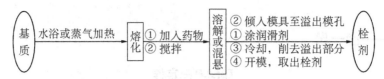

图 12-2　热熔法制备栓剂的工艺流程

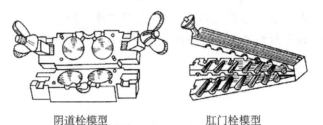

阴道栓模型　　　　　　肛门栓模型

图 12-3　栓剂的手工模具

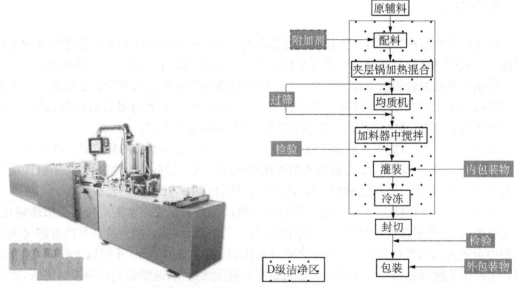

图 12-4　栓剂生产线　　　　　　图 12-5　全自动栓剂生产线工作示意图

　　栓剂制备中基质用量的确定：通常情况下栓剂模型的容量一般是固定的，但它会因基质或药物的密度不同可容纳不同的重量。而一般栓模容纳重量（如 1 g 或 2 g 重）是指以可可豆脂为代表的基质重量。加入药物会占有一定体积，特别是不溶于基质的药物。为保持栓剂原有体积，就要考虑引入置换价（displacement value，DV）的概念。药物的重量与同体积基质重量的比值称为该药物对基质的置换价。可以用下述方法和公式求得某药物对某基质的置换价：

$$DV = \frac{W}{G - (M - W)} \tag{12-1}$$

式中：G 为纯基质平均栓重；M 为含药栓的平均重量；W 为每个栓剂的平均含药重量。

测定方法：取基质作空白栓，称得平均重量为 G，另取基质与药物定量混合做成含药栓，称得平均重量为 M，每粒栓剂中药物的平均重量 W，将这些数据代入上述公式，即可求得某药物对某一新基质的置换价。

用测定的置换价可以方便地计算出制备这种含药栓需要基质的重量 x：

$$x = (G - \frac{y}{DV}) \cdot n \qquad (12-2)$$

式中：y 为处方中药物的剂量；n 为拟制备栓剂的枚数。

案例——做一做

将 0.5 g 药物与基质混合均匀制成含药栓重量数为 2.25 g（模示量为 2 g），问此药的置换价是多少？若制备含药量为 0.8 g/粒的栓剂 100 粒，需用基质多少克？

二、全自动栓剂生产线的介绍

1. **定型过程** 将 PVC/PE 复合膜经夹持机构进入成型区经预热模具→成型模具→吹气模具→吹膜成型→三角刀切边工艺，虚线刀切。

2. **灌装部分** 灌装可进行 6 头或多头灌装，对成型栓剂进行一次性埋入式灌装，灌装精度±2%，料桶装有电加热保温系统，顶端配有搅拌电机以使药物处于均匀状态，料桶中的药物经高精度灌装泵进入灌装头，一次灌装剩余药物通过另一端循环至原料桶再做下次灌装（图 12-6、12-7）。

图 12-6 全自动化栓剂生产线

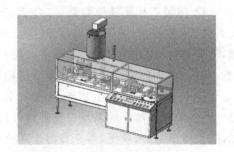

图 12-7 成型灌装部分示意图

3. **冷却部分** 整排灌装完毕的药物进入冷却架，冷却箱外部配有冷水机组，冷却风通过冷却箱中的 4 个冷凝器对冷却架上的栓剂进行冷却。由两组冷却隧道和冷风机组成，完成固化工序（图 12-8、12-9）。

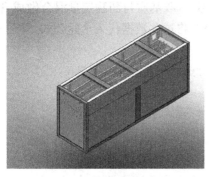

图 12-8　冷却箱部分示意图

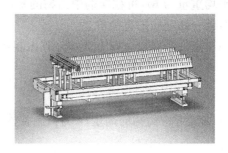

图 12-9　冷却隧道示意图

4. 封尾及打码部分　冷却后的固态栓剂进入封口区:预热模具→封口模具→打码模具。然后对成品进行剪切一组为 4~7 粒。

课堂讨论

请同学们思考:我们在实验室是如何制备栓剂的?

案例——做一做

阿司匹林栓剂

【处方】　阿司匹林　6 g　　半合成脂肪酸酯(山油脂)　适量
　　　　　制成肛门栓　10 枚
【问题】　如何制备出合格的阿司匹林栓?
【制法】

(1) 阿司匹林置换价的测定:①纯基质栓的制备。取半合成脂肪酸酯 10 g 置蒸发皿内,移置水浴上加热熔化后,注入涂过润滑剂的栓模中,冷却后削去溢出部分,脱模,得完整的纯基质栓数枚,用纸擦去栓剂外的润滑剂后称重,每枚栓剂的平均重量 G(克/粒)。②含药栓的制备。称取研细的阿司匹林(100 目)3 g,另取半合成脂肪酸酯 6 g 置蒸发皿中,于水浴上加热,至基质 2/3 熔化时,立即取下蒸发皿,搅拌至全熔,将阿司匹林加入已熔化的基质中搅拌均匀,然后注入涂有润滑剂的栓模中,迅速冷却固化,削去溢出部分,脱模,得完整的含药栓数枚,擦去润滑剂后称重,计算每枚含药栓平均重量 M(克/粒)。每粒含主药量 W 克。③置换价的计算。将得到的 G、W、M 值带入置换价计算公式,求得阿司匹林对半合成脂肪酸酯的置换价。

(2) 阿司匹林栓的制备:①基质用量的计算。将上述实验得到的阿司匹林对半合成脂肪酸酯置换值,再代入公式算出每枚栓剂所需基质量,并得出 10 枚栓剂需要的基质量。②栓剂的制备。称取研细的阿司匹林(100目)6 g,另取计算量的半合成脂肪酸酯置蒸发皿中,于水浴上加热熔化,将阿司匹林分次加入熔融基质中搅匀,趁热注模,即制得阿司匹林栓剂。

任务三　栓剂的质量控制及包装贮存

一、栓剂的质量检查项目

栓剂的质量检查除主药含量测定外,《中国药典》(2010 年版)规定了重量差异、融变时限、微生物限度等检查项目。此外,栓剂中药物的溶出速度和吸收试验、稳定性试验、刺激性试验等可作为栓剂质量评价的参考项目。

1. **重量差异**　参照药典有关方法检查,装量差异限度应符合表 12-1 的规定。凡规定检查含量均匀度的栓剂,一般不再进行重量差异的检查。

表 12-1　栓剂重量差异限度

平均重量	重量差异(%)
1.0 g 以下或 1.0 g	±10
1.0 g 以上至 3.0 g	±7.5
3.0 g 以上	±5

2. **融变时限**　《中国药典》(2010 年版)规定,除另有规定外,用融变时限检查的专门装置进行检查。按法测定,脂肪性基质的栓剂 3 粒均应在 30 min 内全部融化、软化或触压时无硬心;水溶性栓剂 3 粒在 60 min 内全部溶解,如有一粒不合格应另取 3 粒复试,均应符合规定。

3. **药物溶出速度和吸收试验**　药物溶出速度和吸收试验可作为栓剂质量检查的参考项目。

(1)溶出速度试验:常采用的方法是将待测栓剂置于透析管的滤纸筒中或适宜的微孔滤膜中,然后放入装有介质并附有搅拌器的容器中,于 37℃ 每隔一定时间内取样测定,每次取样后需补充同体积的溶出介质,求出介质中的药物量,作为一定条件下基质中药物溶出速度的参考指标。

(2)体内吸收试验:可用家兔作为试验动物,开始时剂量不超过口服剂量,以后再两倍或三倍地增加剂量,给药后按一定时间间隔抽取血液或收集尿液,测定药物浓度。最后计算动物体内药物吸收的动力学参数和药物的生物利用度等。

4. **稳定性或刺激性试验**

(1)稳定性试验:是将栓剂在室温(25±3)℃ 和 4℃ 下储存,定期检查外观变化和软化点范围、主药的含量及药物的体外释放度。

（2）刺激性试验：对黏膜刺激性检查，一般用动物进行试验，即将基质检品的粉末、溶液或栓剂，施于家兔的眼黏膜上或纳入动物的直肠、阴道，观察有何异常反应。在动物试验基础上，临床验证多在人体肛门或阴道中观察用药部位是否有灼痛、刺激以及不适感等反应。

二、栓剂的包装

栓剂包装的形式很多，通常是内外两层包装。原则上要求每个栓剂都要包裹，不外露，栓剂之间有间隔，互相不接触。目的是防止在运输和贮存过程中因撞击而破碎，或因受热而黏连、熔化、造成变形等。栓剂的包装材料一般为铝箔或塑料膜盒等，应无毒并不与药品起作用。成品置于干燥阴凉处 30℃以下密闭保存，贮存时应注意避免受热、受潮及受压。甘油明胶栓及聚乙二醇栓可室温阴凉处贮存，并宜密闭于容器中以免吸湿、变形、变质等。

目前，栓剂双铝包装技术备受关注。铝包装用的铝箔俗称 PTP 铝箔（pressthrough packaging 的缩写），是目前包装材料中唯一使用较广的金属。它无毒、无味、具有优良的导电性、遮光性、高阻气性、防潮性和保香性，还具有较高的强度和可印刷性。栓剂对包装的防潮、防透气性能要求较高。现在大部分企业所使用的 PVC 泡罩包装在防湿、防潮和避光性能均不如双铝包装，所以双铝包装具有很强的市场优势。

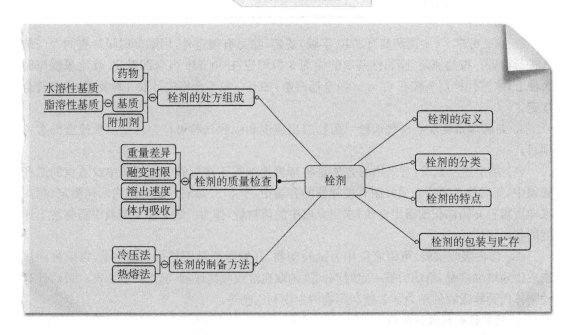

目标检测

一、名词解释

1. 栓剂　　**2.** 置换价

二、填空题

1. 栓剂是指药物适宜_____制成供_____的制剂。

2. 栓剂按其作用可分为两种:一种在_____发挥_____作用,另一种主要由腔道经_____发挥_____作用。

3. 栓剂直肠给药有两个吸收途径,即_____、_____。

4. 常用的栓剂基质可分为_____和_____两大类。

三、单项选择题

1. 制备油脂性基质的栓剂时,常用的润滑剂为(　　)

    A. 肥皂、甘油、95%乙醇　　　B. 甘油　　　　　　　C. 肥皂水

    D. 植物油　　　　　　　　　　E. 水

2. 栓剂的全身作用包括(　　)

    A. 释放、穿透、吸收　　　　B. 释放、吸收　　　　　C. 扩散、吸收

    D. 释放、扩散、穿透、吸收　　E. 穿透、吸收

3. 下列有关栓剂的叙述错误的是(　　)

    A. 为古老剂型之一,传统称为坐药或塞药

    B. 是供塞入腔道的半固体外用制剂

    C. 因使用腔道不同,重量、大小、形状各异

    D. 同体积栓剂因基质相对密度不同而重量各异

    E. 肛门栓剂多用,而阴道栓、尿道栓少用

4. 下列哪种物质能增加可可豆脂的可塑性(　　)

    A. 樟脑　　　　　　　　　B. 羊毛脂　　　　　　　C. 水合氯醛

    D. 蜂蜡　　　　　　　　　E. 苯酚

5. 关于混合脂肪酸甘油酯的叙述哪项是错误的(　　)

    A. 为半合成的脂肪酸甘油酯　　B. 白色或类白色状固体

    C. 在水中或乙醇中几乎不溶　　D. 具有四种规格型号

    E. 目前应用最多的是 34 型号

6. 下列哪种物质是栓剂的水溶性基质(　　)

    A. 可可豆脂　　　　　　　B. 脂肪酸甘油酯类　　　C. 椰油脂

    D. 聚乙二醇　　　　　　　E. 棕榈酸酯

四、问答题

1. 栓剂的质量要求是什么?

2. 栓剂的全身吸收过程怎样?全身作用栓剂与口服制剂相比应用有何优点?

3. 理想的栓剂基质应符合哪些要求?

4. 如何正确评价栓剂的质量?

项目十三

制 剂 新 技 术

药·物·制·剂·技·术

学习目标

1. 能说出常见的制剂新技术。
2. 能说出固体分散体、包合物、微囊等处方的组成。
3. 能描述固体分散体、包合物、微囊、脂质体等新制剂技术制备方法。
4. 能进行固体分散体、包合物、微囊、脂质体等的质量评价。

任务一 固体分散体技术

一、固体分散体的概述

固体分散体是将难溶性药物以分子、胶态、微晶或无定形状态高度分散在另一种水溶性,或难溶性,或肠溶性材料中所形成的分散体系。将药物制成固体分散体所采用的制剂技术称为固体分散体技术。

1961年,Sekiguchi等最早提出固体分散体的概念,并以尿素为载体材料,用熔融法制备磺胺噻唑固体分散体,口服后吸收及排泄均比口服磺胺噻唑明显加快。应用固体分散体不仅可明显提高药物的生物利用度,而且可降低毒副作用。例如,吲哚美辛-PEG6000固体分散体丸的剂量小于市售普通片的一半,药效相同,而对大鼠胃的刺激性显著降低。双炔失碳酯-PVP共沉淀物片的有效剂量小于市售普通片的一半,说明生物利用度大大提高。硝苯地平-邻苯二甲酸羟丙甲纤维素(HP-55)固体分散体缓释颗粒剂提高了原药的生物利用度。目前国内利用固体分散体技术生产且已上市的产品有联苯双酯丸、复方炔诺酮丸等。

应用固体分散体技术制备得到分子分散的固体分散体,溶出速率大大提高,也更易吸收。根据Noyes-Whitney方程,溶出速率随分散度的增加而提高。因此,以往多采用机械粉碎或微粉化等技术,使药物颗粒减小,比表面增加,以加速其溶出。固体分散体能够将药物高度分散,形成分子、胶体、微晶或无定形状态,若载体材料为水溶性的,可大大改善药物的溶出与吸收,从而提高其生物利用度,成为一种制备高效、速效制剂的新技术。将药物采用难溶性或肠溶性载体材料制成固体分散体,可使药物具有缓释或肠溶特性。

因此,固体分散体技术的特点是提高难溶药物的溶出速率和溶解度,以提高药物的吸收和生物利用度。制备得到的固体分散体也可看做是中间体,用以制备药物的速释或缓释制剂,也可制备肠溶制剂。

二、载体材料

固体分散体的溶出速率在很大程度上取决于所用载体材料的特性。载体材料应具有下列条件:无毒、无致癌性、不与药物发生化学变化、不影响主药的化学稳定性、不影响药物的疗效与含量检测、能使药物得到最佳分散状态或缓释效果、价廉易得。常用载体材料可分为水溶性、难溶性和肠溶性三大类。几种载体材料可联合应用,以达到要求的速释或缓释效果。

(一) 水溶性载体材料

常用的有高分子聚合物、表面活性剂、有机酸、糖类及纤维素衍生物等。

1. 聚乙二醇类(PEG)　具有良好的水溶性[1:(2~3)],亦能溶于多种有机溶剂,可使某些药物以分子状态分散,可阻止药物聚集。最常用的是 PEG4000 和 6000。它们的熔点低(50~63℃),毒性较小,化学性质稳定(但 180℃以上分解),能与多种药物配伍。当药物为油类时,宜用 PEG12000 或 6000 与 20000 的混合物。采用滴制法成丸时,可加硬脂酸调整其熔点。

2. 聚维酮类(PVP)　为无定形高分子聚合物,熔点较高、对热稳定(150℃变色),易溶于水和多种有机溶剂,对许多药物有较强的抑晶作用,但贮存过程中易吸湿而析出药物结晶。PVP 类的规格有:PVP_{k15}(平均相对分子质量 M_{av} 约 1 000)、PVP_{k30}(M_{av} 约 4 000)及 PVP_{k90}(M_{av} 约 360 000)等。

3. 表面活性剂类　作为载体材料的表面活性剂大多含聚氧乙烯基,其特点是溶于水或有机溶剂,载药量大,在蒸发过程中可阻滞药物产生结晶,是较理想的速效载体材料。常用泊洛沙姆 188(poloxamer 188,即 pluronic F68)、聚氧乙烯(PEO)、聚羧乙烯(CP)等。

4. 有机酸类　该类载体材料的分子量较小,如枸橼酸、酒石酸、琥珀酸、胆酸及脱氧胆酸等,易溶于水而不溶于有机溶剂。本类不适用于对酸敏感的药物。

5. 糖类与醇类　作为载体材料的糖类常用的有壳聚糖、右旋糖、半乳糖和蔗糖等,醇类有甘露醇、山梨醇、木糖醇等。它们的特点是水溶性强,毒性小,因分子中有多个羟基,可同药物以氢键结合生成固体分散体,适用于剂量小、熔点高的药物,尤以甘露醇为最佳。

6. 纤维素衍生物　如羟丙纤维素(HPC)、羟丙甲纤维素(HPMC)等,它们与药物制成的固体分散体难以研磨,需加入适量乳糖、微晶纤维素等加以改善。

(二) 难溶性载体材料

1. 纤维素类　常用的如乙基纤维素(EC),其特点是溶于有机溶剂,含有羟基能与药物形成氢键,有较大的黏性,作为载体材料其载药量大、稳定性好、不易老化。如盐酸氧烯洛尔-EC 固体分散体,其释药不受 pH 值的影响。

2. 聚丙烯酸树脂类　含季铵基的聚丙烯酸树脂 Eudragit(包括 E、RL 和 RS 等几种)在胃液中可溶胀,在肠液中不溶,不被吸收,对人体无害,广泛用于制备具有缓释性的固体分散体。有时为了调节释放速率,可适当加入水溶性载体材料如 PEG 或 PVP 等。

3. 其他类　常用的有胆固醇、β-谷甾醇、棕榈酸甘油酯、胆固醇硬脂酸酯、蜂蜡、巴西棕榈蜡及氢化蓖麻油、蓖麻油蜡等脂质材料,均可制成缓释固体分散体,亦可加入表面活性剂、糖类、PVP 等水溶性材料,以适当提高其释放速率,达到满意的缓释效果。另有水微溶或缓慢溶解的表面活性剂如硬脂酸钠、硬脂酸铝、三乙醇胺和十二烷基硫代琥珀酸钠等,具有中等缓释效果。

(三) 肠溶性载体材料

1. 纤维素类　常用的有邻苯二甲酸醋酸纤维素(CAP)、邻苯二甲酸羟丙甲纤维素(HPMCP,其商品有两种规格,分别为 HP-50、HP-55)及羧甲乙纤维素(CMEC)等,均能溶于肠液中,可用于制备胃中不稳定的药物在肠道释放和吸收、生物利用度高的固体分散体。由于它们化学结构不同,黏度有差异,释放速率也不相同。CAP 可与 PEG 联用制成固体分散体,可控制释放速率。

2. 聚丙烯酸树脂类　常用 Eudragit L100 和 Eudragit S100,分别相当于国产Ⅱ号及Ⅲ号聚丙烯酸树脂。前者在 pH 6 以上的介质中溶解,后者在 pH 7 以上的介质中溶解,有时两者联合使用,可制成较理想的缓释固体分散体。

案例——想一想

联苯双酯固体分散体

【处方】　联苯双酯　0.2 g　　PEG-6000　9.8 g

【问题】　请分析联苯双酯固体分散体的处方中各成分的作用?

三、固体分散体的类型

1. 简单低共熔混合物　药物与载体材料两者共熔后,骤冷固化时,如两者的比例符合低共熔物的比例,可以完全融合而形成固体分散体,此时药物仅以微晶形式分散在载体材料中成物理混合物,但不能或很少形成固体溶液。

2. 固态溶液　药物在载体材料中以分子状态分散时,称为固态溶液。按药物与载体材料的互溶情况,分完全互溶与部分互溶;按晶体结构,分为置换型与填充型。

3. 共沉淀物　共沉淀物(也称共蒸发物)是由药物与载体材料以适当比例混合,形成共沉淀无定形物,有时称玻璃态固熔体,因其有如玻璃的质脆、透明、无确定的熔点。常用载体材料为多羟基化合物。

四、固体分散体的制备方法

药物固体分散体的常用制备方法有 6 种。不同药物采用何种固体分散技术，主要取决于药物的性质和载体材料的结构、性质、熔点及溶解性能等。

1. **熔融法**　将药物与载体材料混匀，加热至熔融，在剧烈搅拌下迅速冷却成固体，或将熔融物倾倒在不锈钢板上成薄层，用冷空气或冰水使骤冷成固体。再将此固体在一定温度下放置变脆成易碎物，放置的温度及时间视不同的品种而定。

也可将熔融物滴入冷凝液中使之迅速收缩、凝固成丸，这样制成的固体分散体俗称滴丸。常用冷凝液有液状石蜡、植物油、甲基硅油及水等。在滴制过程中能否成丸，取决于丸滴的内聚力是否大于丸滴与冷凝液的黏附力。冷凝液的表面张力小，丸形就好。

2. **溶剂法**　溶剂法亦称共沉淀法。将药物与载体材料共同溶解于有机溶剂中，蒸去有机溶剂后使药物与载体材料同时析出，即可得到药物与载体材料混合而成的共沉淀物，经干燥即得。常用的有机溶剂有氯仿、无水乙醇、95%乙醇、丙酮等。

3. **溶剂-熔融法**　将药物先溶于适当溶剂中，将此溶液直接加入已熔融的载体材料中均匀混合后，按熔融法冷却处理。药物溶液在固体分散体中所占的量一般不超过 $10\%(w/w)$，否则难以形成脆而易碎的固体。本法可适用于液态药物，如鱼肝油、维生素 A、D、E 等，但只适用于剂量小于 50 mg 的药物。凡适用于熔融法的载体材料均可采用。制备过程中一般不除去溶剂，受热时间短，产品稳定，质量好。但注意选用毒性小、易与载体材料混合的溶剂。将药物溶液与熔融载体材料混合时，必须搅拌均匀，以防止固相析出。

4. **溶剂-喷雾(冷冻)干燥法**　将药物与载体材料共溶于溶剂中，然后喷雾或冷冻干燥，除尽溶剂即得。溶剂-喷雾干燥法可连续生产，溶剂常用 $C_1 \sim C_4$ 的低级醇或其混合物。而溶剂冷冻干燥法适用于易分解或氧化、对热不稳定的药物，如酮洛芬、红霉素、双香豆素等。此法污染少，产品含水量可低于 0.5%。常用的载体材料为 PVP 类、PEG 类、β 环糊精、甘露醇、乳糖、水解明胶、纤维素类、聚丙烯酸树脂类等。

5. **研磨法**　将药物与较大比例的载体材料混合后，强力持久地研磨一定时间，不需加溶剂而借助机械力降低药物的粒度，或使药物与载体材料以氢键相结合，形成固体分散体。研磨时间的长短因药物而异。常用的载体材料有微晶纤维素、乳糖、PVP 类、PEG 类等。

6. **双螺旋挤压法**　本法将药物与载体材料置于双螺旋挤压机内，经混合、捏制而成固体分散体，无需有机溶剂，同时可用两种以上的载体材料，制备温度可低于药物熔点和载体材料的软化点，因此药物不易破坏，制得的固体分散体稳定。

五、固体分散体的物相鉴定

药物与载体材料制成的固体分散体，可选用下列方法进行物相鉴定，必要时可同时采用几种方法。

1. **溶解度及溶出速率**　将药物制成固体分散体后，溶解度和溶出速率会有改变。

2. **热分析法**　热分析法常用的有差热分析法(DTA)和差示扫描量热(DSC)，又称为差动分析两种。主要是测定有否药物晶体吸热峰，若有药物晶体存在，吸热峰存在越多，吸热

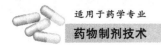

峰面积越大。

3. **X射线衍射法** 每一种物质的结晶都有其特定的结构,衍射图也都有特征峰。

4. **红外光谱法** 布洛芬-PVP共沉淀物红外光谱图表明,布洛芬及其物理混合物均于 1 720 cm⁻¹ 波数有强吸收峰,而共沉淀物中吸收峰向高波数位移,强度也大幅度降低。这是由于布洛芬与PVP在共沉淀物中以氢键结合。

5. **核磁共振谱法** 醋酸棉酚-PVP固体分散体,将醋酸棉酚、PVP、1:7固体分散体及固体分散体经重水交换后分别测定核磁共振谱,发现醋酸棉酚图谱中δ15.2有1个共振尖峰,这是由分子内氢键产生的化学位移。

课堂讨论

请同学们说一说:药物是以何种晶型分散在载体材料中?

任务二 包 合 技 术

一、概述

包合技术在药物制剂中的应用很广泛。包合技术系指一种分子被包藏于另一种分子的空穴结构内,形成包合物的技术。这种包合物是由主分子和客分子两种组分组成,主分子即是包合材料,具有较大的空穴结构,足以将客分子(药物)容纳在内,形成分子囊。

药物作为客分子经包合后,溶解度增大,稳定性提高,液体药物可粉末化,可防止挥发性成分挥发,掩盖药物的不良气味或味道,调节释放速率,提高药物的生物利用度,降低药物的刺激性与毒副作用等。

环糊精所形成的包合物通常都是单分子包合物,药物在单分子空穴内包入,而不是在材料晶格中嵌入。单分子包合物在水中溶解时,整个包合物被水分子包围使溶剂化较完全,形成稳定的单分子包合物。大多数环糊精与药物可以达到摩尔比1:1包合,若环糊精用量少,药物包合不完全;若环糊精用量偏多,包合物的含药量低。

包合物能否形成及其是否稳定,主要取决于环糊精主分子和药物客分子的立体结构和两者的极性。客分子必须和主分子的空穴形状和大小相适应。被包合的有机药物应符合下列条件之一:药物分子的原子数大于5;如具有稠环,稠环数应小于5;药物的分子量在100～400之间;水中溶解度小于10 g/L,熔点低于250℃。无机药物大多不宜用环糊精包合。

包合物根据主分子的构成可分为多分子包合物、单分子包合物和大分子包合物;根据主分子形成空穴的几何形状又分为管形包合物、笼形包合物和层状包合物。包合物的稳定性主要取决于两组分间的 Vander Waals 力。包合过程是物理过程而不是化学反应。包合物中主分子和客分子的比例一般为非化学计量,这是由于客分子的最大填入量虽由客分子的大小和主分子的空穴数决定,但这些空穴并不一定完全被客分子占据,主、客分子数之比可以变动。客分子比例极大时的组成式可用$(H)_n(G)_m$表示,其中 H 和 G 分别表示主分子和客分子组分,n 为每一个单位中 H 的分子数,m 为每一个单位空穴所能容纳 G 分子的最大数目。

应用包合技术研制药物的新剂型和新品种,近年来有不少报道。例如,难溶性药物前列腺素 E_2 经包合后溶解度大大提高,并可制成注射用粉末。盐酸雷尼替丁具有不良臭味,制成包合物加以改善,可提高病人用药的顺应性。陈皮挥发油制成包合物后,可粉末化且可防止挥发。

二、包合材料

常用的包合材料有环糊精、胆酸、淀粉、纤维素、蛋白质、核酸等。本节介绍目前在制剂中常用的环糊精及其衍生物。

1. **环糊精** 系指淀粉用嗜碱性芽胞杆菌经培养得到的环糊精葡萄糖转位酶(cyclodextrin glucanotransferase)作用后形成的产物,是由 6～12 个 D-葡萄糖分子以 1,4-糖苷键连接的环状低聚糖化合物,为水溶性的非还原性白色结晶性粉末,结构为中空圆筒形,其俯视图如图 13-1 所示。常见的有 α、β、γ 3 种,它们空穴内径与物理性质都有较大的差别(图 13-1、13-2,表 13-1)。

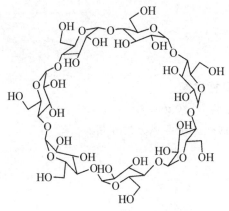

图 13-1 环糊精结构俯视图

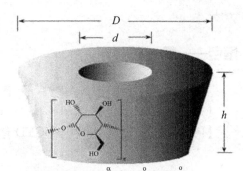

α-CD:n=6;D≈14.6Å;d≈4.9Å;h=7.9Å
β-CD:n=7;D≈15.4Å;d≈6.2Å;h=7.9Å
γ-CD:n=8;D≈17.5Å;d≈7.9Å;h=7.9Å

图 13-2 α、β、γ 3 种环糊精的化学结构

表 13-1 3 种 CYD 的基本性质

项 目	α-CYD	β-CYD	γ-CYD
葡萄糖单体数	6	7	8
相对分子质量	973	1 135	1 297
分子空穴(nm)			
内径	0.45～0.6	0.7～0.8	0.85～1.0
外径	14.6±0.4	15.4±0.4	17.5±0.4
空穴深度(nm)	0.7～0.8	0.7～0.8	0.7～0.8
$[\alpha]_D^{25}(H_2O)$	+150.5°±0.5°	+162.5°±0.5°	+177.4°±0.5°
溶解度(20℃)(g/L)	145	18.5	232
结晶形状(水中得到)	针状	棱柱状	棱柱状

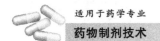

3种 CYD 中以 β-CYD 最为常用,它在水中的溶解度最小,易从水中析出结晶,随着温度升高溶解度增大,温度为 20、40、60、80、100℃时,其溶解度分别为 18.5、37、80、183、256 g/L。

β-CYD 经动物试验证明毒性很低,用放射性标记的动物代谢试验表明,β-CYD 可作为碳水化合物被人体吸收。

2. 环糊精衍生物　CYD 衍生物更有利于容纳客分子,并可改善 CYD 的某些性质。近年来主要对 β-CYD 的分子结构进行修饰,改变了其理化性质。

(1) 水溶性环糊精衍生物:常用的是葡萄糖衍生物、羟丙基衍生物及甲基衍生物等。在 CYD 分子中引入葡糖基(用 G 表示)后其水溶性显著提高,如 βCYD、G-βCYD、2G-βCYD 溶解度(25℃)分别为 18.5、970、1 400 g/L。葡糖基-βCYD 为常用的包合材料,包合后可提高难溶性药物的溶解度,促进药物的吸收,降低溶血活性,还可作为注射用的包合材料。如雌二醇-葡糖基-βCYD 包合物可制成注射剂。

(2) 疏水性环糊精衍生物:常用做水溶性药物的包合材料,以降低水溶性药物的溶解度,使具有缓释性。常用的有 β-CYD 分子中羟基的 H 被乙基取代的衍生物,取代程度愈高,产物在水中的溶解度愈低。乙基-β-CYD 微溶于水,比 β-CYD 的吸湿性小,具有表面活性,在酸性条件下比 β-CYD 更稳定。

案例——想一想

维 A 酸-β-CYD 包合物

【处方】　维 A 酸　1.0 g　　β-CYD 包合物　5.0 g

【问题】　请分析维 A 酸-β-CYD 包合物的处方中各成分的作用?

三、包合物的制备方法

1. 饱和水溶液法　将 CYD 配成饱和水溶液,加入药物(难溶性药物可用少量丙酮或异丙醇等有机溶剂溶解)混合 30 min 以上,使药物与 CYD 形成包合物后析出,且可定量地将包合物分离出来。在水中溶解度大的药物,其包合物仍可部分溶解于溶液中,此时可加入某些有机溶剂,以促使包合物析出。将析出的包合物过滤,根据药物的性质,选用适当的溶剂洗净、干燥即得。此法亦可称为重结晶法或共沉淀法。

2. 研磨法　取 β-CYD 加入 2～5 倍量的水混合,研匀,加入药物(难溶性药物应先溶于有机溶剂中),充分研磨成糊状物,低温干燥后,再用适宜的有机溶剂洗净,干燥即得。

3. 冷冻干燥法　此法适用于制成包合物后易溶于水且在干燥过程中易分解、变色的药物。所得成品疏松,溶解度好,可制成注射用粉末。

4. 喷雾干燥法　此法适用于难溶性、疏水性药物,如用喷雾干燥法制得的地西泮与 β 环糊精包合物,增加了地西泮的溶解度,提高了其生物利用度。

此外,还有超声法等。上述几种方法适用的条件不一样,包合率与溶解度等也不相同。如苯佐卡因-β-CYD 包合物采用研磨法与饱和水溶液法制备,并对其包封率进行比较,结果表明饱和水溶液法优于研磨法。

四、包合物的验证

药物与 CYD 是否形成包合物,可根据包合物的性质和结构状态,采用下述方法进行验证,必要时可同时用几种方法。

1. **X 射线衍射法** 晶体药物在用 X 射线衍射时显示该药物结晶的衍射特征峰,而药物的包合物是无定形态,没有衍射特征峰。

2. **红外光谱法** 红外光谱可提供分子振动能级的跃迁,这种信息直接和分子结构相关。

3. **核磁共振法** 如磷酸苯丙哌林-β-CYD 包合物的核磁共振谱,以 D_2O 为溶剂测定 ^1H-NMR 谱,包合物的图谱是 βCYD 与磷酸苯丙哌林图谱的重叠,而与磷酸苯丙哌林波谱相比较,芳环结构(即苄基酚的质子)有明显的不同。

4. **荧光光度法** 从荧光光谱曲线中峰的位置和强度来判断是否形成了包合物。

5. **圆二色谱法** 非对称的有机药物分子对组成平面偏振光的左旋和右旋圆偏振光的吸收系数不相等,称圆二色性,若将它们吸收系数之差对波长作图可得圆二色谱图,用于测定分子的立体结构,判断是否形成包合物。

6. **热分析法** 热分析法中以差示热分析法(DTA)和差示扫描量热法(DSC)较为常用。

7. **薄层色谱法** 此法以有无薄层斑点、斑点数和 R_f 值来验证是否形成包合物。

8. **紫外分光光度法** 从紫外吸收曲线中吸收峰的位置和峰高可判断是否形成了包合物。

9. **溶出速率法** 如诺氟沙星包合物的溶出度,按《中国药典》(2000 年版)溶出度测定法中第二法进行,分别取诺氟沙星胶囊与包合物胶囊,置 pH4 的缓冲液 750 ml 杯内,在 37±0.5℃水浴中,50 r/min 速率搅拌,于不同时间取样,计算累积溶出量,包合物胶囊溶出明显加快,5 min 内药物几乎完全溶出。

课堂讨论

请同学们说一说:影响包合物质量好坏的因素有哪些?

任务三 微囊与微球的制备技术

一、微囊与微球的概述

微型包囊是近 40 年来应用于药物的新工艺、新技术,其制备过程通称微型包囊术,简称

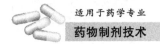
微囊化,系利用天然的或合成的高分子材料(囊材)作为囊膜壁壳,将固态药物或液态药物(囊心物)包裹而成药库型的微囊;也可使药物溶解和(或)分散在高分子材料中,形成骨架型微小球状实体,称微球,微囊和微球的粒径都属于微米级。

目前,尽管微囊化的药物制剂商品还不多,但药物微囊化技术的研究却是突飞猛进。微囊化技术的进展可分为几个阶段。20 世纪 80 年代以前主要应用粒径为 5 μm~2 mm 的小丸,80 年代发展了粒径小(0.01~10 μm)的第 2 代产品,这类产品通过非胃肠道给药时,被器官或组织吸收能显著延长药效、降低毒性、提高活性和生物利用度。第 3 代产品主要是纳米级胶体粒子的靶向制剂,即具有特异的吸收和作用部位的制剂。

近年来,由于可生物降解无毒聚合物的开发,人工化学栓塞或通过注射油液或乳剂的淋巴系统导向肿瘤靶向制剂的研究都已获得成功。应用影细胞或重组细胞(如红细胞)作载体,使生物相容性得以改善;缓释控释避孕药、提高抗体滴度的抗原微囊化也已实现。临床上将微囊化技术应用于敏感的生物分子,如蛋白质、酶、激素、肽类,甚至应用于活细胞,可减少活性损失或变性。

药物微囊化的目的为:①掩盖药物的不良气味及口味;②提高药物的稳定性;③防止药物在胃内失活或减少对胃的刺激;④使液态药物固态化便于应用与贮存;⑤减少复方药物的配伍变化;⑥可制备缓释或控释制剂;⑦使药物浓集于靶区,提高疗效,降低毒副作用;⑧可将活细胞或生物活性物质包囊。

二、微囊与微球的制备材料

(一)囊心物

微囊的囊心物除主药外还可以包括提高微囊化质量而加入的附加剂,如稳定剂、稀释剂、控制释放速率的阻滞剂、促进剂及改善囊膜可塑性的增塑剂等。囊心物可以是固体,也可以是液体。通常将主药与附加剂混匀后微囊化;亦可先将主药单独微囊化,再加入附加剂。若有多种主药,可将其混匀再微囊化,亦可分别微囊化后再混合。这取决于设计要求,药物、囊材和附加剂的性质及工艺条件等。采用不同的工艺条件,对囊心物也有不同的要求。如用相分离凝聚法时囊心物一般不应是水溶性的,而界面缩聚法则要求囊心物必须是水溶性的。另外囊心物与囊材的比例应适当,如囊心物过少,易成无囊心物的空囊。

(二)囊材

用于包囊所需的材料称为囊材。对囊材的一般要求是:①性质稳定;②有适宜的释放速率;③无毒、无刺激性;④能与药物配伍,不影响药物的药理作用及含量测定;⑤有一定的强度及可塑性,能完全包封囊心物;⑥具有符合要求的黏度、穿透性、亲水性、溶解性、降解性等特性。常用的囊材可分为下述三大类。

1. 天然高分子囊材　天然高分子材料是最常用的囊材,因其稳定、无毒、成膜性好。

(1) 明胶:明胶是氨基酸与肽交联形成的直链聚合物,聚合度不同的明胶具有不同的分子量,其 M_{av} 在 15 000~25 000 之间。因制备时水解方法的不同,明胶分酸法明胶(A 型)和碱法明胶(B 型)。通常可根据药物对酸碱性的要求选用 A 型或 B 型,用于制备微囊的用量为 20~100 g/L。

(2) 阿拉伯胶:一般常与明胶等量配合使用,作囊材的用量为 20~100 g/L,亦可与白蛋白配合作复合材料。

（3）海藻酸盐：系多糖类化合物，常用稀碱从褐藻中提取而得。海藻酸钠可溶于不同温度的水中，不溶于乙醇、乙醚及其他有机溶剂；不同 M_{av} 产品的黏度有差异。也可与聚赖氨酸合用做复合材料。因海藻酸钙不溶于水，故海藻酸钠可用 $CaCl_2$ 固化成囊。

（4）壳聚糖：壳聚糖是由甲壳素脱乙酰化后制得的一种天然聚阳离子多糖，可溶于酸或酸性水溶液，无毒、无抗原性，在体内能被溶菌酶等酶解，具有优良的生物降解性和成膜性，在体内可溶胀成水凝胶。

2. 半合成高分子囊材　作囊材的半合成高分子材料多系纤维素衍生物，其特点是毒性小、黏度大、成盐后溶解度增大。

（1）羧甲基纤维素盐：羧甲基纤维素盐属阴离子型的高分子电解质，如羧甲基纤维素钠（CMC-Na）常与明胶配合作复合囊材，一般分别配 1～5 g/L CMC-Na 及 30 g/L 明胶，再按体积比 2:1 混合。CMC-Na 遇水溶胀，体积可增大 10 倍，在酸性溶液中不溶。水溶液黏度大，有抗盐能力和一定的热稳定性，不会发酵，也可以制成铝盐 CMC-Al 单独作囊材。

（2）醋酸纤维素酞酸酯（CAP）：在强酸中不溶解，可溶于 pH>6 的水溶液，分子中含游离羧基，其相对含量决定其水溶液的 pH 值及能溶解 CAP 的溶液最低 pH 值。用做囊材时可单独使用，用量一般为 30 g/L，也可与明胶配合使用。

（3）乙基纤维素（EC）：化学稳定性高，适用于多种药物的微囊化，不溶于水、甘油和丙二醇，可溶于乙醇，遇强酸易水解，故对强酸性药物不适宜。

（4）甲基纤维素：甲基纤维素（MC）用做微囊囊材的用量为 10～30 g/L，亦可与明胶、CMC-Na、聚维酮（PVP）等配合作复合囊材。

（5）羟丙甲纤维素（HPMC）：能溶于冷水成为黏性溶液，不溶于热水，长期贮存稳定，有表面活性，表面张力为 $(42 \sim 56) \times 10^{-5}$ N/cm。

3. 合成高分子囊材　作囊材用的合成高分子材料有生物不降解的和生物可降解的两类。生物不降解且不受 pH 值影响的囊材有聚酰胺、硅橡胶等。生物不降解、但在一定 pH 条件下可溶解的囊材有聚丙烯酸树脂、聚乙烯醇等。

案例——想一想

复方醋酸甲地孕酮微囊注射液

【处方】　醋酸甲地孕酮　450 g　　　戊酸雌二醇　150 g　　　明胶　适量
　　　　　阿拉伯胶粉　适量　　　36%甲醛溶液　适量　　　5%醋酸溶液　适量
　　　　　20%氢氧化钠溶液　适量

【问题】　请分析复方醋酸甲地孕酮微囊注射液的处方中各成分的作用。

三、微囊的制备

微囊的制备方法可归纳为物理化学法、物理机械法和化学法三大类。根据药物、囊材的

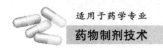
性质和微囊的粒径、释放要求及靶向性要求,选择不同的制备方法。

（一）物理化学法

本法在液相中进行,囊心物与囊材在一定条件下形成新相析出,故又称相分离法。其微囊化步骤大体可分为囊心物的分散、囊材的加入、囊材的沉积和囊材的固化4步。

相分离工艺现已成为药物微囊化的主要工艺之一,它所用设备简单,高分子材料来源广泛,可将多种类别的药物微囊化。相分离法分为单凝聚法、复凝聚法、溶剂-非溶剂法、改变温度法和液中干燥法。

1. **单凝聚法** 是在高分子囊材溶液中加入凝聚剂以降低高分子材料的溶解度而凝聚成囊的方法,在相分离法中较常用的一种方法(图13-3)。

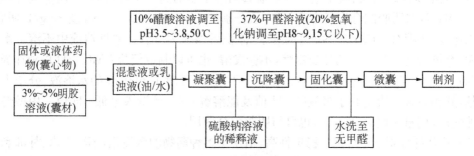

图13-3 单凝聚法制备微囊工艺流程

（1）基本原理:如将药物分散在明胶材料溶液中,然后加入凝聚剂(可以是强亲水性电解质硫酸钠水溶液,或强亲水性的非电解质如乙醇),由于明胶分子水合膜的水分子与凝聚剂结合,使明胶的溶解度降低,分子间形成氢键,最后从溶液中析出而凝聚形成凝聚囊。这种凝聚是可逆的,一旦解除凝聚的条件(如加水稀释),就可发生解凝聚,凝聚囊很快消失。这种可逆性在制备过程中可加以利用,经过几次凝聚与解凝聚,直到凝聚囊形成满意的形状为止(可用显微镜观察)。最后再采取措施加以交联,使之成为不凝结、不粘连、不可逆的球形微囊。

（2）工艺:如以明胶为囊材的左炔诺孕酮-雌二醇微囊,将左炔诺孕酮与雌二醇混匀,加到明胶溶液中混悬均匀,加入硫酸钠溶液(凝聚剂),形成微囊,再加入稀释液,即 Na_2SO_4 溶液,其浓度由凝聚囊系统中已有的 Na_2SO_4 浓度(如为 a%)加 1.5%[即(a+1.5)%],稀释液体积为凝聚囊系统总体积的 3 倍,稀释液温度为 15℃。所用稀释液浓度过高或过低,可使凝聚囊粘连成团或溶解。得粒径在 $10\sim40\ \mu m$ 的微囊占总重量 95% 以上,平均体积径为 $20.7\ \mu m$。

2. **复凝聚法** 系使用带相反电荷的两种高分子材料作为复合囊材,在一定条件下交联且与囊心物凝聚成囊的方法。复凝聚法是经典的微囊化方法,它操作简便,容易掌握,适合于难溶性药物的微囊化,工艺流程如图13-4所示。

可作复合材料的有明胶与阿拉伯胶(或 CMC 或 CAP 等多糖)、海藻酸盐与聚赖氨酸、海藻酸盐与壳聚糖、海藻酸与白蛋白、白蛋白与阿拉伯胶等。

3. **溶剂-非溶剂法** 是在囊材溶液中加入一种对囊材不溶的溶剂(非溶剂),引起相分离,而将药物包裹成囊的方法。常用囊材的溶剂和非溶剂的组合如表13-2所示。使用疏水囊材,要用有机溶剂溶解,疏水性药物可与囊材溶液混合,亲水性药物不溶于有机溶剂,可

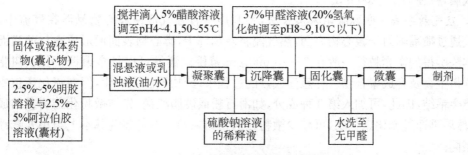

图 13-4　复凝聚法制备微囊工艺流程

表 13-2　常用囊材的溶剂与非溶剂

囊　材	溶　剂	非溶剂
乙基纤维素	四氯化碳(或苯)	石油醚
苄基纤维素	三氯乙烯	丙醇
醋酸纤维素丁酯	丁酮	异丙醚
聚氯乙烯	四氢呋喃(或环己烷)	水(或乙二醇)
聚乙烯	二甲苯	正己烷
聚醋酸乙烯酯	氯仿	乙醇
苯乙烯马来酸共聚物	乙醇	醋酸乙酯

混悬或乳化在囊材溶液中。然后加入争夺有机溶剂的非溶剂,使材料降低溶解度而从溶液中分离,除去有机溶剂即得。如促肝细胞生长素微囊平均粒径 12.7 μm,载药量 29.7%,药物的包封产率达 95.7%。

4. 液中干燥法　从乳状液中除去分散相中的挥发性溶剂以制备微囊的方法称为液中干燥法,亦称为乳化-溶剂挥发法。

液中干燥法的干燥工艺包括两个基本过程:溶剂萃取过程(两液相之间)和溶剂蒸发过程(液相和气相之间)。按操作可分为连续干燥法、间歇干燥法和复乳法。前两者应用于O/W 型、W/O 型及 O/O 型(如乙腈/液状石蜡、丙酮/液状石蜡等)乳状液,复乳法应用于W/O/W 型或 O/W/O 型复乳。它们都要先制备囊材的溶液,乳化后囊材溶液存在于分散相中,与连续相不混溶,但囊材溶剂对连续相应有一定的溶解度,否则萃取过程无法实现。连续干燥法及间歇干燥法中,如所用的囊材溶剂能溶解药物,则可制得微球,否则是微囊。复乳法制得的通常是微囊。

(二)物理机械法

本法是将固态或液态药物在气相中进行微囊化的方法,需要一定设备条件。

1. 喷雾干燥法　可用于固态或液态药物的微囊化,粒径范围通常为 5~600 μm。工艺是先将囊心物分散在囊材的溶液中,再用喷雾法将此混合物喷入惰性热气流使液滴收缩成球形,进而干燥即得微囊。

2. 喷雾凝结法　将囊心物分散于熔融的囊材中,喷于冷气流中凝聚而成囊的方法。常用的囊材有蜡类、脂肪酸和脂肪醇等,在室温均为固体,而在较高温下能熔融。如以美西律盐酸盐为囊心物,用硬脂酸和 EC 为复合囊材,以 34.31~68.62 kPa 的压缩空气通过喷雾凝结法成囊,粒径为 8~100 μm。

3. 空气悬浮法　亦称流化床包衣法,系利用垂直强气流使囊心物悬浮在气流中,将囊材溶液通过喷嘴喷射于囊心物表面,热气流将溶剂挥干,囊心物表面便形成囊材薄膜而成微囊。本法所得的微囊粒径一般在 35~5 000 μm 范围。囊材可以是多聚糖、明胶、树脂、蜡、纤维素衍生物及合成聚合物。在悬浮成囊的过程中,药物虽已微粉化,但在流化床包衣过程中可能会粘结,因此,可加入第 3 种成分,如滑石粉或硬脂酸镁,先与微粉化药物黏结成 1 个单位,然后再通过流化床包衣,可减少微粉化药物的黏结。设备装置基本上与小丸悬浮包衣装置相同。

4. 多孔离心法　利用圆筒的高速旋转使囊心物产生离心力,另使囊材溶液形成液态膜,囊心物高速穿过液态膜形成微囊,再经过不同方法加以固化(用非溶剂、凝结或挥去溶剂等),即得微囊。

5. 锅包衣法　系利用包衣锅将囊材溶液喷在固态囊心物上挥干溶剂形成微囊,导入包衣锅的热气流可加速溶剂挥发。

上述几种物理机械法均可用于水溶性和脂溶性的、固态或液态药物的微囊化,其中以喷雾干燥法最常用。通常,采用物理机械法时囊心物有一定损失且微囊有粘连,但囊心物损失在 5% 左右、粘连在 10% 左右,生产中都认为是合理的。

(三) 化学法

化学法系指利用溶液中的单体或高分子通过聚合反应或缩合反应生成囊膜而制成微囊的方法。本法的特点是不加凝聚剂,先制成 W/O 型乳状液,再利用化学反应交联固化。

1. 界面缩聚法　亦称界面聚合法,是在分散相(水相)与连续相(有机相)的界面上发生单体的缩聚反应。例如,水相中含有 1,6-己二胺和碱,有机相中含对苯二甲酰氯的环己烷、氯仿溶液,将上述两相混合搅拌,在水滴界面上发生缩聚反应,生成聚酰胺。

2. 辐射交联法　该法系将明胶在乳化状态下,经 γ 射线照射发生交联,再处理制得粉末状微囊。该工艺的特点是工艺简单,不在明胶中引入其他成分。

四、微球的制备

微球系药物与高分子材料制成的基质骨架的球形或类球形实体。药物溶解或分散于实体中,其大小因使用目的而异,通常微球的粒径范围为 1~250 μm。目前国内产品有肌内注射用丙氨瑞林微球、植入用黄体酮微球、口服用阿昔洛韦微球、布洛芬微球等。

微球的制备方法与微囊的制备有相似之处。根据材料和药物的性质不同可以采用不同的微球制备方法。现将几种常见微球的制备方法简介如下。

(一) 明胶微球

用明胶等天然高分子材料,以乳化交联法制备微球。以药物和材料的混合水溶液为水相,用含乳化剂的油为油相,混合搅拌乳化,形成稳定的 W/O 型或 O/W 型乳状液,加入化学交联剂(如产生胺醛缩合或醇醛缩合反应),可得粉末状微球。其粒径通常在 1~100 μm 范围内。油相可采用蓖麻油、橄榄油或液状石蜡等。油相不同,微球粒径亦不相同。不同交联剂对微球质量也有影响,如用甲醛交联形成的明胶微球表面光滑,而戊二醛交联形成的微球表面有裂缝。这可能会对释药产生不同的影响。

（二）白蛋白微球

白蛋白微球可用上述的液中干燥法或喷雾干燥法制备。制备白蛋白微球的液中干燥法以加热交联代替化学交联,使用的加热交联温度不同(100～180℃),微球平均粒径不同,在中间温度(125～145℃)时粒径较小。

喷雾干燥法将药物与白蛋白的溶液经喷嘴喷入干燥室内,同时送入干燥室的热空气流使雾滴中的水分快速蒸发、干燥,即得微球。如将喷雾干燥得的微球再进行热变性处理,可得到缓释微球。

目前国内已研制成功的白蛋白微球有顺铂、硫酸链霉素、米托蒽醌、左旋多巴、环磷酰胺等。

（三）淀粉微球

淀粉微球商品 Pharmacia,Uppsala(瑞典),系由淀粉水解再经乳化聚合制得。其微球在水中可膨胀而具有凝胶的特性,粒径 $1～500\ \mu m$,降解时间从数分钟到几小时。用于动脉栓塞的淀粉微球商品名 Spherex,可混悬于生理盐水中,在酶存在下水解半衰期为 $20～30\ min$。

（四）聚酯类微球

聚酯类微球可用液中干燥法制备。以药物与聚酯材料组成挥发性有机相,加至含乳化剂的水相中搅拌乳化,形成稳定的 O/W 型乳状液,加水萃取(亦可同时加热)挥发除去有机相,即得微球。

五、微囊、微球的质量评价

目前微囊、微球的质量评价,除制成的制剂本身要求应符合药典规定外,还包括下述内容。

1. 形态、粒径及其分布　可采用光学显微镜、扫描或电子显微镜观察形态并提供照片。微囊形态应为圆整球形或椭圆形的封闭囊状物,微球应为圆整球形或椭圆形的实体。

不同制剂对粒径有不同的要求。注射剂的微囊、微球粒径应符合《中国药典》中混悬注射剂的规定;用于静脉注射起靶向作用时,应符合静脉注射的规定。

2. 药物的含量　微囊、微球中药物含量的测定一般采用溶剂提取法。溶剂的选择原则是:应使药物最大限度地溶出而最小限度地溶解载体材料,溶剂本身也不应干扰测定。

3. 药物的载药量与包封率　对于粉末状微囊(球),先测定其含药量后计算载药量;对于混悬于液态介质中的微囊(球),先将其分离,分别测定液体介质和微囊(球)的含药量后计算其载药量、包封率和包封产率。

4. 药物的释放速率　微囊、微球中药物的释放速率可采用《中国药典》(2010 年版)二部附录溶出度测定法中第 2 法(浆法)进行测定,亦可将试样置薄膜透析管内按第 1 法(转篮法)进行测定,或采用流池法测定。

5. 有机溶剂残留量　凡工艺中采用有机溶剂者,应测定有机溶剂残留量,并不得超过中国药典规定的限量。中国药典中未规定的有机溶剂,其残留量的限度可参考 ICH (International Conference of Harmonization of Technical Requirements for Registration of Pharmaceuticals for Human Use, 人用药物注册技术要求国际协调会议)的规定。

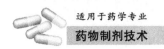
课堂讨论

请同学们思考:凝聚法制备微囊影响因素有哪些?

任务四 脂质体的制备技术

一、脂质体的概述

脂质体(或称类脂小球)是一种类似生物膜结构的双分子层微小囊泡。1971 年,英国 Rymen 等人开始将脂质体作为药物载体。脂质体是将药物包封于类脂质双分子层形成的薄膜中间所得的超微型球状载体。脂质体根据其结构和所包含的双层磷脂膜层数,可分为单室脂质体和多室脂质体。凡由 1 层类脂质双分子层构成者,称为单室脂质体,它又分大单室脂质体(粒径在 $0.1 \sim 1 \, \mu m$ 之间)和小单室脂质体。由多层类脂质双分子层构成的称为多室脂质体,粒径在 $1 \sim 5 \, \mu m$ 之间。单室脂质体中水溶性药物的溶液只被 1 层类脂质双分子层所包封,脂溶性药物则分散于双分子层中。多室脂质体中有几层脂质双分子层将被包含的水溶性药物的水膜隔开,形成不均匀的聚合体,脂溶性药物则分散于几层双分子层中。凡经超声波分散的脂质体混悬液,绝大部分为单室脂质体;大单室脂质体通过膜滤后也可得到小单室脂质体。

当前脂质体的研究主要集中在 3 个领域:①模拟膜的研究;②制剂的可控释放和在体内的靶向给药;③作为基因的载体,提高基因治疗研究的安全性和有效性。20 世纪 80 年代中期,一些专门从事脂质体开发的公司相继成立,用脂质体包裹的抗癌药、新疫苗或其他各种药物已开始上市,如脱水脂质体、顺铂脂质体、两性霉素 B 脂质体和阿霉素脂质体等。

(一) 脂质体的组成与结构

脂质体的结构与由表面活性剂构成的胶束不同,后者是由单分子层所组成,而脂质体由双分子层所组成。脂质体的组成成分是磷脂及附加剂。如果把类脂质的醇溶液倒入水中,醇很快地溶于水,而类脂分子则排列在空气-水的界面,极性部分在水中,而非极性部分则伸向空气中,空气-水界面布满了类脂分子后,则转入水中,被水完全包围时,其极性基团面向两侧水相,而非极性的烃链彼此面对面缔合成板状双分子层或球状。磷脂为两性物质,其结构中含有磷酸基团和含氮的碱基(均亲水),及两个较长的烃链为疏水链。

胆固醇亦属于两亲物质,其结构中亦具有疏水与亲水两种基团,但疏水性较亲水性强。用磷脂与胆固醇作脂质体的膜材时,必须先将两者溶于有机溶剂,然后蒸发除去有机溶剂,在器壁上形成均匀的类脂质薄膜,此薄膜是由磷脂与胆固醇混合分子相互间隔定向排列的双分子层所组成。磷脂与胆固醇排列成单室脂质体。磷脂分子的极性端与胆固醇分子的极性基团相结合,故亲水基团上接有两个疏水链,其中之一是磷脂分子中两个烃基,另一个是胆固醇结构中的疏水链。

磷脂分子形成脂质体时,有两条疏水链指向内部,亲水基在膜的内外 2 个表面上,磷脂双层构成 1 个封闭小室,内部包含水溶液,小室中水溶液被磷脂双层包围而独立,磷脂双层形成囊泡又被水相介质分开。脂质体可以是单层的封闭双层结构,也可以是多层的封闭双层结构。在电镜下脂质体常见的是球形或类球形。

(二)脂质体的理化性质

1. 相变温度 脂质体的物理性质与介质温度有密切关系。当温度升高时,脂质体双分子层中酰基侧键可从有序排列变为无序排列,从而引起一系列变化,如由"胶晶"变为液晶态,膜的横切面增加、厚度减少、流动性增加等。转变时的温度称为相变温度,相变温度的高低取决于磷脂的种类。脂质体膜也可以由两种以上磷脂组成,它们各有特定的相变温度,在一定条件下它们可同时存在不同的相。

2. 电性 含磷脂酸和磷脂酰丝氨酸等的酸性脂质体荷负电,含碱基(胺基),如十八胺等的脂质体荷正电,不含离子的脂质体显电中性。脂质体表面的电性对其包封率、稳定性、靶器官分布及对靶细胞的作用均有影响。

二、制备脂质体的材料

脂质体的膜材主要由磷脂与胆固醇构成,这两种成分是形成脂质体双分子层的基础物质,由它们所形成的"人工生物膜"易被机体消化分解。

(一)磷脂类

磷脂类包括卵磷脂、脑磷脂、大豆磷脂及其他合成磷脂,如合成二棕榈酰-DL-α磷脂酰胆碱、合成磷脂酰丝氨酸等都可作为脂质体的双分子层的基础物质。采用蛋黄卵磷脂为原料,以氯仿为溶剂提取,即得卵磷脂,但产品中氯仿难除尽,卵磷脂的成本也比豆磷脂高。

豆磷脂的组成为卵磷脂与少量脑磷脂的混合物。磷脂可在体内合成,还可相互转化,如脑磷脂可转化为卵磷脂和丝氨酸磷脂,丝氨酸磷脂也可转化为脑磷脂。

(二)胆固醇类

胆固醇与磷脂是共同构成细胞膜和脂质体的基础物质。胆固醇具有调节膜流动性的作用,故可称为脂质体"流动性缓冲剂"。当低于相变温度时,胆固醇可使膜减少有序排列,而增加流动性;高于相变温度时,可增加膜的有序排列而减少膜的流动性。

案例——想一想

阿霉素脂质体

【处方】 阿霉素 100 g 氢化大豆磷脂 329.5 g 胆固醇 81.5 g
二硬脂酰基磷脂酰乙醇胺-聚乙二醇 2 000 589.0 g

【问题】 请分析阿霉素脂质体的处方中各成分的作用。

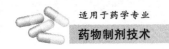

三、脂质体的制备方法

（一）薄膜分散法

薄膜分散法是指将磷脂、胆固醇等类脂质及脂溶性药物溶于氯仿（或其他有机溶剂）中，然后将氯仿溶液在烧瓶中旋转蒸发，使其在内壁上形成一薄膜；将水溶性药物溶于磷酸盐缓冲液中，加入烧瓶中不断搅拌，即得脂质体。

（二）逆相蒸发法

逆相蒸发法系将磷脂等膜材溶于有机溶剂，如氯仿、乙醚等，加入待包封的药物水溶液（水溶液:有机溶剂＝1∶3～1∶6）进行短时超声，直到形成稳定 W/O 型乳状液。然后减压蒸发除去有机溶剂，达到胶态后，滴加缓冲液，旋转帮助器壁上的凝胶脱落，在减压下继续蒸发，制得水性混悬液，通过凝胶色谱法或超速离心法，除去未包入的药物，即得大单层脂质体。本法可包裹较大体积的水（约 60％，大于超声分散法约 30 倍），它适合于包裹水溶性药物及大分子生物活性物质。

（三）冷冻干燥法

冷冻干燥法系将磷脂分散于缓冲盐溶液中，经超声波处理与冷冻干燥，再将干燥物分散到含药物的水性介质中，即得。如维生素 B_{12} 脂质体 取卵磷脂 2.5 g 分散于 0.067 mmol/L 磷酸盐缓冲液（pH 7）与 0.9％氯化钠溶液（1∶1）混合液中，超声处理，然后与甘露醇混合，真空冷冻干燥，用含 12.5 mg 维生素 B_{12} 的上述缓冲盐溶液分散，进一步超声处理，即得。

（四）注入法

将磷脂与胆固醇等类脂质及脂溶性药物共溶于有机溶剂中（一般多采用乙醚），然后将此药液经注射器缓缓注入于搅拌下的 50℃磷酸盐缓冲液（可含有水溶性药物）中，加完后，不断搅拌至乙醚除尽为止，即制得大多室脂质体，其粒径较大，不适于静脉注射。再将脂质体混悬液通过高压乳匀机 2 次，则所得的成品大多为单室脂质体。

（五）超声波分散法

将水溶性药物溶于磷酸盐缓冲液，加至磷脂、胆固醇与脂溶性药物共溶于有机溶剂中制成的溶液中，搅拌蒸发除去有机溶剂，残液经超声波处理，然后分离出脂质体，再混悬于磷酸盐缓冲液中，即得。

另外，多室脂质体经超声波处理可得单室脂质体。

四、脂质体的修饰

脂质体在体内主要分布到网状内皮系统的组织与器官（肝、脾）中，因此脂质体作为药物载体还不能像导弹一样将药物定向地运送到任何需要的靶区并分布于靶区。为此近年来，对脂质体表面进行修饰，以便提高脂质体的靶向性，目前已报道的有以下几种主要方法。

（一）长循环脂质体

脂质体表面经适当修饰后，可避免网状内皮系统吞噬，延长在体内循环系统的时间，称为长循环脂质体。如脂质体用聚乙二醇（PEG）修饰，其表面被柔顺而亲水的 PEG 链部分覆盖,极性 PEG 基增强了脂质体的亲水性,减少血浆蛋白与脂质体膜的相互作用,降低被巨噬细胞吞噬的可能,延长在循环系统的滞留时间,因而有利于肝脾以外的组织或器官的靶向作用。将抗体或配体结合在 PEG 末端,既可保持长循环,又对靶体识别。

(二) 免疫脂质体

在脂质体表面接上某种抗体,使具有对靶细胞分子水平上的识别能力,提高脂质体的专一靶向性。

(三) 糖基脂质体

糖基连接在脂质体表面,而不同的糖基有不同的靶向性。如带有半乳糖残基可被肝实质细胞所摄取,带甘露糖残基可被 K 细胞摄取,氨基甘露糖的衍生物可集中于肺内。

(四) 温度敏感脂质体

将不同比例的膜材二棕榈酸磷脂和二硬脂酸磷脂混合得不同的相变温度,在相变温度时,脂质体中磷脂从胶态过渡到液晶态,可增加脂质体膜的通透性,此时包封的药物释放速率亦增大,而偏离相变温度时则释放减慢。

(五) pH 敏感脂质体

肿瘤间质液的 pH 值比周围正常组织显著低,从而设计了 pH 敏感脂质体。这种脂质体在低 pH 值范围内可释放药物,通常采用对 pH 敏感的类脂(如十七烷酸磷脂)为膜材,其原理是 pH 降低时,可导致脂肪酸羧基的质子化引起六方晶相(非相层结构)的形成而使膜融合。

除上述四种脂质体外还有磁性脂质体、声波敏感脂质体等,随着科学技术发展,提高脂质体的靶向性的研究,会愈来愈深入,将会创造出临床治疗中适用的新型靶向脂质体。

五、类脂质体

类脂质体亦称泡囊,系指用非离子型表面活性剂为囊材制成的单层囊泡,其特点是稳定性高于脂质体,可克服脂质体因磷脂氧化而带来的毒性,近年受到国内外的关注,成为很有前途的新型药物的传递系统。

类脂质体的制法与脂质体相近。如由薄膜分散法制得的卡铂泡囊与异烟肼泡囊等,均具有缓释与肺靶向的双重性质,可提高药效,降低毒副作用。

六、脂质体的质量评价

1. 形态与粒径及其分布　脂质体的形态为封闭的多层囊状或多层圆球。其粒径大小可用光学显微镜或电镜测定(小于 $2~\mu m$ 时须用扫描电镜或透射电镜)。也可用电感应法(如 Coulter 计数器)、光感应法(如粒度分布光度测定仪)以及激光散射法。激光散射法又称尘粒计数法,将脂质体混悬液稀释(约 50 倍),取约 30 ml 放入雾化器内,在 20 kPa 压力下雾化喷出,混入氮气流干燥,经气溶胶取样管定量到计数仪散射腔,自动计数仪按键分档记录各档次粒子的粒径、数目、计算出分布概率或绘制粒径分布图。

2. 包封率　测定脂质体中的总药量后,经色谱柱或离心分离,测定介质中未包入的药量,可得:

$$包封率 = \frac{药物总量 - 介质中未包入的药量}{药物总量} \times 100\% \qquad (13-1)$$

3. **渗漏率** 表示脂质体在贮存期间包封率的变化情况,是脂质体不稳定性的主要指标,在膜材中加一定量胆固醇以加固脂质双层膜,减少膜流动,可降低渗漏率。公式如下:

$$渗漏率 = \frac{贮存后渗漏到介质中的药量}{贮存前包封的药量} \times 100\% \qquad (13-2)$$

4. **磷脂的氧化程度** 磷脂容易被氧化,这是脂质体的突出缺点。在含有不饱和脂肪酸的脂质混合物中,磷脂的氧化分 3 个阶段:单个双键的偶合;氧化产物的形成;乙醛的形成及键断裂。因为各阶段产物不同,氧化程度很难用一种试验方法评价。

课堂讨论

请同学们思考:栓剂产品是如何在体内发挥药效的?

七、脂质体的特点

脂质体是一种新型的药物载体,具有包裹脂溶性药物或水溶性药物的特性。药物被脂质体包裹后称为载药脂质体,它具有以下主要特点。

1. **靶向性** 载药脂质体进入体内可被巨噬细胞作为外界异物而吞噬,脂质体以静脉给药时,能选择地集中于网状内皮系统,70%～89%集中于肝、脾。可用于治疗肝肿瘤和防止肿瘤扩散转移,以及防治肝寄生虫病、利什曼病等网状内皮系统疾病。如抗肝利什曼原虫药锑剂被脂质体包裹后,药物在肝脏中的浓度可提高 200～700 倍。

2. **缓释性** 许多药物在体内作用时间短,被迅速代谢或排泄。将药物包封于脂质体中,可减少肾排泄和代谢而延长药物在血液中的滞留时间,使某些药物在体内缓慢释放,延长药物的作用时间。如按 6 mg/kg 剂量分别静注阿霉素和阿霉素脂质体,两者在体内过程均符合三室模型,两者消除半衰期分别为 17.3 h 和 69.3 h。

3. **降低药物毒性** 药物被脂质体包封后,主要被网状内皮系统的巨噬细胞所吞噬,在肝、脾和骨髓等网状内皮细胞较丰富的器官中集中,而使药物在心、肾中累积量比游离药物明显降低。因此,如将对心、肾有毒性的药物或对正常细胞有毒性的抗癌药包封于脂质体中,可明显降低药物的毒性。

4. **提高药物稳定性** 不稳定的药物被脂质体包封后受到脂质体双层膜的保护,可提高稳定性。例如,青霉素 G 或 V 的钾盐是酸不稳定的抗生素,口服易被胃酸破坏,制成药物脂质体可防止其在胃中破坏,从而提高其口服的吸收效果。

知识归纳

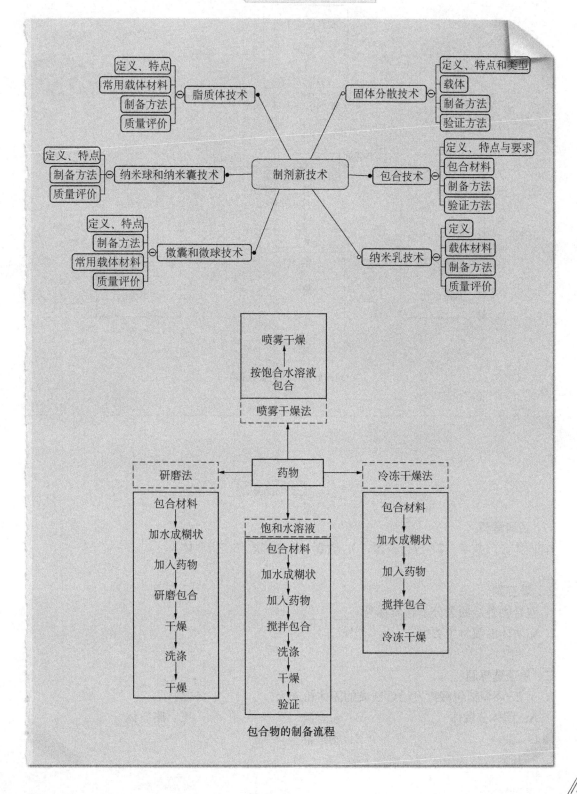

包合物的制备流程

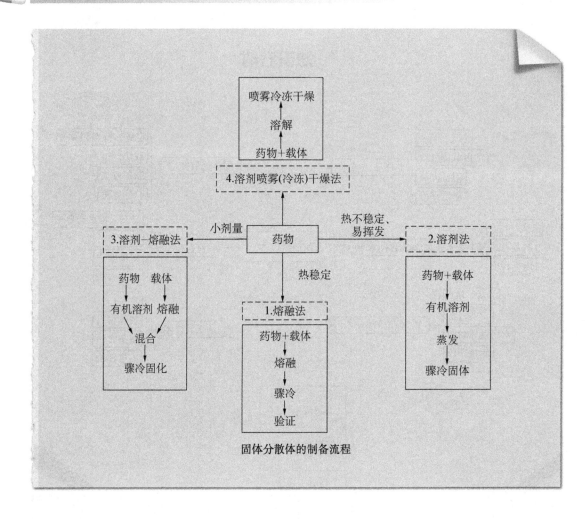

固体分散体的制备流程

目标检测

一、名词解释

1. 固体分散技术 **2.** 包合技术 **3.** 微囊 **4.** 微球 **5.** 脂质体

二、填空题

1. 包合物外层的大分子物质称为_____。

2. 脂质体的膜材主要由_____组成。

三、单项选择题

1. 用β-环糊精包藏挥发油后制成的固体粉末为（　　）

　　A. 固体分散体　　　　　　B. 包合物　　　　　　　　C. 脂质体

　　D. 微球　　　　　　　　　E. 物理混合物

2. β-环糊精结构中的葡萄糖分子数是（　　）

A. 5个   B. 6个   C. 7个   D. 8个   E. 9个

3. 单凝聚法制备微囊时,加入硫酸钠水溶液的作用是( )

A. 凝聚剂   B. 稳定剂   C. 阻滞剂   D. 增塑剂   E. 稀释剂

4. 制备固体分散体,若药物溶解于熔融的载体中呈分子状态分散者则为( )

A. 低共熔混合物   B. 玻璃溶液   C. 共沉淀物

D. 无定形物   E. 固态溶液

5. 以下有关微囊的叙述中,错误的是( )

A. 制备微囊的过程称为微型包囊技术

B. 微囊有囊材和囊心物构成

C. 囊心物指被囊材包裹的药物和附加剂

D. 囊材是指用于包裹囊心物的材料

E. 微囊不能制成液体制剂

項目十四

药物制剂的稳定性

药 · 物 · 制 · 剂 · 技 · 术

学习目标

1. 能描述药物制剂稳定性考察的操作规程。
2. 能应用化学动力学原理评价药物的稳定性。
3. 能说出制剂药物的化学降解途径。
4. 能说出药物稳定性试验方法。

任务一 药物制剂稳定性考察的操作规程

安全、有效、稳定是对药物制剂的基本要求。药物制剂的稳定性系指药物在体外的稳定性，药物若分解变质，不仅使药效降低，而且有些变质的物质甚至可产生毒副作用，故药物制剂稳定性对保证制剂安全有效是非常重要的。另外，药物制剂的生产已基本实现机械化规模生产，若产品不稳定而变质，则在经济上可造成巨大损失。因此，药物制剂的稳定性研究，对于保证产品质量以及安全疗效具备重要意义。一个制剂产品，从原料合成、剂型设计到制剂生产，稳定性研究是其中基本内容。我国已经规定，新药申请必须呈报有关稳定性资料。因此，为了合理地进行处方设计，提高制剂质量，保证药品药效与安全，提高经济效益，必须重视和研究药物制剂的稳定性。

药物制剂的稳定剂一般包括化学、物理和生物学 3 个方面。其不仅指制剂内有效成分的化学降解，同时包括导致药物疗效下降，不良反应增加的任何变化。化学稳定性是指药物由水解、氧化等化学降解反应，是药物含量（效价）、色泽发生改变。物理稳定性是指制剂的外观、臭味、均匀性、溶解性、混悬性、乳化性等物理性能发生改变，如混悬剂中药物结晶生长、颗粒结块，乳剂分层、破裂，片的溶出度发生改变等。生物学稳定性一般是指药物制剂受到微生物的污染，而致产品变质、腐败。

药物制剂的稳定情况，可以通过稳定性试验获得或预测。

一、药物制剂稳定性试验

药物制剂稳定性研究,首先应查阅原料药稳定性有关资料,特别了解温度、湿度、光线对原料药稳定性影响,并在处方筛选与工艺设计过程中,根据主药与辅料的性质,参考原料药的试验方法,进行必要的稳定性影响因素试验,同时考察包装条件。在此基础上进行以下试验。

1. 加速试验　此项试验是在超常的条件下进行,其目的是通过加速药物制剂的化学或物理变化,探讨药物制剂的稳定性,为处分设计、工艺改进、质量研究、包装改进、运输及贮存提供必要的资料。供试品要求 3 批,按市售包装,在温度 $40℃\pm2℃$,相对湿度 $75\%\pm5\%$ 的条件下放置 6 个月。所用设备应能控制温度 $\pm2℃$,相对湿度 $\pm5\%$,并能对真实温度与湿度进行监测。在试验期间第 1 个月、2 个月、3 个月、6 个月末取样 1 次,按稳定性重点考察项目检测。在上述条件下,如 6 个月内供试品经检测不符合制订的质量标准,则应在中间条件(即温度 $30℃\pm2℃$,相对湿度 $60\%\pm5\%$ 的情况)下进行加速试验,时间仍为 6 个月。溶液剂、混悬剂、乳剂、注射液等含水性介质的制剂可不要求相对湿度。试验所用设备与原料药相同。

对温度特别敏感的药物制剂,预计只能在冰箱($4\sim8℃$)内保存使用,此类药物制剂的加速试验,可在温度 $25℃\pm2℃$,相对湿度 $60\%\pm10\%$ 的条件下进行,时间为 6 个月。

乳剂、混悬剂、软膏剂,乳膏剂、糊剂、凝胶剂、眼膏剂、栓剂、气雾剂、泡腾片及泡腾颗粒宜直接采用温度 $30℃\pm2℃$、相对湿度 $60\%\pm5\%$ 的条件进行试验,其他要求与上述相同。

对于包装在半透性容器的药物制剂,则应在温度 $40℃\pm2℃$、相对湿度 $20\%\pm2\%$ 的条件(可用 $CH_3COOK.1.5H_2O$ 饱和溶液)进行试验。

2. 长期试验　长期试验是在接近药品的实际贮存条件下进行,其目的是为制订药品的有效期提供依据。供试品要求 3 批,市售包装,在温度 $25℃\pm2℃$,相对湿度 $60\%\pm10\%$ 的条件下放置 12 个月。每 3 个月取样 1 次,分别于 0 个月、3 个月、6 个月、9 个月、12 个月,按稳定性重点考察项目进行检测。12 个月以后,仍需继续考察,分别于 18 个月、24 个月、36 个月取样进行检测。将结果与 0 月比较以确定药品的有效期。由于实测数据的分散性,一般应按 95% 可信限进行统计分析,得出合理的有效期。如 3 批统计分析结果差别较小,则取其平均值为有效期;若差别较大,则取其最短的为有效期。数据表明很稳定的药品,不作统计分析。

对温度特别敏感的药品,长期试验可在温度 $6℃\pm2℃$ 的条件下放置 12 个月,按上述时间要求进行检测,12 个月以后,仍需按规定继续考察,制订在低温贮存条件下的有效期。此外,有些药物制剂还应考察配制和使用过程中的稳定性。

任务二　药物稳定性的化学动力学基础

一、反应级数

50 年代初期 Higuchi 等用化学动力学的原理评价药物的稳定性。化学动力学在物理化

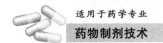

学中已作了详细论述,此处只将与药物制剂稳定性有关的某些内容简要的加以介绍。

研究药物的降解速度 $\dfrac{\mathrm{d}C}{\mathrm{d}t}$ 与浓度的关系用式 14-1 表示:

$$\frac{\mathrm{d}C}{\mathrm{d}t} = kC^n \tag{14-1}$$

式中:k 为反应速度常数;C 为反应物的浓度;n 为反应级数,n＝0 为零级反应,n＝1 为一级反应,n＝2 为二级反应,以此类推。反应级数是用来阐明反应物浓度对反应速度影响的大小。在药物制剂的各类降解反应中,尽管有些药物的降解反应机制十分复杂,但多数药物及其制剂可按零级、一级、伪一级反应处理。

(一) 零级反应

零级反应速度与反应物浓度无关,而受其他因素的影响,如反应物的溶解度,或某些光化反应中光的照度等。零级反应的速率方程为:

$$-\frac{\mathrm{d}C}{\mathrm{d}t} = k_0 \tag{14-2}$$

积分得:
$$C = C_0 - k_0 t \tag{14-3}$$

式中: C_0 为 $t＝0$ 时反应物浓度,mol/L;C 为 t 时反应物的浓度(mol/L); k_0 为零级速率常数 $[\mathrm{mol/(L \cdot s)}]$ 。C 与 t 呈线性关系,直线的斜率为 $-k_0$,截距为 C_0 。

(二) 一级反应

一级反应速率与反应物浓度的一次方成正比,其速率方程为:

$$-\frac{\mathrm{d}C}{\mathrm{d}t} = kC \tag{14-4}$$

积分后得浓度与时间关系: $\lg C = -\dfrac{kt}{2.303} + \lg C_0$ \tag{14-5}

式中:k 为一级速率常数(1/S·min 或 1/h·d)等。以 lg C 与 t 作图呈直线,直线的斜率为 $-k/2.303$,截距为 $\lg C_0$ 。

通常将反应物消耗一半所需的时间为半衰期(half life),记作 $t_{1/2}$,恒温时,一级反应的 $t_{1/2}$ 与反应物浓度无关。公式如下:

$$t_{1/2} = \frac{0.693}{k} \tag{14-6}$$

对于药物降解,常用降解 10% 所需的时间,称十分之一衰期,记作 $t_{0.9}$,恒温时, $t_{0.9}$ 也与反应物浓度无关。公式如下:

$$t_{0.9} = \frac{0.1054}{k} \tag{14-7}$$

反应速率与两种反应物浓度的乘积成正比的反应,称为二级反应。若其中一种反应物的浓度大大超过另一种反应物,或保持其中一种反应物浓度恒定不变的情况下,则此反应表现出一级反应的特征,故称为伪一级反应。例如酯的水解,在酸或碱的催化下,可按伪一级反应处理。

二、温度对反应速率的影响与药物稳定性预测

（一）阿仑尼乌斯（Arrhenius）方程

大多数反应温度对反应速率的影响比浓度更为显著，温度升高时，绝大多数化学反应速率增大。Arrhenius 根据大量的实验数据，提出了著名的 Arrhenius 经验公式，即速率常数与温度之间的关系式（14 - 8）：

$$k = Ae^{-E/RT} \tag{14-8}$$

式中：A 为频率因子；E 为活化能；R 为气体常数。上式取对数形式为：

$$\lg k = \frac{-E}{2.303RT} + \lg A \tag{14-9}$$

或

$$\lg \frac{k_2}{k_1} = \frac{-E}{2.303R}\left(\frac{1}{T_2} - \frac{1}{T_1}\right) \tag{14-10}$$

一般说来，温度升高，导致反应的活化分子分数明显增加，从而反应的速率加快。对不同的反应，温度升高，活化能越大的反应，其反应速率增加得越多。

（二）药物稳定性的预测

在药物制剂中阿仑尼乌斯方程可用于制剂有效期的预测。根据 Arrhenius 方程以 lg k 对 1/T 作图得一直线，此图称 Arrhenius 图，直线斜率为 $-E/(2.303R)$，由此可计算出活化能 E，若将直线外推至室温，就可求出室温时的速度常数（k_{25}）。由 k_{25} 可求出分解 10% 所需的时间（即 $t_{0.9}$）或室温贮藏若干时间以后残余的药物的浓度。

任务三 制剂中药物的化学降解途径

药物由于化学结构的不同，其降解反应也不一样，水解和氧化是药物降解的两个主要途径。其他如异构化、聚合、脱羧等反应，在某些药物中也有发生。有时一种药物还可能同时产生两种或两种以上的反应。

一、水解

水解是药物降解的主要途径，属于这类降解的药物主要有酯类（包括内酯）、酰胺类（包括内酰胺）等。

1. 酯类药物的水解 含有酯键药物水溶液，在 H^+ 或 OH^- 或广义酸碱的催化下水解反应加速。特别在碱性溶液中，由于酯分子中氧的负电性比碳大，故酰基被极化，亲核性试剂 OH^- 易于进攻酰基上的碳原子，而使酰氧键断裂，生成醇和酸，酸与 OH^- 反应，使反应进行完全。在酸碱催化下，酯类药物的水解常可用一级或伪一级反应处理。

盐酸普鲁卡因的水解可作为这类药物的代表，水解生成对氨基苯甲酸与二乙胺基乙醇，

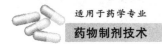

此分解产物无明显的麻醉作用。反应式如下：

$$H_2N\text{—}\langle\ \rangle\text{—}COOCH_2CH_2N(C_2H_5)_2 \cdot HCl + H_2O \longrightarrow$$

$$H_2N\text{—}\langle\ \rangle\text{—}COOH_2 + HOCH_2CH_2N(C_2H_5)_2 + HCl$$

属于这类药物还有盐酸丁卡因、盐酸可卡因、溴丙胺太林（普鲁本辛）、硫酸阿托品、氢溴酸后马托品等。羧苯甲酯类也有水解的可能，在制备时应引起注意。酯类水解，往往使溶液的 pH 下降，有些酯类药物灭菌后 pH 下降，即提示有水解可能。

内酯在碱性条件下易水解开环。硝酸毛果芸香碱，华法林均有内酯结构，可以产生水解。

2. 酰胺药物的水解　酰胺类药物水解以后生成酸与胺。属于这类的药物有氯霉素、青霉素类、头孢菌素类、巴比妥类等。此外，如利多卡因、对乙酰氨基酚（扑热息痛）等也属于此类药物。

（1）氯霉素：氯霉素比青霉素类抗生素稳定，但其水溶液仍很易分解，在 pH7 以下，主要是酰胺水解，生成氨基物与二氯乙酸。反应式如下：

$$O_2N\text{—}\langle\ \rangle\text{—}\overset{\overset{H}{|}}{\underset{\underset{OH}{|}}{C}}\text{—}\overset{\overset{NHCOCHCl_2}{|}}{\underset{\underset{H}{|}}{C}}\text{—}CH_2OH \longrightarrow O_2N\text{—}\langle\ \rangle\text{—}\overset{\overset{H}{|}}{\underset{\underset{OH}{|}}{C}}\text{—}\overset{\overset{NH_2}{|}}{\underset{\underset{H}{|}}{C}}\text{—}CH_2OH + CHCl_2COOH$$

在 pH2～7 范围内，pH 对水解速度影响不大。在 pH6 最稳定，在 pH2 以下 8 以上水解作用加速，而且在 pH>8 还有脱氯的水解作用。氯霉素水溶液 120℃加热，氨基物可能进一步发生分解生成对硝基苯甲醇。水溶液对光敏感，在 pH5.4 暴露于日光下，变成黄色沉淀。对分解产物进行分析，结果表明可能是由于进一步发生氧化、还原和缩合反应所致。

（2）青霉素和头孢菌素类：这类药物的分子中存在着不稳定的 β-内酰胺环，在 H$^+$ 或 OH$^-$ 影响下，很易裂环失效。

氨苄西林在中性和酸性溶液中的水解产物为 α-氨苄青霉酰胺酸。氨苄西林在水溶液中最稳定的 pH 为 5.8，pH 6.6 时，$t_{1/2}$ 为 39 d。本品只宜制成固体剂型（注射用无菌粉末）。注射用氨苄西林钠在临用前可用 0.9％氯化钠注射液溶解后输液，但 10％葡萄糖注射液对本品有一定的影响，最好不要配合使用，若两者配合使用，也不宜超过 1 h。乳酸钠注射液对本品水解具有显著的催化作用，两者不能配合。

（3）巴比妥类：也是酰胺类药物，在碱性溶液中容易水解。有些酰胺类药物，如利多卡因，邻近酰胺基有较大的基团，由于空间效应，故不易水解。

3. 其他药物的水解　阿糖胞苷在酸性溶液中，脱氨水解为阿糖脲苷。在碱性溶液中，嘧啶环破裂，水解速度加速。本品在 pH 6.9 时最稳定，水溶液经稳定性预测 $t_{0.9}$ 为 11 个月左右，常制成注射粉针剂使用。

另外，如维生素 B、安定、碘苷等药物的降解也主要是水解作用。

二、氧化

氧化也是药物变质的主要途径之一。失去电子为氧化,因此在有机化学中常把脱氢称氧化。药物氧化分解常是自动氧化,即在大气中氧的影响下进行缓慢的氧化。药物的氧化过程与化学结构有关,如酚类、烯醇类、芳胺类、吡唑酮类、噻嗪类药物较易氧化。药物氧化后,不仅效价损失,而且可能产生颜色或沉淀。有些药物即使被氧化极少量,亦会色泽变深或产生不良气味,严重影响药品的质量,甚至成为废品。

1. 酚类药物 这类药物分子中具有酚羟基,如肾上腺素、左旋多巴、吗啡、阿扑吗啡、水杨酸钠等。

2. 烯醇类 维生素 C 是这类药物的代表,分子中含有烯醇基,极易氧化,氧化过程较为复杂。在有氧条件下,先氧化成去氢抗坏血酸,然后经水解为 2,3-二酮古罗糖酸,此化合物进一步氧化为草酸与 L-丁糖酸。在无氧条件下,发生脱水作用和水解作用生成呋喃甲醛和二氧化碳,由于 H^+ 的催化作用,在酸性介质中脱水作用比碱性介质快,实验中证实有二氧化碳气体产生。

3. 其他类药物 芳胺类如磺胺嘧啶钠,吡唑酮类如氨基比林、安乃近,噻嗪类如盐酸氯丙嗪、盐酸异丙嗪等,这些药物都易氧化,其中有些药物氧化过程极为复杂,常生成有色物质。含有碳碳双键的药物,如维生素 A 或 D 的氧化是典型的游离基链式反应。易氧化药物要特别注意光、氧、金属离子对他们的影响,以保证产品质量。

案例——想一想

盐酸普鲁卡因水解温度与 pH 及温度的关系如表 14-1 所示。

表 14-1 盐酸普鲁卡因水解温度与 pH 及温度的关系

pH	30 min 水解速率/(%)	
	加热温度(100℃)	加热温度(115℃)
3.0	0	—
4.0	1.5	1.9
5.6	5.8	7.1
6.5	18.4~19	52.7

【问题】 从表 14-1 可知,盐酸普鲁卡因注射液的 pH 值应为多少? 灭菌温度应为多少度为宜?

三、其他反应

1. 异构化 异构化分为光学异构和几何异构两种。通常药物的异构化使生理活性降

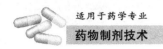
低甚至没有活性。

（1）光学异构化：光学异构化可分为外消旋化作用和差向异构作用。左旋肾上腺素具有生理活性，外消旋以后只有 50% 的活性，本品水溶液在 pH 为 4 左右产生外消旋化作用。肾上腺素也是易氧化的药物，故还要从含量色泽等全面质量要求考虑，选择适宜的 pH。左旋莨菪碱也可能外消旋化。外消旋化反应经动力学研究系一级反应。

差向异构化指具有多个不对称碳原子的基团发生异构化的现象。四环素在酸性条件下，在 4 位上碳原子出现差向异构形成 4 差向四环素。现在已经分离出差向异构四环素，治疗活性比四环素低。毛果芸香碱在碱性 pH 时，α-碳原子也存在差向异构化作用，生成异毛果芸香碱。麦角新碱也能差向异构化，生成活性较低的麦角袂春宁。

（2）几何异构化：有些有机药物，反式异构体与顺式几何异构体的生理活性有差别。维生素 A 的活性形式是全反式。在多种维生素制剂中，维生素 A 除了氧化外，还可异构化，在 2,6 位形成顺式异构化，此种异构体的活性比全反式低。

2. 聚合　是两个或多个分子结合在一起形成复杂分子的过程。已经证明氨苄西林浓的水溶液在贮存过程中能发生聚合反应，一个分子的 β-内酰胺环裂开与另一个分子反应形成二聚物。此过程可继续下去形成高聚物。据报告这类聚合物能诱发氨苄西林产生过敏反应。甲醛聚合生成三聚甲醛，这是大家熟知的现象。塞替派生在水溶液中易聚合失效，以聚乙二醇 400 为溶剂制成注射液，可避免聚合，使本品在一定时间内稳定。

3. 脱羧　对氨基水杨酸钠在光、热、水分存在的条件下很易脱羧，生成间氨基酚，后者还可进一步氧化变色。普鲁卡因水解产物对氨基苯甲酸，也可慢慢脱羧生成苯胺，苯胺在光线影响下氧化生成有色物质，这就是盐酸普鲁卡因注射液变黄的原因。碳酸氢钠注射液热压灭菌时产生二氧化碳，故溶液及安瓿空间均应通二氧化碳。

任务四　影响药物制剂降解的因素及稳定化方法

一、处方因素对药物制剂稳定性的影响及解决方法

制备任何一种制剂，首先要进行处方设计，因处方的组成对制剂稳定性影响很大。pH 值、广义的酸碱催化、溶剂、离子强度、表面活性剂等因素，均可影响易于水解的药物的稳定性。溶液 pH 值与药物氧化反应也有密切关系。半固体、固体制剂的某些赋形剂或附加剂，有时对主药的稳定性也有影响，都应加以考虑。

（一）pH 值的影响

许多酯类、酰胺类药物常受 H^+ 或 OH^- 催化水解，这种催化作用也叫专属酸碱催化或特殊酸碱催化，此类药物的水解速度，主要由 pH 值决定。

pH 值调节要同时考虑稳定性、溶解度和药效 3 个方面。如大部分生物碱在偏酸性溶液中比较稳定，故注射剂常调节在偏酸范围。但将它们制成滴眼剂时，就应调节在偏中性范围，以减少刺激性，提高疗效。一些药物最稳定的 pH 值如表 14-2 所示。

表 14-2　一些药物的最稳定 pH 值

药物	最稳定 pH 值	药物	最稳定 pH 值
盐酸丁卡因	3.8	苯氧乙基青霉素	6
盐酸可卡因	3.5~4.0	毛果芸香碱	5.12
溴本辛	3.38	氯氮	2.0~3.5
溴化内胺太林	3.3	氯洁霉素	4.0
三磷酸腺苷	3.3	地西泮	5.0
羟苯甲酯	9.0	氢氯噻嗪	2.5
羟苯乙酯	4.0	维生素 B_1	2.0
羟苯丙酯	4.0~5.0	吗啡	4.0
阿司匹林(乙酰水杨酸)	4.0~5.0	维生素 C	6.0~6.5
头孢噻吩钠	2.5	对乙酰氨基酚	5.0~7.0
甲氧苯青霉素	3.0~8.0	(扑热息痛)	

(二) 广义酸碱催化的影响

按照 Brönsted-Lowry 酸碱理论,给出质子的物质叫广义的酸,接受质子的物质叫广义的碱。有些药物也可被广义的酸碱催化水解,这种催化作用叫广义的酸碱催化或一般酸碱催化。许多药物处方中,往往需要加入缓冲剂。常用的缓冲剂如醋酸盐、磷酸盐、枸橼酸盐、硼酸盐均为广义的酸碱。HPO_4^{2-} 对青霉素 G 钾盐、苯氧乙基青霉素也有催化作用。

为了观察缓冲液对药物的催化作用,可用增加缓冲剂的浓度,但保持盐与酸的比例不变(pH 值恒定)的方法,配制一系列的缓冲溶液,然后观察药物在这一系列缓冲溶液中的分解情况,如果分解速度随缓冲剂浓度的增加而增加,则可确定该缓冲剂对药物有广义的酸碱催化作用。为了减少这种催化作用的影响,在实际生产处方中,缓冲剂应尽可能低的浓度或选用没有催化作用的缓冲系统。

(三) 溶剂的影响

对于水解的药物,有时采用非水溶剂,如乙醇、丙二醇、甘油等而使其稳定。含有非水溶剂的注射液,如苯巴比妥注射液、地西泮注射液等。

(四) 离子强度的影响

在制剂处方中,往往加入电解质调节等渗,或加入盐(如一些抗氧剂)防止氧化,加入缓冲剂调节 pH 值。

(五) 表面活性剂的影响

一些容易水解的药物,加入表面活性剂可使稳定性增加,如苯佐卡因易受碱催化水解,在 5% 的十二烷基硫酸钠溶液中,30℃时的 $t_{1/2}$ 增加到 1 150 min,不加十二烷基硫酸钠时则为 64 min。这是因为表面活性剂在溶液中形成胶束,苯佐卡因增溶在胶束周围形成一层所谓"屏障",阻碍 OH^- 进入胶束,而减少其对酯键的攻击,因而增加苯佐卡因的稳定性。但要注意,表面活性剂有时反而使某些药物分解速度加快。

(六) 处方中基质或赋形剂的影响

一些半固体制剂,如软膏剂、霜剂中药物的稳定性与制剂处方的基质有关。栓剂基质聚乙二醇也可使阿司匹林分解,产生水杨酸和乙酰聚乙二醇。维生素 U 片采用糖粉和淀粉为

赋形剂,则产品变色,若应用磷酸氢钙,再辅以其他措施,产品质量则有所提高。一些片剂的润滑剂对乙酰水杨酸的稳定性有一定影响。硬脂酸钙、硬脂酸镁可能与乙酰水杨酸反应形成相应的乙酰水杨酸钙及乙酰水杨酸镁,提高了系统的 pH 值,使乙酰水杨酸溶解度增加,分解速度加快。因此生产乙酰水杨酸片时不应使用硬脂酸镁这类润滑剂,而须用影响较小的滑石粉或硬脂酸。

案例——想一想

氢化可的松乳膏的有效期为 24 个月。若以水溶性基质聚乙二醇(PEG)为基质制备氢化可的松软膏,其有效期只有 6 个月。

问题:聚乙二醇为何能降低氢化可的松的有效期?

二、外界因素对药物制剂稳定性的影响及解决方法

外界因素包括温度、光线、空气(氧)、金属离子、湿度和水分、包装材料等。这些因素对于制订产品的生产工艺条件和包装设计都是十分重要的。其中温度对各种降解途径(如水解、氧化等)均有较大影响,而光线、空气(氧)、金属离子对易氧化药物影响较大,湿度、水分主要影响固体药物的稳定性,包装材料是各种产品都必须考虑的问题。

(一) 温度的影响

一般来说,温度升高,反应速度加快。根据 Van't Hoff 规则,温度每升高 10℃,反应速度增加 2~4 倍。然而不同反应增加的倍数可能不同,故上述规则只是一个粗略的估计。温度对于反应速度常数的影响,Arrhenius 提出 Arrhenius 经验公式(见式 14-8)。这就是著名的 Arrhenius 指数定律,它定量地描述了温度与反应速度之间的关系,是预测药物稳定性的主要理论依据。

药物制剂在制备过程中,往往需要加热溶解、灭菌等操作,此时应考虑温度对药物稳定性的影响,制订合理的工艺条件。有些产品在保证完全灭菌的前提下,可降低灭菌温度,缩短灭菌时间。那些对热特别敏感的药物,如某些抗生素、生物制品,要根据药物性质,设计合适的剂型(如固体剂型),生产中采取特殊的工艺,如冷冻干燥,无菌操作等,同时产品要低温贮存,以保证产品质量。

(二) 光线的影响

在制剂生产与产品的贮存过程中,还必须考虑光线的影响。光是一种辐射能,辐射能量的单位是光子。光子的能量与波长成反比,光线波长越短,能量越大,故紫外线更易激发化学反应。如前所述,光能激发氧化反应,加速药物的分解。有些药物分子受辐射(光线)作用使分子活化而产生分解,此种反应叫光化降解,其速度与系统的温度无关。这种易被光降解的物质叫光敏感物质。

光敏感的药物还有氯丙嗪、异丙嗪、核黄素、氢化可的松、泼尼松(强的松)、叶酸、维生素

A、维生素 B、辅酶 Q_{10}、硝苯地平等,药物结构与光敏感性可能有一定的关系,如酚类和分子中有双键的药物,一般对光敏感。

光敏感的药物制剂,在制备过程中要避光操作,选择包装甚为重要。有人对抗组胺药物用透明玻璃容器加速实验,8 周含量下降 36%,而用棕色瓶包装几乎没有变化。因此,这类药物制剂宜采用棕色玻璃瓶包装或容器内衬垫黑纸,避光贮存。

(三) 空气(氧)的影响

大气中的氧是引起药物制剂氧化的主要因素。

为了防止易氧化药物的自动氧化,在制剂中必须加入抗氧剂。一些抗氧剂本身为强还原剂,它首先被氧化而保护主药免遭氧化,在此过程中抗氧剂逐渐被消耗(如亚硫酸盐类)。另一些抗氧剂是链反应的阻化剂,能与游离基结合,中断链反应的进行,在此过程中其本身不被消耗。抗氧剂可分为水溶性抗氧剂与油溶性抗氧剂两大类,这些抗氧剂的名称、分子式和用量如表 14-3 所示,其中油溶性抗氧剂具有阻化剂的作用。此外还有一些药物能显著增强抗氧剂的效果,通常称为协同剂,如枸橼酸、酒石酸、磷酸等。焦亚硫酸钠和亚硫酸氢钠常用于弱酸性药液,亚硫酸钠常用于偏碱性药液,硫代硫酸钠在偏酸性药液中可析出硫的细粒:

$$S_2O_3^{2-} + 2H^+ \longrightarrow H_2SO_3 + S\downarrow$$

故只能用于碱性药液中,如磺胺类注射液。近年来,氨基酸抗氧剂已引起药剂科学工作者的重视,有人用半胱氨酸配合焦亚硫酸钠使 25% 的维生素 C 注射贮存期得以延长。此类抗氧剂的优点是毒性小本身不易变色,但价格稍贵。

油溶性抗氧剂如 BHA、BHT 等,用于油溶性维生素类(如维生素 A、D)制剂有较好效果。另外维生素 E、卵磷脂为油脂的天然抗氧剂,精制油脂时若将其除去,就不易保存。抗氧剂的研究资料,可参看有关文献。

表 14-3 常用抗氧剂

抗氧剂	常用浓度(%)
水溶性抗氧剂	
亚硫酸钠	0.1~0.2
亚硫酸氢钠	0.1~0.2
焦亚硫酸钠	0.1~0.2
硫代硫酸钠	0.1
硫脲	0.05~0.1
维生素 C	0.2
油溶性抗氧剂	
叔丁基对羟基茴香脑	0.005~0.02
生育酚	0.05~0.5

使用抗氧剂时,还应注意主药是否与此发生相互作用。早有报道亚硫酸氢盐可以与邻、对-羟基苯甲醇衍生物发生反应。如肾上腺素与亚硫酸氢钠在水溶液中可形成无光学与生理活性的磺酸盐化合物。

（四）金属离子的影响

制剂中微量金属离子主要来自原辅料、溶剂、容器及操作过程中使用的工具等。微量金属离子对自动氧化反应有显著的催化作用，如 0.000 2 mol/L 的铜能使维生素 C 氧化速度增大 1 万倍。铜、铁、钴、镍、锌、铅等离子都有促进氧化的作用，它们主要是缩短氧化作用的诱导期，增加游离基生成的速度。

要避免金属离子的影响，应选用纯度较高的原辅料，操作过程中不要使用金属器具，同时还可加入螯合剂，如依地酸盐或枸橼酸、酒石酸、磷酸、二巯乙基甘氨酸等附加剂，有时螯合剂与亚硫酸盐类抗氧剂联合应用，效果更佳。依地酸二钠常用量为 0.005%～0.05%。

（五）湿度和水分的影响

空气中湿度与物料中含水量对固体药物制剂的稳定性的影响特别重要。水是化学反应的媒介，固体药物吸附了水分以后，在表面形成一层液膜，分解反应就在液膜中进行。无论是水解反应，还是氧化反应，微量的水均能加速阿司匹林、青霉素 G 钠盐、氨苄西林钠、对氨基水杨酸钠、硫酸亚铁等的分解。药物是否容易吸湿，取决于其临界相对湿度（CRH）的大小。氨苄西林极易吸湿，经实验测定其临界相对湿度仅为 47%，如果在相对湿度（RH）75% 的条件下，放置 24 h，可吸收水分约 20%，同时粉末溶解。这些原料药物的水分含量必须特别注意，一般水分含量在 1% 左右比较稳定，水分含量越高分解越快。

（六）包装材料的影响

药物贮藏于室温环境中，主要受热、光、水汽及空气（氧）的影响。包装设计就是排除这些因素的干扰，同时也要考虑包装材料与药物制剂的相互作用，包装容器材料通常使用的有玻璃、塑料、橡胶及一些金属，下面分别进行讨论。

玻璃的理化性能稳定，不易与药物相互作用，气体不能透过，为目前应用最多的一类容器。但有些玻璃释放碱性物质或脱落不溶性玻璃碎片等，这些问题已在注射剂中有论述。棕色玻璃能阻挡波长小于 470 nm 的光线透过，故光敏感的药物可用棕色玻璃瓶包装。

塑料是聚氯乙烯、聚苯乙烯、聚乙烯、聚丙烯、聚酯、聚碳酸酯等一类高分子聚合物的总称。为了便于成形或防止老化等原因，常常在塑料中加入增塑剂、防老剂等附加剂。有些附加剂具有毒性，药用包装塑料应选用无毒塑料制品。

鉴于包装材料与药物制剂稳定性关系较大。因此，在产品试制过程中要进行"装样试验"，对各种不同包装材料进行认真的选择。

课堂讨论

阿司匹林片剂

【处方】　阿司匹林　30 g　　　淀粉　2 g　　　枸橼酸或酒石酸　0.3 g
　　　　　10% 淀粉浆　适量　　滑石粉　适量

【制法】　湿法制粒压片法。取枸橼酸或酒石酸溶于水，用于制成 10% 淀粉浆，取阿司匹林细粉与淀粉混合均匀，加适量 10% 淀粉浆制软材，过 16 目尼龙筛制粒，将湿颗粒于 40～60℃干燥，过 16 目尼龙筛整粒，加入 10% 干淀粉做崩解剂，滑石粉约 5%

作润滑剂,混匀后压片。

【问题】 处方中加入枸橼酸或酒石酸的目的? 为何选用滑石粉作润滑剂而非硬脂酸镁或硬脂酸钙? 制粒后干燥温度为何控制在 40～60℃? 制粒时为何宜选用尼龙筛网?

任务五 药物的稳定性试验方法

本方法是参考国际协调会议文件与我国现行药物稳定性试验指导原则和《美国药典》(37 版)有关文献制定的。

稳定性试验的目的是考察原料药或药物制剂在温度、湿度、光线的影响下随时间变化的规律,为药品的生产、包装、贮存、运输条件提供科学依据,同时通过试验建立药品的有效期。

稳定性试验的基本要求是:①稳定性试验包括影响因素试验、加速试验与长期试验。影响因素试验适用原料药的考察,用一批原料药进行。加速试验与长期试验适用于原料药与药物制剂,要求用三批供试品进行。②原料药供试品应是一定规模生产的,其合成工艺路线、方法、步骤应与大生产一致;药物制剂的供试品应是一定规模生产,如片剂(或胶囊剂)至少在 1 万～2 万片(或粒),其处方与生产工艺应与大生产一致。③供试品的质量标准应与各项基础研究及临床验证所使用的供试品质量标准一致。④加速试验与长期试验所用供试品的容器和包装材料及包装应与上市产品一致。⑤研究药物稳定性,要采用专属性强、准确、精密、灵敏的药物分析方法与分解产物检查方法,并对方法进行验证,以保证药物稳定性结果的可靠性。在稳定性试验中,应重视降解产物的检查。

一、影响因素试验

影响因素试验(强化试验)是在比加速试验更激烈的条件下进行。原料药要求进行此项试验,其目的是探讨药物的固有稳定性、了解影响其稳定性的因素及可能的降解途径与分解产物,为制剂生产工艺、包装、贮存条件提供科学依据。供试品可以用一批原料药进行,将供试品置适宜的开口容器中(如称量瓶或培养皿),摊成≤5 mm 厚的薄层,疏松原料药摊成≤10 mm 厚薄层,进行以下实验。

1. 高温试验　供试品开口置适宜和洁净容器,60℃温度下放置 10 d,于第 5、第 10 天取样,按稳定性重点考察项目进行检测,同时准确称量试验后供试品的重量,以考察供试品风化失重的情况。若供试品有明显变化(如含量下降 5%)则在 40℃条件下同法进行试验。若60℃无明显变化,不再进行 40℃试验。

2. 高湿度试验　供试品开口置恒湿密闭容器中,在25℃分别于相对湿度 75%±5%及90%±5%条件下放置 10 d,于第 5、第 10 天取样,按稳定性重点考察项目要求检测,同时准确称量试验前后供试品的重量,以考察供试品的吸湿潮解性能。恒湿条件可在密闭容器如干燥器下部放置饱和盐溶液,根据不同相对湿度的要求,可以选择氯化钠饱和溶液(相对湿

度 75％±1％、15.5～60℃)、硝酸钾饱和溶液(相对湿度 92.5％，25℃)。

3. 强光照射试验　供试品开口放置在光橱或其他适宜的光照仪器内,于照度为 $4\,500\pm500\,lx$ 的条件下放置 10 d(总照度量为 $120\,lx\cdot h$),于第 5、第 10 天取样,按稳定性重点考察项目进行检测,特别要注意供试品的外观变化,有条件时还应采用紫外光照射($200\,whr/m^2$)。

在筛选药物制剂的处方与工艺的设计过程中,首先应查阅原料药稳定性的有关资料,了解温度、湿度、光线对原料药稳定性的影响,根据药物的性质针对性地进行必要的影响因素试验。

二、加速试验

加速试验是在超常的条件下进行。其目的是通过加速药物的化学或物理变化,预测药物的稳定性,为新药申报临床研究与申报生产提供必要的资料。原料药物与药物制剂均需进行此项试验,供试品要求 3 批,按市售包装,在温度 40℃±2℃,相对湿度 75％±5％ 的条件下放置六个月。所用设备应能控制温度±2℃,相对湿度±5％并能对真实温度与湿度进行监测。在试验期间每个月取样 1 次,按稳定性重点考查项目检测,3 个月资料可用于新药申报临床试验,6 个月资料可用于申报生产。在上述条件下,如 6 个月内供试品经检测不符合制订的质量标准,则应在中间条件即在温度 30℃±2℃,相对湿度 60％±5％ 的情况下。可用 $NaNO_2$ 饱和溶液(25～40℃、相对湿度 64％～61.5％)进行加速试验,时间仍为 6 个月。

加速试验,建议采用隔水式电热恒温培养箱(20～60℃),此种设备,箱内各部分温度应该均匀,若附加接点温度计继电器装置,温度可控±1℃,而且适合长期使用。

光加速试验:其目的是为药物制剂包装贮存条件提供依据。供试品 3 批装入透明容器内,放置在光橱或其他适宜的光照仪器内于照度($4\,500\pm500$)lx 的条件下放置 10 d,于第 5、第 10 天定时取样,按稳定性重点考察项目进行检测,特别要注意供试品的外观变化。试验用光橱与原料药相同,照度应该恒定,并用照度计进行监测,对于光不稳定的药物制剂,应采用遮光包装。

三、长期试验

长期试验是在接近药品的实际贮存条件下进行,其目的是为制定药物的有效期提供依据。原料药与药物制剂均需进行长期试验,供试品 3 批,市售包装,在温度 25℃±2℃,相对湿度 60％±10％ 的条件下放置 12 个月。每 3 个月取样 1 次,分别于 0、3、6、9、12 个月,按稳定性重点考察项目进行检测。6 个月的数据可用于新药申报临床研究,12 个月的数据用于申报生产,12 个月以后,仍需继续考察,分别于 18、24、36 个月取样进行检测。将结果与 0 月比较以确定药品的有效期。若未取得足够数据(如只有 18 个月),则应进行统计分析,以确定药品的有效期。如 3 批统计分析结果差别较小则取其平均值为有效期限,若差别较大,则取其最短的为有效期,很稳定的药品,不作统计分析。

对温度特别敏感的药品,长期试验可在温度 6℃±2℃ 的条件下放置 12 个月,按上述时间要求进行检测,12 个月以后,仍需按规定继续考察,制定在低温贮条件下的有效期。

此种方式确定的药品有效期,在药品标签及说明书中均应指明在什么温度下保存,不得使用"室温"之类的名词。

对原料药进行加速试验与长期试验时所用包装可用模拟小桶,但所用材料与封装条件应与大桶一致。

四、稳定性重点考查项目

稳定性重点考查项目如表 14 - 4 所示。

表 14 - 4　原料药及药物制剂稳定性重点考查项目表

剂　型	稳定性重点考查项目
原料药	性状、熔点、含量、有关物质、吸湿性以及根据品种性质选定的考查项目
片剂	性状、如为包衣片应同时考查片芯、含量、有关物质、溶解时限或溶出度
胶囊	性状、内容物色泽、含量、降解产物、溶出度、水分,软胶囊需要检查内容物有无沉淀
注射液	外观色泽、含量、pH 值、澄明度、有关物质、无菌检查、输液还应检查热原、不溶性微粒、塑料瓶容器还应检查可抽提物
栓剂	性状、含量、软化、融变时限、有关物质
软膏	性状、含量、均匀性、粒度、有关物质、如乳膏还应检查有无分层现象
眼膏	性状、含量、均匀性、粒度、有关物质
滴眼剂	如为澄清液,应考查:性状、澄明度、含量、pH 值、有关物质、无菌检查、致病菌 如为混悬液,不检查澄明度、检查再悬浮性、粒度
丸剂	性状、含量、色泽、有关物质、溶散时限
糖浆剂	性状、含量、澄清度、相对密度、有关物质、卫生学检查、pH 值
口服溶液剂	性状、含量、色泽、澄清度、有关物质
乳剂	性状、含量、分层速度、有关物质
混悬剂	性状、含量、再悬性、粒度、有关物质
酊剂	性状、含量、有关物质、含醇量
散剂	性状、含量、粒度、外观均匀度、有关物质
计量吸入气雾剂	容器严密性、含量、有关物质、每揿动一次的释放剂量、有效部位药物沉积量
膜剂	性状、含量、溶化时限、有关物质、眼用膜剂应作无菌检查
颗粒剂	性状、含量、粒度、溶化性
透皮帖片	性状、含量、有关物质、释放度
搽剂	性状、含量、有关物质

注:有关物质(含其他变化所生成的产物)应说明其生成产物的数目及量的变化,如有可能说明,应说明有关物质中哪个为原料中间体,哪个为降解产物,稳定性试验中重点考察降解产物

五、经典恒温法

前述实验方法主要用于新药申请,但在实际研究工作中,也可考虑采用经典恒温法,特别是对水溶液的药物制剂,预测结果有一定的参考价值。

经典恒温法的理论依据是前述 Arrhenius 的指数定律 $K = Ae^{-E/RT}$,其对数形式为:

$$\log K = -\frac{E}{2.303RT} + \log A \qquad (14 - 11)$$

以 log K 对 $1/T$ 作图得一直线，此图称 Arrhenius 图，直线斜率为$-E/(2.303R)$，由此可计算出活化能 E。若将直线外推至室温，就可求出室温时的速度常数（K_{25}）。由 K_{25} 可求出分解 10% 所需的时间（即 $T_{0.9}$）或室温贮藏若干时间以后残余的药物的浓度。

知识归纳

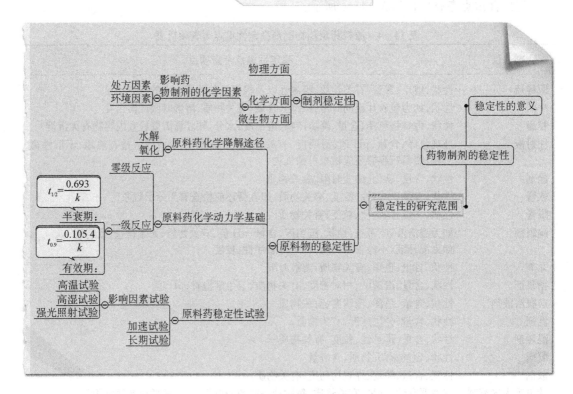

目标检测

一、名词解释

1. 光解　**2.** 光学异构化

二、单项选择题

1. 盐酸普鲁卡因的主要的降解途径是（　　）

　　A. 水解　　　　　　B. 光学异构化　　C. 氧化　　　　　　D. 脱羧　　　　　E. 聚合

2. 酚类药物降解的主要途径是（　　）

　　A. 水解　　　　　　B. 光学异构化　　C. 氧化　　　　　　D. 脱羧　　　　　E. 聚合

3. 酯类药物降解的主要途径是（　　）

　　A. 水解　　　　　　B. 光学异构化　　C. 氧化　　　　　　D. 脱羧　　　　　E. 聚合

4. 下列关于药物稳定性的叙述中,错误的是(　　)

　　A. 通常将反应物消耗一半的所需的时间称为半衰期

　　B. 大多数药物的降解可用零级、一级反应进行处理

　　C. 若药物降解的反应是一级反应,则药物有效期与反应浓度有关

　　D. 对于大多数反应来说,温度对反应速率的影响比浓度更显著

　　E. 若药物的降解反应是零级反应,则药物有效期与反应浓度有关

三、问答题

1. 易水解的药物有哪些? 易氧化的药物有哪些?

2. 药物稳定性试验方法有哪几类? 各类试验的目的是什么?

参考答案

药·用·有·机·化·学

项目一 认识药物制剂工作

一、名词解释（略）

二、填空题

1. 按药物制剂的形态分类、按给药途径分类和按分散系统分类　2. 药典、药品标准　3. 国家药品标准、规格；政府；法律　4. 法定处方；医师处方　5. 疗效确切、副作用小、质量稳定；生产、检验、经营、使用；监管

三、单项选择题

1. B　2. D　3. E　4. E　5. A

项目二 制药设施

一、名词解释

略

二、单项选择题

1. D　2. A

项目三 液体制剂

一、名词解释（略）

二、填空题

1. 刺激　2. 20%　3. 水　4. 防霉、防发酵　5. 溶解法；稀释法　6. 糖浆剂中少部分蔗糖转化为葡萄糖和果糖,具有还原性　7. 分散法；凝聚法　8. 油包水型；水包油型；普通乳、微乳和纳米乳

三、单项选择题

1. C　2. C　3. D　4. C　5. D　6. A　7. C

项目四 注射剂与眼用液体制剂

一、名词解释

略

二、填空题

1. A级；D级　2. 皮下；肌内；静脉；皮内；脊椎腔　3. 氯化钠；葡萄糖　4. 中性硬质；含钡玻璃；含锆玻璃　5. 氯化钠等渗当量法；冰点降低数据法

三、单项选择题

1. C　2. A　3. D　4. A　5. D　6. C　7. D　8. A

四、简答题

略

项目五　散剂

一、名词解释

略

二、填空题

1. 搅拌混合;研磨混合;过筛混合　**2.** 小剂量的剧毒药物　**3.** 每英寸长度上的筛孔数目

三、单项选择题

1. D　**2.** D　**3.** D　**4.** B

四、简答题

略

项目六　颗粒剂

一、名词解释

略

二、填空题

1. 二氧化碳　**2.** 2.0%　**3.** ±7.0%　**4.** 40～60℃

三、单选题

1. D　**2.** D　**3.** E　**4.** E　**5.** D

四、简答题

略

项目七　片剂

一、名词解释

略

二、填空题

1. 填充剂;润湿剂和黏合剂;崩解剂;润滑剂　**2.** 糖衣片;薄膜衣片　**3.** 滚转包衣法;流化床包衣法;压制包衣　**4.** 内加法;外加法;内外加法　**5.** 干黏合剂;崩解剂　**6.** 助流剂;润滑剂;抗黏

三、单项选择题

1. A　**2.** A　**3.** D　**4.** C　**5.** A　**6.** D　**7.** C　**8.** B

四、简答题

略

项目八　胶囊剂

一、名词解释

略

二、填空题

1. 30分钟;60分钟　**2.** 6;0　**3.** 滴制法;压制法　**4.** 明胶;A型;B型

三、单项选择题

1. A　**2.** C　**3.** A　**4.** D　**5.** A　**6.** B

四、简答题

略

项目九　滴丸和膜剂

一、名词解释

略

二、填空题

1. 天然高分子物质和合成高分子物质　**2.** 匀浆制膜法；热塑制膜法；复合制膜法　**3.** 由药物；成膜材料　**4.** 成膜材料；增塑剂；脱膜剂

三、单项选择题

1. D　**2.** E　**3.** B　**4.** E　**5.** D　**6.** D

项目十　软膏剂

一、名词解释

略

二、单项选择题

1. D　**2.** D　**3.** E　**4.** A

三、简答题

略

项目十一　气雾剂、喷雾剂与粉雾剂

一、名词解释

略

二、填空题

1. 压灌法；冷灌法　**2.** 压缩气体；碳氢化合物　**3.** 二氧化碳和氮气　**4.** 药物和附加剂；抛射剂；阀门系统；耐压容器　**5.** 呼吸系统用气雾剂；皮肤与黏膜用气雾剂；空间消毒用气雾剂

三、单项选择题

1. A　**2.** B　**3.** C　**4.** E　**5.** B　**6.** D

项目十二　栓剂

一、名词解释

略

二、填空题

1. 基质，腔道　**2.** 在腔道，局部；体循环，全身　**3.** 通过直肠上静脉进入肝，进入体循环；通过直肠下静脉和肛门静脉，进入体循环　**4.** 水溶性和脂溶性基质

三、单项选择题

1. A　**2.** D　**3.** E　**4.** B　**5.** E　**6.** D

四、简答题

略

项目十三　制剂新技术

一、名词解释

略

二、填空题

1. 主分子　**2.** 磷脂和胆固醇

三、单项选择题

1. B　**2.** C　**3.** A　**4.** E　**5.** A

项目十四　药物制剂的稳定性

一、名词解释

略

二、单项选择题

1. A　**2.** C　**3.** A　**4.** A

三、问答题

略

参考文献

药·用·有·机·化·学

［1］崔福德. 药剂学. 6 版. 北京：人民卫生出版社，2009

［2］张健弘. 药物制剂技术. 北京：化学工业出版社，2009

［3］张洪斌. 药物制剂工程与设备. 北京：化学工业出版社，2003

［4］杨凤琼. 实用药物制剂技术. 北京：化学工业出版社，2009

［5］张琦岩. 药剂学. 2 版. 北京：人民卫生出版社，2009

［6］常忆凌. 药剂学. 北京：中国医药出版社，2008

［7］徐文强. 工业药剂学. 北京：科学出版社，2005

［8］唐燕辉. 药物制剂生产设备及车间工艺设计. 2 版. 北京：化学工业出版社，2006

［9］朱盛山. 药剂制剂工程. 北京：化学工业出版社，2002

［10］孙耀华. 药剂学. 北京：人民卫生出版社，2008

［11］平其能. 药剂学. 4 版. 北京：人民卫生出版社，2013

［12］龙晓英. 药剂学. 北京：科学出版社，2009

［13］王云云. 药物制剂技术. 6 版. 西安：第四军医大学出版社，2011